Solid Edge ST4 工程应用精解丛书

Solid Edge 软件应用认证指导用书
国家职业技能 Solid Edge 认证指导用书

Solid Edge ST4 钣金设计实例精解

北京兆迪科技有限公司　编著

机 械 工 业 出 版 社

本书是进一步学习 Solid Edge ST4 钣金设计的实例图书，选用的钣金实例都是生产一线实际应用中的各种日用产品和工业产品，经典而实用。在内容上，针对每一个实例先进行概述，说明该实例的特点、设计构思、操作技巧及重点掌握内容和要用到的操作命令，使读者对它有一个整体概念，学习也更有针对性；接下来的操作步骤翔实、透彻，图文并茂，引领读者一步一步完成模型的创建。这种讲解方法能够使读者更快、更深入地理解 Solid Edge ST4 钣金设计中的一些抽象的概念和复杂的命令及功能，也帮助读者迅速地进入钣金设计实战状态。

　　本书是根据北京兆迪科技有限公司给国内外几十家不同行业的著名公司（含国外独资和合资公司）的培训教案整理而成的，具有很强的实用性和广泛的适用性。本书附带 2 张多媒体 DVD 学习光盘，制作了107 个钣金设计技巧和具有针对性的实例教学视频并进行了详细的语音讲解，时间长达 14 个小时；光盘中还包含本书的素材文件、练习文件和已完成的范例文件（2 张 DVD 光盘教学文件容量共计 6.6GB）。

　　本书在写作方式上，紧贴软件的实际操作界面，采用软件中真实的对话框、操控板和按钮等进行讲解，使初学者能够直观、准确地操作软件，从而尽快地上手，提高学习效率。本书内容全面，条理清晰，范例丰富，讲解详细，图文并茂，可作为工程技术人员学习 Solid Edge 钣金设计的自学教程和参考书，也可作为大中专院校学生和各类培训学校学员的 CAD/CAM 课程上课及上机练习教材。

图书在版编目（CIP）数据

Solid Edge ST4 钣金设计实例精解/北京兆迪科技有限公司编著. —北京：机械工业出版社，2012.12
（Solid Edge ST4 工程应用精解丛书）
ISBN 978-7-111-40561-0

Ⅰ.①S… Ⅱ.①北… Ⅲ.①钣金工—计算机辅助设计—应用软件—教材 Ⅳ.①TG382-39

中国版本图书馆 CIP 数据核字（2012）第 283355 号

机械工业出版社（北京市百万庄大街 22 号　邮政编码 100037）
策划编辑：管晓伟　责任编辑：管晓伟
责任印制：乔　宇
北京铭成印刷有限公司印刷
2013 年 1 月第 1 版第 1 次印刷
184mm×260mm·23.75 印张·484 千字
0001—3000 册
标准书号：ISBN 978-7-111-40561-0
　　　　　ISBN 978-7-89433-724-5（光盘）
定价：59.80 元（含多媒体 DVD 光盘 2 张）

出 版 说 明

　　制造业是一个国家经济发展的基础，当今世界任何经济实力强大的国家都拥有发达的制造业，美、日、德、英、法等国家之所以被称为发达国家，很大程度上是由于他们拥有世界上最发达的制造业。我国在大力推进国民经济信息化的同时，必须清醒地认识到，制造业是现代经济的支柱，提高制造业科技水平是一项长期而艰巨的任务。发展信息产业，首先要把信息技术应用到制造业中。

　　众所周知，制造业信息化是企业发展的必要手段，国家已将制造业信息化提到关系国家生存的高度上来。信息化是当今时代现代化的突出标志。以信息化带动工业化，使信息化与工业化融为一体，互相促进，共同发展，是具有中国特色的跨越式发展之路。信息化主导着新时期工业化的方向，使工业朝着高附加值化发展；工业化是信息化的基础，为信息化的发展提供物资、能源、资金、人才以及市场，只有用信息化武装起来的自主和完整的工业体系，才能为信息化提供坚实的物质基础。

　　制造业信息化集成平台是通过并行工程、网络技术、数据库技术等先进技术将CAD/CAM/CAE/CAPP/PDM/ERP 等为制造业服务的软件个体有机地集成起来，采用统一的架构体系和统一的基础数据平台，涵盖目前常用的 CAD/CAM/CAE/CAPP/PDM/ERP 软件，使软件交互和信息传递顺畅，从而有效提高产品开发、制造各个领域的数据集成管理和共享水平，提高产品开发、生产和销售全过程中的数据整合、流程的组织管理水平以及企业的综合实力，为打造一流的企业提供现代化的技术保证。

　　机械工业出版社作为全国优秀出版社，在出版制造业信息化技术类图书方面有着独特的优势，一直致力于 CAD/CAM/CAE/CAPP/PDM/ERP 等领域相关技术的跟踪，出版了大量学习这些领域的软件（如 Solid Edge 、UG 、Ansys、Adams 等）的优秀图书，同时也积累了许多宝贵的经验。

　　北京兆迪科技有限公司位于中关村软件园，专门从事 CAD/CAM/CAE 技术的开发、咨询及产品设计与制造等服务，并提供专业的 Solid Edge、UG、Ansys、Adams 等软件的培训。中关村软件园是北京市科技、智力、人才和信息资源最密集的区域，园区内有清华大学、北京大学和中国科学院等著名大学和科研机构，同时聚集了一些国内外著名公司，如西门子、联想集团、清华紫光和清华同方等。近年来，北京兆迪科技有限公司充分依托中关村软件园的人才优势，在机械工业出版社的大力支持下，已经推出了或将陆续推出 Solid Edge、UG、CATIA、Pro/ENGINEER（Creo）、Ansys、Adams 等软件的"工程应用精解"系列图书，包括：

- Solid Edge ST4 工程应用精解丛书
- UG NX 8.0 工程应用精解丛书
- UG NX 7.0 工程应用精解丛书

- UG NX 6.0 工程应用精解丛书
- CATIA V5R21 工程应用精解丛书
- CATIA V5R20 工程应用精解丛书
- CATIA V5 工程应用精解丛书
- Creo 2.0 工程应用精解丛书
- Creo 1.0 工程应用精解丛书
- Pro/ENGINEER 野火版 5.0 工程应用精解丛书
- Pro/ENGINEER 野火版 4.0 工程应用精解丛书
- AutoCAD 工程应用精解丛书
- MasterCAM 工程应用精解丛书
- Cimatron 工程应用精解丛书

"工程应用精解"系列图书具有以下特色：

- **注重实用，讲解详细，条理清晰**。由于作者队伍和顾问均是来自一线的专业工程师和高校教师，所以图书既注重解决实际产品设计、制造中的问题，同时又对软件的使用方法和技巧进行了全面、系统、有条不紊、由浅入深的讲解。
- **范例来源于实际，丰富而经典**。对软件中的主要命令和功能，先结合简单的范例进行讲解，然后安排一些较复杂的综合范例帮助读者深入理解、灵活运用。
- **写法独特，易于上手**。全部图书采用软件中真实的菜单、对话框、操控板和按钮等进行讲解，使初学者能够直观、准确地操作软件，从而大大提高学习效率。
- **随书光盘配有视频录像**。随书光盘中制作了超长时间的视频文件，帮助读者轻松、高效地学习。
- **网站技术支持**。读者购买"工程应用精解"系列图书，可以通过北京兆迪科技有限公司的网站（http://www.zalldy.com）获得技术支持。

    我们真诚地希望广大读者通过学习"工程应用精解"系列图书，能够高效地掌握有关制造业信息化软件的功能和使用技巧，并将学到的知识运用到实际工作中，也期待您给我们提出宝贵的意见，以便今后为大家提供更优秀的图书作品，共同为我国制造业的发展尽一份力量。

北京兆迪科技有限公司

机械工业出版社

前　　言

Solid Edge 是 Siemens PLM Software 公司旗下的一款三维 CAD 应用软件，采用其自己拥有专利的 Parasolid 作为软件核心，将普及型 CAD 系统与世界上最具领先地位的实体造型引擎结合在一起，是基于 Windows 平台、功能强大且易用的三维 CAD 软件。Solid Edge 支持自顶向下和自底向上的设计思想，其建模核心、钣金设计、大装配设计、产品制造信息管理、生产出图（工程图）、价值链协同、内嵌的有限元分析和产品数据管理等功能遥遥领先于同类软件，已经成功应用于机械、电子、航空、汽车、仪器仪表、模具、造船、消费品等行业。同时该软件还提供了从二维视图到三维实体的转换工具，无需摒弃多年来二维制图的成果，借助 Solid Edge 就能迅速跃升到三维设计。

本书是进一步学习 Solid Edge ST4 钣金设计的实例图书，其特色如下：

- 实例丰富，与其他同类书籍相比，包括更多的钣金实例和设计方法，尤其是书中的"电脑机箱的自顶向下设计"实例（约 100 页的篇幅），方法独特，令人耳目一新，对读者的实际设计具有很好的指导和借鉴作用。
- 写法独特，紧贴 Solid Edge ST4 的实际操作界面，采用软件中真实的对话框、按钮和图标等进行讲解，使读者能够直观、准确地操作软件进行学习和实际运用。
- 附加值高，本书附带 2 张多媒体 DVD 学习光盘，制作了 107 个钣金设计技巧和具有针对性的实例教学视频并进行了详细的语音讲解，时间长达 14 个小时，2 张 DVD 光盘教学文件容量共计 6.6GB，可以帮助读者轻松、高效地学习。

本书是根据北京兆迪科技有限公司给国内外一些著名公司（含国外独资和合资公司）的培训教案整理而成的，具有很强的实用性。其主编和主要参编人员主要来自北京兆迪科技有限公司，该公司专门从事 CAD/CAM/CAE 技术的研究、开发、咨询及产品设计与制造服务，并提供 SolidEdge、UG、Ansys、Adams 等软件的专业培训及技术咨询。在本书编写过程中得到了该公司的大力帮助，在此表示衷心的感谢。读者在学习本书的过程中如果遇到问题，可通过访问该公司的网站 http://www.zalldy.com 来获得帮助。

本书由展迪优主编，参加编写的人员有王焕田、刘静、雷保珍、刘海起、魏俊岭、任慧华、詹路、冯元超、刘江波、周涛、段进敏、赵枫、邵为龙、侯俊飞、龙宇、施志杰、詹棋、高政、孙润、李倩倩、黄红霞、尹泉、李行、詹超、尹佩文、赵磊、王晓萍、陈淑童、周攀、吴伟、王海波、高策、冯华超、周思思、黄光辉、党辉、冯峰、詹聪、平迪、管璇、王平、李友荣。本书已经多次校对，如有疏漏之处，恳请广大读者予以指正。

电子邮箱：zhanygjames@163.com

编　者

本 书 导 读

为了能更好地学习本书的知识，请您仔细阅读下面的内容。

写作环境

本书使用的操作系统为 Windows XP Professional，对于 Windows 2000 Server/XP 操作系统，本书的内容和范例也同样适用。

本书采用的写作蓝本是 Solid Edge ST4 中文版。

光盘使用

为方便读者练习，特将本书所有素材文件、已完成的实例文件、配置文件和视频语音讲解文件等放入随书附带的光盘中，读者在学习过程中可以打开相应素材文件进行操作和练习。

本书附赠多媒体 DVD 光盘两张，建议读者在学习本书前，先将两张 DVD 光盘中的所有文件复制到计算机硬盘的 D 盘中，然后再将第二张光盘中的 sest4.6-video2 文件夹中的所有文件复制到第一张光盘的 video 文件夹中。在光盘的 sest4.6 目录下共有三个子目录：

（1）se4_system_file 子目录：包含一些系统配置文件。

（2）work 子目录：包含本书讲解中所有的教案文件、实例文件和练习素材文件。

（3）video 子目录：包含本书讲解中全部的操作视频录像文件（含语音讲解）。

光盘中带有"ok"扩展名的文件或文件夹表示已完成的实例。

建议读者在学习本书前，先将随书光盘中的所有文件复制到计算机硬盘的 D 盘中。

本书约定

● 本书中有关鼠标操作的简略表述说明如下：

☑ 单击：将鼠标指针移至某位置处，然后按一下鼠标的左键。

☑ 双击：将鼠标指针移至某位置处，然后连续快速地按两次鼠标的左键。

☑ 右击：将鼠标指针移至某位置处，然后按一下鼠标的右键。

☑ 单击中键：将鼠标指针移至某位置处，然后按一下鼠标的中键。

☑ 滚动中键：只是滚动鼠标的中键，而不能按中键。

☑ 选择（选取）某对象：将鼠标指针移至某对象上，单击以选取该对象。

☑ 拖移某对象：将鼠标指针移至某对象上，然后按下鼠标的左键不放，同时移动鼠标，将该对象移动到指定的位置后再松开鼠标的左键。

● 本书中的操作步骤分为 Task、Stage 和 Step 三个级别，说明如下：

☑ 对于一般的软件操作，每个操作步骤以 Step 字符开始。例如，下面是草绘环境中绘制椭圆操作步骤的表述：

Step1. 单击"中心点画圆"命令按钮 ⊙ 中的 ，然后单击 ⊘ 按钮。

Step2. 在绘图区的某位置单击，放置椭圆的中心点，移动鼠标指针，在绘图区的某位置单击，放置椭圆的一条轴线轴端点。

Step3. 移动鼠标指针，将椭圆拖动至所需形状并单击左键，完成椭圆的创建。

☑ 每个 Step 操作视其复杂程度，其下面可含有多级子操作。例如 Step1 下可能包含（1）、（2）、（3）等子操作，子操作（1）下可能包含①、②、③等子操作，子操作①下可能包含 a）、b）、c）等子操作。

☑ 如果操作较复杂，需要几个大的操作步骤才能完成，则每个大的操作冠以 Stage1、Stage2、Stage3 等，Stage 级别的操作下再分 Step1、Step2、Step3 等操作。

☑ 对于多个任务的操作，则每个任务冠以 Task1、Task2、Task3 等，每个 Task 操作下则可包含 Stage 和 Step 级别的操作。

● 由于已建议读者将随书光盘中的所有文件复制到计算机硬盘的 D 盘中，所以书中在要求设置工作目录或打开光盘文件时，所述的路径均以"D:"开始。

技术支持

本书是根据北京兆迪科技有限公司给国内外一些著名公司（含国外独资和合资公司）的培训教案整理而成的，具有很强的实用性。本书主编和参编人员主要来自北京兆迪科技有限公司。该公司专门从事 CAD/CAM/CAE 技术的研究、开发、咨询及产品设计与制造服务，并提供 Solid Edge、UG、Ansys、Adams 等软件的专业培训及技术咨询。读者在学习本书的过程中如果遇到问题，可通过访问该公司的网站 http://www.zalldy.com 来获得技术支持。

咨询电话：010-82176248，010-82176249。

目　录

组装图　　　　　　　　　　水杯腔体零件　　　　　　　　　水杯手柄零件

组装图　　　　　　　　　　钣金件 1　　　　　　　　　　钣金件 2

钣金件 1　　　　　钣金件 2　　　　　钣金件 3

组装图

钣金件 1

钣金件 2

钣金件 1

钣金件 2

钣金件 3

钣金件 4

组装图

钣金件 5

钣金件 6

组装图

钣金件 1

钣金件 2

组装图

钣金件 1

钣金件 2

钣金件 3

机箱顶盖

机箱底盖

组装图

机箱前盖

机箱后盖

机箱左盖

机箱右盖

主板支撑架

实例 1 钣 金 支 架

实例概述：

本实例讲述了在创建一个实体零件后，一个钣金支架是通过钣金变换特征、封闭角特征、弯边特征以及除料特征的应用来创建完成的，希望读者在其应用上，能熟练掌握。钣金件模型及模型树如图 1.1 所示。

图 1.1 钣金件模型及模型树

Step1. 新建文件。选择下拉菜单 ➡️ 新建(N) ➡️ GB 钣金 使用默认模板创建新的钣金文档 命令。

Step2. 设置材料表。

（1）选择命令。选择下拉菜单 ➡️ 属性 ➡️ 材料表 定义和编辑零件材料 命令，系统弹出"Solid Edge 材料表"对话框。

（2）定义钣金参数。在"Solid Edge 材料表"对话框中单击 量规 选项卡，在 材料厚度(T): 文本框中输入 4，在 折弯半径(B): 文本框中输入 4，其他选项采用系统默认设置；单击 应用于模型 按钮，完成设置。

Step3. 切换至零件环境。选择下拉菜单 ➡️ 切换到 ➡️ 零件 在钣金环境与零件环境之间切换模型 命令，进入零件环境。

Step4. 创建图 1.2 所示的拉伸特征 1。

（1）选择命令。单击 主页 功能选项卡 实体 区域中的"拉伸"按钮 。

（2）定义特征的截面草图。

① 选取草图平面。在系统 单击平的面或参考平面。 的提示下，选取前视图（XZ）平面作为草图平面。

② 绘制图 1.3 所示的截面草图。

③ 单击"主页"功能选项卡中的"关闭草图"按钮 ，退出草绘环境。

（3）定义拉伸属性。在"拉伸"命令条中单击 按钮定义拉伸深度，在 距离: 文本框中输入 100，并按 Enter 键，单击"对称延伸"按钮 。

（4）单击 完成 按钮，完成特征的创建。

图 1.2　拉伸特征 1

图 1.3　截面草图

Step5. 创建图 1.4 所示的除料特征 1。

（1）选择命令。单击 主页 功能选项卡 实体 区域中的"除料"按钮 。

（2）定义特征的截面草图。

① 选取草图平面。在系统 单击平的面或参考平面。 的提示下，选取右视图（YZ）平面为草图平面。

② 绘制图 1.5 所示的截面草图。

③ 单击"主页"功能选项卡中的"关闭草图"按钮 ，退出草绘环境。

（3）定义除料特征属性。在"除料"命令条中单击 按钮定义除料深度，在该命令条中单击"全部穿透"按钮 ，并定义除料方向如图 1.6 所示。

（4）单击 完成 按钮，完成特征的创建。

图 1.4　除料特征 1

图 1.5　截面草图

Step6. 创建图 1.7 所示的薄壁特征 1。

图 1.6　除料方向

选取这五个模型表面为移除面

图 1.7　薄壁特征 1

（1）选择命令。单击 主页 功能选项卡 实体 区域中的 薄壁 按钮。

（2）定义薄壁厚度。在"薄壁"命令条中的 同一厚度: 文本框中输入 4.0，并按 Enter 键。

（3）定义移除面。在系统提示下，选取图 1.7 所示的模型表面为要移除的面，单击鼠标左键。

（4）在命令条中单击 预览 按钮显示其结果，并单击 完成 按钮，完成特征的创建。

Step7. 切换至钣金环境。选择下拉菜单 🔴 ➡ 切换到 ➡ 钣金 在钣金环境与零件环境之间切换模型 命令，进入钣金环境。

Step8. 将实体转换为钣金。

图 1.8　变换特征

（1）选择命令。选择下拉菜单 🔴 ➡ 变换为钣金 命令。

（2）定义基本面。选取图 1.8 所示的模型表面为基本面。

（3）定义撕裂边。单击"撕裂边"按钮 🖉，选取图 1.8 所示的两条边线为撕裂边，单击鼠标左键。

（4）单击 完成 按钮，完成将实体转换为钣金的操作。

Step9. 创建图 1.9 所示的封闭角特征 1。

图 1.9　封闭角特征 1

（1）选择命令。单击 主页 功能选项卡 钣金 工具栏中的"封闭二折弯角"按钮 🔷。

（2）定义折弯至闭合。选取图 1.9 所示的相邻折弯特征为封闭角参照。

（3）定义封闭角属性。在"封闭二折弯角"命令条中单击"封闭"按钮 🏳；在 处理: 下拉列表中选择 斜接 选项，在 间隙: 文本框中输入 0，然后按 Enter 键。

（4）单击 完成 按钮，完成特征的创建。

Step10. 创建图 1.10 所示的封闭角特征 2。

图 1.10　封闭角特征 2

（1）选择命令。单击 主页 功能选项卡 钣金 工具栏中的"封闭二折弯角"按钮 ⬚ 。

（2）定义折弯至闭合。选取图 1.10 所示的相邻折弯特征为封闭角参照。

（3）定义封闭角属性。在"封闭二折弯角"命令条中单击"封闭"按钮 ⬚ ；在 处理: 下拉列表中选择 料接 选项，在 间隙: 文本框中输入 0，然后按 Enter 键。

（4）单击 完成 按钮，完成特征的创建。

Step11. 创建图 1.11 所示的除料特征 2。

（1）选择命令。在 主页 功能选项卡 钣金 工具栏中单击 打孔 按钮，选择 ⬚ 除料 命令。

（2）定义特征的截面草图。

① 选取草图平面。在系统 单击平的面或参考平面。 的提示下，选取图 1.11 所示的模型表面为草图平面。

② 绘制图 1.12 所示的截面草图。

图 1.11　除料特征 2

图 1.12　截面草图

③ 单击"主页"功能选项卡中的"关闭草图"按钮 ✓ ，退出草绘环境。

（3）定义除料特征属性。在"除料"命令条中单击 ⬚ 按钮定义延伸深度，在该命令条中单击"全部穿透"按钮 ⬚ ，并定义除料方向如图 1.13 所示。

（4）单击 完成 按钮，完成特征的创建。

Step12. 创建图 1.14 所示的弯边特征 1。

图 1.13　定义移除方向

图 1.14　弯边特征 1

（1）选择命令。单击 主页 功能选项卡 钣金 工具栏中的"弯边"按钮 ⬚ 。

（2）定义附着边。选取图 1.15 所示的模型边线为附着边。

（3）定义弯边类型。在"弯边"命令条中单击"完全宽度"按钮 ⬚ ；在 距离: 文本框中输入 35，在 角度: 文本框中输入 90，单击"内部尺寸标注"按钮 ⬚ 和"外侧折弯"按钮 ⬚ ；

调整弯边侧方向向外，如图 1.14 所示。

（4）定义弯边属性及参数。各选项采用系统默认设置。

（5）单击 ▮完成▮ 按钮，完成特征的创建。

Step13. 创建图 1.16 所示的弯边特征 2。

　　　　图 1.15　　定义附着边　　　　　　　　　　　　　图 1.16　　弯边特征 2

（1）选择命令。单击 ▮主页▮ 功能选项卡 ▮钣金▮ 工具栏中的"弯边"按钮 ▮。

（2）定义附着边。选取图 1.17 所示的模型边线为附着边。

（3）定义弯边类型。在"弯边"命令条中单击"完全宽度"按钮 ▮；在 ▮距离:▮ 文本框中输入 35，在 ▮角度:▮ 文本框中输入 90，单击"内部尺寸标注"按钮 ▮ 和"外侧折弯"按钮 ▮；调整弯边侧方向向外，如图 1.16 所示。

（4）定义弯边属性及参数。各选项采用系统默认设置。

（5）单击 ▮完成▮ 按钮，完成特征的创建。

Step14. 创建图 1.18 所示的弯边特征 3。

　　　　图 1.17　　定义附着边　　　　　　　　　　　　　图 1.18　　弯边特征 3

（1）选择命令。单击 ▮主页▮ 功能选项卡 ▮钣金▮ 工具栏中的"弯边"按钮 ▮。

（2）定义附着边。选取图 1.19 所示的模型边线为附着边。

　　　　图 1.19　　定义附着边

（3）定义弯边类型。在命令条中单击"完全宽度"按钮 ▮；在 ▮距离:▮ 文本框中输入 35，在 ▮角度:▮ 文本框中输入 90，单击"内部尺寸标注"按钮 ▮ 和"材料内侧"按钮 ▮；调整弯边侧方向向外，如图 1.18 所示。

（4）定义弯边属性及参数。各选项采用系统默认设置。

（5）单击 完成 按钮，完成特征的创建。

Step15. 创建图 1.20 所示的倒斜角特征 1。

（1）选择命令。在 主页 功能选项卡 钣金 工具栏中单击 [图] 倒角 后的小三角，选择 [图] 倒斜角 命令。

（2）定义倒斜角类型。在"倒斜角"命令条中单击 [图] 按钮，选中 ⊙ 回切相等(E) 单选项，单击 确定 按钮。

（3）定义倒斜角参照。选取图 1.20 所示的六条边线为倒斜角参照边。

（4）定义倒角属性。在该命令条中的 回切: 文本框中输入值 5，单击鼠标左键。

（5）单击 完成 按钮，完成特征的创建。

图 1.20　倒斜角特征 1

Step16. 创建图 1.21 所示的法向除料特征 1。

（1）选择命令。在 主页 功能选项卡 钣金 工具栏中单击 打孔 按钮，选择 [图] 法向除料 命令。

（2）定义特征的截面草图。

① 选取草图平面。在系统 单击平的面或参考平面。 的提示下，选取图 1.21 所示的模型表面为草图平面。

② 绘制图 1.22 所示的截面草图。

③ 单击"主页"功能选项卡中的"关闭草图"按钮 [图]，退出草绘环境。

（3）定义法向除料特征属性。在"法向除料"命令条中单击"厚度剪切"按钮 [图] 和"全部穿透"按钮 [图]，并将移除方向调整至图 1.23 所示的方向。

（4）单击 完成 按钮，完成特征的创建。

图 1.21　法向除料特征 1

图 1.22　截面草图

Step17. 创建图 1.24 所示的法向除料特征 1。

图 1.23 定义移除方向

选取此面为草图平面

放大图

图 1.24 法向除料特征 2

（1）选择命令。在 主页 功能选项卡 钣金 工具栏中单击 打孔 按钮，选择 法向除料 命令。

（2）定义特征的截面草图。

① 选取草图平面。在系统 单击平的面或参考平面。 的提示下，选取图 1.24 所示的模型表面为草图平面。

② 绘制图 1.25 所示的截面草图。

③ 单击"主页"功能选项卡中的"关闭草图"按钮，退出草绘环境。

（3）定义法向除料特征属性。在"法向除料"命令条中单击"厚度剪切"按钮 和"全部穿透"按钮，并将移除方向调整至图 1.26 所示的方向。

（4）单击 完成 按钮，完成特征的创建。

图 1.25 截面草图

图 1.26 定义移除方向

Step18. 保存钣金件模型文件，命名为 INSTANCE_SHEETMETAL。

实例 2 暖 气 罩

实例概述：

本实例主要运用了如下一些设计钣金的方法：将实体零件转换成第一钣金壁，用"变换"命令将钣金切开，封闭角特征、创建弯边特征，钣金壁上创建除料特征、成形特征和阵列特征等。其中将实体变换后再进行封闭角的创建以及成形特征的创建都有较高的技巧性。钣金件模型及模型树如图 2.1 所示。

图 2.1 钣金件模型及模型树

Step1. 新建文件。选择下拉菜单 ▼ ➞ 新建(N) ➞ GB 钣金 使用默认模板创建新的钣金文档 命令。

Step2. 设置材料表。

（1）选择命令。选择下拉菜单 ▼ ➞ 属性 ➞ 材料表 定义和编辑零件材料 命令，系统弹出"Solid Edge 材料表"对话框。

（2）定义钣金参数。在"Solid Edge 材料表"对话框中单击 量规 选项卡，在 材料厚度(T): 文本框中输入 0.5，在 折弯半径(B): 文本框中输入 0.5，其他选项采用系统默认设置；单击 应用于模型 按钮，完成设置。

Step3. 切换至零件环境。选择下拉菜单 ▼ ➞ 切换到 零件 在钣金环境与零件环境之间切换模型 命令，进入零件环境。

Step4. 创建图 2.2 所示的拉伸特征 1。

（1）选择命令。单击 主页 功能选项卡 实体 区域中的"拉伸"按钮 。

（2）定义特征的截面草图。

① 选取草图平面。在系统 单击平的面或参考平面。 的提示下，选取前视图（XZ）平面作为草图平面。

② 绘制图 2.3 所示的截面草图。

③ 单击"主页"功能选项卡中的"关闭草图"按钮 ，退出草绘环境。

（3）定义拉伸属性。在"拉伸"命令条中单击 按钮定义拉伸深度，在 距离: 文本框中输入 22，并按 Enter 键，单击"对称延伸"按钮 。

（4）单击 完成 按钮，完成特征的创建。

图 2.2　拉伸特征 1

图 2.3　截面草图

Step5. 创建图 2.4 所示的薄壁特征 1。

选取这两个模型
表面为移除面

图 2.4　薄壁特征 1

（1）选择命令。单击 主页 功能选项卡 实体 区域中的 薄壁 按钮。

（2）定义薄壁厚度。在"薄壁"命令条中的 同一厚度: 文本框中输入值 0.5，并按 Enter 键。

（3）定义移除面。在系统提示下，选取图 2.4 所示的模型表面为要移除的面，选取完成后单击鼠标左键。

（4）在命令条中单击 预览 按钮显示其结果，并单击 完成 按钮，完成特征的创建。

Step6. 切换至钣金环境。选择下拉菜单 ➡ 切换到 ➡ 钣金 命令，进入钣金环境。

Step7. 将实体转换为钣金。

（1）选择命令。选择下拉菜单 ➡ 变换为钣金 命令。

（2）定义基本面。选取图 2.5 所示的模型表面为基本面。

（3）定义撕裂边。选取图 2.5 所示的两条边线为撕裂边。

（4）单击 完成 按钮，完成将实体转换为钣金的操作。

选取此两条边线　　选取此模型表面

图 2.5　变换特征

Step8. 创建图 2.6 所示的封闭角特征 1。

（1）选择命令。单击 主页 功能选项卡 钣金 工具栏中的"封闭二折弯角"按钮 。

（2）定义折弯至闭合。选取图 2.6 所示的相邻折弯特征为封闭角参照。

图 2.6　封闭角特征 1

（3）定义封闭角属性。在"封闭二折弯角"命令条中单击"封闭"按钮 ；在 处理: 下拉列表中选择 圆形除料 选项，在 间隙: 文本框中输入值 0，在 直径: 文本框中输入值 1.0，然后按 Enter 键。

（4）单击 完成 按钮，完成特征的创建。

Step9. 创建图 2.7 所示的封闭角特征 2。

图 2.7　封闭角特征 2

（1）选择命令。单击 主页 功能选项卡 钣金 工具栏中的"封闭二折弯角"按钮 。

（2）定义折弯至闭合。选取图 2.7 所示的相邻折弯特征为封闭角参照。

（3）定义封闭角属性。在"封闭二折弯角"命令条中单击"封闭"按钮 ；在 处理: 下拉列表中选择 圆形除料 选项，在 间隙: 文本框中输入 0，在 直径: 文本框中输入 1.0，然后按 Enter 键。

（4）单击 完成 按钮，完成特征的创建。

Step10. 创建图 2.8 所示的弯边特征 1。

（1）选择命令。单击 主页 功能选项卡 钣金 工具栏中的"弯边"按钮 。

（2）定义附着边。选取图 2.9 所示的模型边线为附着边。

图 2.8　弯边特征 1　　　图 2.9　定义附着边

（3）定义弯边类型。在"弯边"命令条中单击"完全宽度"按钮 ▢；在 **距离**: 文本框中输入 5，在 **角度**: 文本框中输入值 90，单击"内部尺寸标注"按钮 Ⅱ 和"材料内侧"按钮 ⅂，调整弯边侧方向向内并单击左键，如图 2.8 所示。

（4）定义弯边尺寸。单击"轮廓步骤"按钮 ⬜，编辑草图尺寸如图 2.10 所示，单击 ✅ 按钮，退出草绘环境。

（5）定义折弯半径及止裂槽参数。各参数采用系统默认设置值。

（6）单击 [完成] 按钮，完成特征的创建。

Step11. 创建图 2.11 所示的弯边特征 2。

图 2.10　编辑草图

图 2.11　弯边特征 2

（1）选择命令。单击 [主页] 功能选项卡 [钣金] 工具栏中的"弯边"按钮 ⌐。

（2）定义附着边。选取图 2.12 所示的模型边线为附着边。

（3）定义弯边类型。在"弯边"命令条中单击"完全宽度"按钮 ▢；在 **距离**: 文本框中输入 5，在 **角度**: 文本框中输入 90，单击"内部尺寸标注"按钮 Ⅱ 和"材料内侧"按钮 ⅂，调整弯边侧方向向内并单击左键，如图 2.11 所示。

（4）定义弯边尺寸。单击"轮廓步骤"按钮 ⬜，编辑草图尺寸如图 2.13 所示，单击 ✅ 按钮，退出草绘环境。

（5）定义折弯半径及止裂槽参数。各参数采用系统默认设置值。

（6）单击 [完成] 按钮，完成特征的创建。

图 2.12　定义附着边

图 2.13　编辑草图

Step12. 创建图 2.14 所示的镜像特征 1。

（1）选取要镜像的特征。选取 Step11 所创建的弯边特征 2 为镜像源。

（2）选择命令。单击 [主页] 功能选项卡 [阵列] 工具栏中的 ⬤⬤ 镜像按钮。

（3）定义镜像平面。选取右视图（YZ）平面为镜像平面。

（4）单击 完成 按钮，完成特征的创建。

图 2.14　镜像特征 1

Step13. 创建图 2.15 所示的法向除料特征 1。

（1）选择命令。在 主页 功能选项卡 钣金 工具栏中单击 打孔 按钮，选择 🔲 法向除料 命令。

（2）定义特征的截面草图。

① 选取草图平面。在系统 单击平的面或参考平面。 的提示下，选取图 2.16 所示的模型表面为草图平面。

图 2.15　法向除料特征 1

选取此平面

图 2.16　定义草图平面

② 绘制图 2.17 所示的截面草图。

③ 单击"主页"功能选项卡中的"关闭草图"按钮 ☑，退出草绘环境。

（3）定义法向除料特征属性。在"法向除料"命令条中单击"厚度剪切"按钮 🖋 和"全部穿透"按钮 ➡，并将移除方向调整至图 2.18 所示的方向。

（4）单击 完成 按钮，完成特征的创建。

图 2.17　截面草图

图 2.18　定义移除方向

Step14. 创建图 2.19 所示的法向除料特征 2。

（1）选择命令。在 主页 功能选项卡 钣金 工具栏中单击 打孔 按钮，选择 🔲 法向除料 命令。

（2）定义特征的截面草图。

① 选取草图平面。在系统 单击平的面或参考平面。 的提示下，选取图 2.20 所示的模型表面

为草图平面。

图 2.19　法向除料特征 2　　　　　　　图 2.20　定义草图平面

② 绘制图 2.21 所示的截面草图。

③ 单击"主页"功能选项卡中的"关闭草图"按钮 ✅ ，退出草绘环境。

（3）定义法向除料特征属性。在"法向除料"命令条中单击"厚度剪切"按钮 ⟋ 和"穿透下一个"按钮 ▣ ，并将移除方向调整至图 2.22 所示的方向。

（4）单击 完成 按钮，完成特征的创建。

图 2.21　截面草图　　　　　　　　图 2.22　定义移除方向

Step15. 创建图 2.23 所示的镜像特征 2。

图 2.23　镜像特征 2

（1）选取要镜像的特征。选取 Step14 所创建的法向除料特征 2 为镜像源。

（2）选择命令。单击 主页 功能选项卡 阵列 工具栏中的 ◁▷ 镜像 按钮。

（3）定义镜像平面。选取右视图（YZ）平面为镜像平面。

（4）单击 完成 按钮，完成特征的创建。

Step16. 创建图 2.24 所示的法向除料特征 4。

（1）选择命令。在 主页 功能选项卡 钣金 工具栏中单击 打孔 按钮，选择 ▣ 法向除料 命令。

（2）定义特征的截面草图。

① 选取草图平面。在系统 单击平的面或参考平面。 的提示下，选取图 2.25 所示的模型表面为草图平面。

图 2.24 法向除料特征 4

图 2.25 定义草图平面

② 绘制图 2.26 所示的截面草图。

③ 单击"主页"功能选项卡中的"关闭草图"按钮 ☑，退出草绘环境。

（3）定义法向除料特征属性。在"法向除料"命令条中单击"厚度剪切"按钮 📝 和"全部穿透"按钮 ➡️，并将移除方向调整至图 2.27 所示的方向。

（4）单击 完成 按钮，完成特征的创建。

图 2.26 截面草图

图 2.27 定义移除方向

Step17. 创建图 2.28 所示的百叶窗特征 1。

（1）选择命令。在 主页 功能选项卡 钣金 工具栏中单击 凹坑 ▾ 按钮，选择 ☰ 百叶窗 命令。

（2）绘制百叶窗截面草图。选取图 2.29 所示的模型表面为草图平面，绘制图 2.30 所示的截面草图。

放大图

图 2.28 百叶窗特征 1

选取此平面

图 2.29 定义草图平面

（3）定义百叶窗属性。在"百叶窗"命令条中单击"深度设置"按钮 ⬿，在 距离: 文本框中输入 2.0，并按 Enter 键；定义深度方向如图 2.31 所示，单击鼠标左键；在"百叶窗"命令条中单击"高度步骤"按钮 ⬿，单击"偏置尺寸"按钮 ⬆，在 距离: 文本框输入 1.5，并按 Enter 键；单击 ▤ 按钮，选中 ⦿ 端部开口百叶窗(L) 单选项，在 倒圆 区域中选中 ☑ 包括倒圆(I) 复选框，在 凹模半径 文本框中输入 0.5，单击 确定 按钮；定义其冲压方向朝内，如图 2.32 所示，单击鼠标左键。

（4）单击命令条中的 完成 按钮，完成特征的创建。

图 2.30　截面草图

图 2.31　定义轮廓深度方向

Step18. 创建图 2.33 所示的阵列特征 1。

（1）选取要阵列的特征。选取 Step17 所创建的百叶窗特征 1 为阵列特征。

（2）选择命令。单击 主页 功能选项卡 阵列 工具栏中的 阵列 按钮。

（3）定义要阵列草图平面。选取图 2.34 所示的模型表面为阵列草图平面。

（4）绘制矩形阵列轮廓。单击 特征 区域中的 按钮，绘制图 2.35 所示的矩形。

① 定义阵列类型。在"阵列"命令条的 翻转 下拉列表中选择 固定 选项。

② 定义阵列参数。在"阵列"命令条的 X: 文本框中输入阵列个数为 4，输入间距值为 15；在"阵列"命令条的 Y: 文本框中输入阵列个数为 6，输入间距值为 2.5；单击右键确定。

③ 单击 按钮，退出草绘环境。

（5）单击 完成 按钮，完成特征的创建。

图 2.32　定义轮廓高度方向

图 2.33　阵列特征 1

图 2.34　定义草图平面

图 2.35　绘制矩形阵列轮廓

Step19. 创建图 2.36 所示的百叶窗特征 25。

（1）选择命令。在 主页 功能选项卡 钣金 工具栏中单击 凹坑 按钮，选择 百叶窗 命令。

（2）绘制百叶窗截面草图。选取图 2.37 所示的模型表面为草图平面，绘制图 2.38 所示的截面草图。

图 2.36　百叶窗特征 25

图 2.37　定义草图平面

（3）定义百叶窗属性。在"百叶窗"命令条中单击"深度设置"按钮 ⊗，在 距离:文本框中输入值 2.0，并按 Enter 键；定义深度方向如图 2.39 所示，单击鼠标左键；在"百叶窗"命令条中单击"高度步骤"按钮 ⬧，单击"偏置尺寸"按钮 ⊔，在 距离:文本框中输入 1.5，并按 Enter 键；单击 🖹 按钮，选中 ⊙ 端部开口百叶窗 (L) 单选项，在 倒圆 区域中选中 ☑ 包括倒圆 (I) 复选框，在 凹模半径 文本框中输入值 0.5，单击 确定 按钮；定义其冲压方向朝内，如图 2.40 所示，单击鼠标左键。

（4）单击命令条中的 完成 按钮，完成特征的创建。

图 2.38　百截面草图

图 2.39　定义轮廓深度方向

Step20. 创建图 2.41 所示的阵列特征 2。

图 2.40　定义轮廓高度方向

图 2.41　阵列特征 2

（1）选取要阵列的特征。选取 Step19 所创建的百叶窗特征 25 为阵列特征。

（2）选择命令。单击 主页 功能选项卡 阵列 工具栏中的 🔲 阵列 按钮。

（3）定义要阵列草图平面。选取图 2.42 所示的模型表面为阵列草图平面。

（4）绘制矩形阵列轮廓。单击 特征 区域中的 ▦ 按钮，绘制图 2.43 所示的矩形。

① 定义阵列类型。在"阵列"命令条的 翻转 下拉列表中选择 固定。

② 定义阵列参数。在"阵列"命令条的 X: 文本框中输入阵列个数为 4，输入间距值为

15；在"阵列"命令条的 Y 文本框中输入阵列个数为 6，输入间距值为 2.5；单击右键确定。

③ 单击 按钮，退出草绘环境。

（5）单击 完成 按钮，完成特征的创建。

图 2.42　定义草图平面　　　　　图 2.43　绘制矩形阵列轮廓

Step21. 保存钣金件模型文件，并命名为 HEATER_COVER。

实例 3 卷 尺 头

实例概述：

本实例详细讲解了图 3.1 所示卷尺头的创建过程，主要应用了轮廓弯边、除料、法向除料等命令。钣金件模型及模型树如图 3.1 所示。

图 3.1　钣金件模型及模型树

Step1. 新建文件。选择下拉菜单 命令。

Step2. 创建图 3.2 所示的轮廓弯边特征 1。

（1）选择命令。单击 主页 功能选项卡 钣金 工具栏中的"轮廓弯边"按钮 ♪ 。

（2）定义特征的截面草图。在系统 单击平的面或参考平面 的提示下，选取前视图（XZ）作为草图平面，绘制图 3.3 所示的截面草图。

图 3.2　轮廓弯边特征 1　　　　图 3.3　截面草图

（3）定义材料厚度及方向。在"轮廓弯边"命令条中的 厚度: 文本框中输入数值 0.3，并按 Enter 键；并将材料加厚方向调整至图 3.4 所示的方向后，单击鼠标左键。

图 3.4　定义材料方向

（4）轮廓弯边的延伸量及方向。在命令条中单击"延伸步骤"按钮 ；在 距离: 文本框中输入距离值 16，并按 Enter 键，单击"对称延伸"按钮 。

（5）单击 完成 按钮，完成特征的创建。

Step3. 创建图 3.5 所示的法向除料特征 1。

（1）选择命令。在 主页 功能选项卡 钣金 工具栏中单击 打孔 按钮，选择 法向除料 命令。

（2）定义特征的截面草图。

① 选取草图平面。在系统 单击平的面或参考平面。 的提示下，选取俯视图（XY）平面作为草图平面。

② 绘制图 3.6 所示的截面草图。

③ 单击"主页"功能选项卡中的"关闭草图"按钮 ，退出草绘环境。

（3）定义法向除料特征属性。在"法向除料"命令条中单击"中位平面切削"按钮 和"全部穿透"按钮 ，并将移除方向调整至图 3.7 所示的方向。

（4）单击 完成 按钮，完成特征的创建。

图 3.5　法向除料特征 1　　　　　图 3.6　截面草图　　　　　图 3.7　定义移除方向

Step4. 创建图 3.8 所示的轮廓弯边特征 2。

（1）选择命令。单击 主页 功能选项卡 钣金 工具栏中的"轮廓弯边"按钮 。

（2）定义特征的截面草图。在系统的提示下，选取图 3.9 所示的模型边线为路径，在"轮廓弯边"命令条中的 位置: 文本框中输入值 0，并按 Enter 键，绘制图 3.10 所示的截面草图。

（3）定义轮廓弯边的延伸量及方向。在"轮廓弯边"命令条中单击"延伸步骤"按钮 ；单击"到末端"按钮 ，并定义其延伸方向如图 3.11 所示，单击鼠标左键。

（4）单击 完成 按钮，完成特征的创建。

图 3.8　轮廓弯边特征 2　　　　　　　图 3.9　选取路径

图 3.10　截面草图　　　　　　　　图 3.11　定义延伸方向

Step5. 创建图 3.12 所示的除料特征 1。

（1）选择命令。在 主页 功能选项卡 钣金 工具栏中单击 打孔 按钮，选择 除料 命令。

（2）定义特征的截面草图。

① 选取草图平面。在系统 单击平的面或参考平面。 的提示下，选取图 3.12 所示的模型表面为草图平面。

② 绘制图 3.13 所示的截面草图。

③ 单击"主页"功能选项卡中的"关闭草图"按钮，退出草绘环境。

（3）定义除料特征属性。在"除料"命令条中单击 按钮定义延伸深度，在该命令条中单击"全部穿透"按钮，并定义除料方向如图 3.14 所示。

（4）单击 完成 按钮，完成特征的创建。

图 3.12　除料特征 1

图 3.13　截面草图

图 3.14　定义移除方向

Step6. 创建图 3.15 所示的除料特征 2。

（1）选择命令。在 主页 功能选项卡 钣金 工具栏中单击 打孔 按钮，选择 除料 命令。

（2）定义特征的截面草图。

① 选取草图平面。在系统 单击平的面或参考平面。 的提示下，选取图 3.15 所示的模型表面为草图平面。

② 绘制图 3.16 所示的截面草图。

③ 单击"主页"功能选项卡中的"关闭草图"按钮，退出草绘环境。

（3）定义除料特征属性。在"除料"命令条中单击 按钮定义延伸深度，在该命令条中单击"全部穿透"按钮，并定义除料方向如图 3.17 所示。

（4）单击 完成 按钮，完成特征的创建。

图 3.15　除料特征 2

图 3.16　截面草图

图 3.17　定义移除方向

Step7. 创建图 3.18 所示的除料特征 3。

（1）选择命令。在 主页 功能选项卡 钣金 工具栏中单击 打孔 按钮，选择 除料 命令。

（2）定义特征的截面草图。

① 选取草图平面。在系统 单击平的面或参考平面。 的提示下，选取图 3.18 所示的模型表面为草图平面。

② 绘制图 3.19 所示的截面草图。

③ 单击"主页"功能选项卡中的"关闭草图"按钮，退出草绘环境。

（3）定义除料特征属性。在"除料"命令条中单击 按钮定义延伸深度，在该命令条中单击"全部穿透"按钮，并定义除料方向如图 3.20 所示。

（4）单击 完成 按钮，完成特征的创建。

图 3.18　除料特征 3

图 3.19　截面草图

图 3.20　定义移除方向

Step8. 创建图 3.21 所示的法向除料特征 1。

（1）选择命令。在 主页 功能选项卡 钣金 工具栏中单击 打孔 按钮，选择 法向除料 命令。

（2）定义特征的截面草图。

① 选取草图平面。在系统 单击平的面或参考平面。 的提示下，选取俯视图（XY）平面作为草图平面。

② 绘制图 3.22 所示的截面草图。

图 3.21　法向除料特征 1

图 3.22　截面草图

③ 单击"主页"功能选项卡中的"关闭草图"按钮，退出草绘环境。

（3）定义法向除料特征属性。在"法向除料"命令条中单击"厚度剪切"按钮 和"全部穿透"按钮，并将移除方向调整至图 3.23 所示的方向。

（4）单击 完成 按钮，完成特征的创建。

Step9. 创建图 3.24 所示的法向除料特征 2。

图 3.23 定义移除方向

图 3.24 法向除料特征 2

（1）选择命令。在 主页 功能选项卡 钣金 工具栏中单击 打孔 按钮，选择 法向除料 命令。

（2）定义特征的截面草图。

① 选取草图平面。在系统 单击平的面或参考平面。 的提示下，选取俯视图（XY）平面作为草图平面。

② 绘制图 3.25 所示的截面草图。

③ 单击"主页"功能选项卡中的"关闭草图"按钮，退出草绘环境。

（3）定义法向除料特征属性。在"法向除料"命令条中单击"厚度剪切"按钮 和"全部穿透"按钮，并将移除方向调整至图 3.26 所示的方向。

（4）单击 完成 按钮，完成特征的创建。

图 3.25 截面草图

图 3.26 定义移除方向

Step10. 创建图 3.27 所示的法向除料特征 3。

（1）选择命令。在 主页 功能选项卡 钣金 工具栏中单击 打孔 按钮，选择 法向除料 命令。

（2）定义特征的截面草图。

① 选取草图平面。在系统 单击平的面或参考平面。 的提示下，选取俯视图（XY）平面作为草图平面。

② 绘制图 3.28 所示的截面草图。

图 3.27 法向除料特征 3

图 3.28 截面草图

③　单击"主页"功能选项卡中的"关闭草图"按钮✅，退出草绘环境。

（3）定义法向除料特征属性。在"法向除料"命令条中单击"厚度剪切"按钮⬔和"全部穿透"按钮▣，并将移除方向调整至图 3.29 所示的方向。

（4）单击 ⬛完成 按钮，完成特征的创建。

图 3.29　定义移除方向

Step11. 创建倒角特征 1。

（1）选择命令。单击 主页 功能选项卡 钣金 工具栏中的 ⬜ 倒角 按钮。

（2）定义倒角边线。选取图 3.30 所示的边线为倒角的边线。

（3）定义倒角属性。在"倒角"命令条中单击 ⬕ 按钮，在 折线: 文本框中输入 1，单击鼠标右键。

（4）单击 ⬛完成 按钮，完成特征的创建。

Step12. 创建倒角特征 2。

（1）选择命令。单击 主页 功能选项卡 钣金 工具栏中的 ⬜ 倒角 按钮。

（2）定义倒角边线。选取图 3.31 所示的边线为倒角的边线。

（3）定义倒角属性。在"倒角"命令条中单击 ⬕ 按钮，在 折线: 文本框中输入 0.5，单击鼠标右键。

（4）单击 ⬛完成 按钮，完成特征的创建。

图 3.30　选取倒角的边线　　　　　　　图 3.31　选取倒角的边线

Step13. 保存钣金件模型文件，并命名为 ROLL_RULER_HEATER。

实例 4 水 嘴 底 座

实例概述：

　　本实例详细讲解了水嘴底座的设计过程，主要应用了轮廓弯边、孔、镜像等命令，需要读者注意的是"轮廓弯边"命令的操作创建方法及过程。钣金件模型及相应的模型树如图 4.1 所示。

图 4.1　钣金件模型及模型树

Step1. 新建文件。选择下拉菜单 ➡ 新建(N) ➡ GB 钣金 使用默认模板创建新的钣金文档 命令。

Step2. 创建图 4.2 所示的平板特征 1。

（1）选择命令。单击 主页 功能选项卡 钣金 工具栏中的"平板"按钮 。

（2）定义特征的截面草图。

① 选取草图平面。在系统 单击平的面或参考平面。 的提示下，选取俯视图（XY）平面作为草图平面。

② 绘制图 4.3 所示的截面草图。

③ 单击"主页"功能选项卡中的"关闭草图"按钮 ，退出草绘环境。

（3）定义材料厚度及方向。在"平板"命令条中单击"厚度步骤"按钮 定义材料厚度，在 厚度: 文本框中输入值 2.0，并将材料加厚方向调整至图 4.4 所示的方向。

（4）单击命令条中的 完成 按钮，完成特征的创建。

图 4.2　平板特征 1　　　　图 4.3　截面草图　　　　图 4.4　定义材料加厚方向

Step3. 创建图 4.5 所示的轮廓弯边特征 1。

（1）选择命令。单击 主页 功能选项卡 钣金 工具栏中的"轮廓弯边"按钮 ⬙。

（2）定义特征的截面草图。在系统的提示下，选取图 4.6 所示的模型边线为路径，在 "轮廓弯边"命令条中的 位置: 文本框中输入值 0，并按 Enter 键，绘制图 4.7 所示的截面草图。

（3）定义轮廓弯边的延伸量及方向。在"轮廓弯边"命令条中单击"延伸步骤"按钮 ⬚，并单击"链"按钮 ⬚，在 选择: 下拉列表中选择 边 选项，定义轮廓弯边沿着图 4.8 所示的边链进行延伸，单击鼠标右键。

（4）单击 完成 按钮，完成特征的创建。

图 4.5　轮廓弯边特征 1　　　　图 4.6　选取路径

图 4.7　截面草图　　　　　　图 4.8　定义延伸对象

Step4. 创建图 4.9 所示的孔特征 1。

（1）选择命令。单击 主页 功能选项卡 钣金 工具栏中的"打孔"按钮 ⬚。

（2）定义孔的参数。单击 ⬚ 按钮，在 类型(I): 下拉列表中选择 简单孔 选项，在 单位(U): 下拉列表中选择 毫米 选项，在 直径(I): 下拉列表中输入 30，在 延伸 区域中选择延伸类型为 ⬚（全部穿透），单击 确定 按钮，完成孔参数的设置。

（3）定义孔的放置面。选取图 4.10 所示的模型表面为孔的放置面，在模型表面单击完成孔的放置。

图 4.9　孔特征 1　　　　　图 4.10　定义放置平面

（4）编辑孔的定位。在草图环境中对其添加几何约束，如图 4.11 所示。

（5）定义孔的延伸方向。定义孔延伸方向如图 4.12 所示并单击。

（6）单击 完成 按钮，完成特征的创建。

　　图 4.11　添加几何约束　　　　　　　　　图 4.12　定义延伸方向

Step5. 创建图 4.13 所示的孔特征 2。

（1）选择命令。单击 主页 功能选项卡 钣金 工具栏中的"打孔"按钮 。

（2）定义孔的参数。单击 按钮，在 类型(T): 下拉列表中选择 简单孔 选项，在 单位(U): 下拉列表中选择 毫米 选项，在 直径(I): 下拉列表中输入 30，在 延伸 区域选择延伸类型为 （全部穿透），单击 确定 按钮，完成孔参数的设置。

（3）定义孔的放置面。选取图 4.13 所示的模型表面为孔的放置面，在模型表面单击完成孔的放置。

（4）编辑孔的定位。在草图环境中对其添加尺寸几何约束，如图 4.14 所示。

创建此孔特征 2
选取此模型表面为放置面

　　图 4.13　孔特征 2　　　　　　　　　　图 4.14　添加尺寸几何约束

（5）定义孔的延伸方向。定义孔延伸方向如图 4.15 所示并单击。

（6）单击 完成 按钮，完成特征的创建。

图 4.15　定义延伸方向

Step6. 创建图 4.16 所示的镜像特征 1。

（1）选取要镜像的特征。选取 Step5 所创建的孔特征 2 为镜像源。

（2）选择命令。单击 主页 功能选项卡 阵列 工具栏中的 镜像 按钮。

（3）定义镜像平面。选择前视图（XZ）平面为镜像平面。

（4）单击 完成 按钮，完成特征的创建。

创建此镜像特征

图 4.16　镜像特征 1

Step7. 保存钣金件模型文件，并命名为 WATER_HOP_BOTTOM。

实例5 夹 子

实例概述:

本实例详细讲解了图 5.1 所示的夹子的创建过程,主要应用了轮廓弯边、凹坑、折弯等命令,需要读者注意的是"凹坑"命令的操作过程及创建方法。钣金件模型及模型树如图 5.1 所示。

图 5.1 钣金件模型及模型树

Step1. 新建文件。选择下拉菜单 ![菜单图标] ➡ 新建(N) ➡ GB 钣金 使用默认模板创建新的钣金文档 命令。

Step2. 创建图 5.2 所示的轮廓弯边特征 1。

(1)选择命令。单击 主页 功能选项卡 钣金 工具栏中的"轮廓弯边"按钮 ![按钮图标]。

(2)定义特征的截面草图。在系统 单击平的面或参考平面 的提示下,选取前视图(XZ)作为草图平面,绘制图 5.3 所示的截面草图。

图 5.2 轮廓弯边特征 1   图 5.3 截面草图

(3)定义材料厚度及方向。在"轮廓弯边"命令条中的 厚度: 文本框中输入数值 0.4,并按 Enter 键;并将材料加厚方向调整至图 5.4 所示的方向后,单击鼠标左键。

图 5.4 定义材料加厚方向

（4）定义轮廓弯边的延伸量及方向。在"轮廓弯边"命令条中单击"延伸步骤"按钮 ![]；在 距离: 文本框中输入距离值 40，并按 Enter 键，单击"对称延伸"按钮 ![]。

（5）单击 完成 按钮，完成特征的创建。

Step3. 创建图 5.5 所示的凹坑特征 1。

（1）选择命令。单击 主页 功能选项卡 钣金 工具栏中的"凹坑"按钮 ![]。

（2）绘制凹坑截面。选取图 5.5 所示的模型表面为草图平面，绘制图 5.6 所示的截面草图。

图 5.5　凹坑特征 1

图 5.6　截面草图

（3）定义凹坑属性。在"凹坑"命令条中单击 ![] 按钮，单击"偏置尺寸"按钮 ![]，在 距离: 文本框中输入 1.5；单击 ![] 按钮，在 拔模角 (T): 文本框中输入 30，在 倒圆 区域中选中 ☑ 包括倒圆(I) 复选框，在 凸模半径 文本框中输入 0.5；在 凹模半径 文本框中输入 0；并取消选中 ☐ 包含凸模侧拐角半径(A) 复选框，单击 确定 按钮；定义其冲压方向向下，如图 5.5 所示；单击"轮廓代表凸模"按钮 ![]。

（4）单击命令条中的 完成 按钮，完成特征的创建。

Step4. 创建图 5.7 所示的凹坑特征 2。

（1）选择命令。单击 主页 功能选项卡 钣金 工具栏中的"凹坑"按钮 ![]。

（2）绘制凹坑截面。选取图 5.7 所示的模型表面为草图平面，绘制图 5.8 所示的截面草图。

图 5.7　凹坑特征 2

图 5.8　截面草图

（3）定义凹坑属性。在"凹坑"命令条中单击 ![] 按钮，单击"偏置尺寸"按钮 ![]，在 距离: 文本框中输入 0.5；单击 ![] 按钮，在 拔模角 (T): 文本框中输入 30，在 倒圆 区域中选中 ☑ 包括倒圆(I) 复选框，在 凸模半径 文本框中输入 0.5；在 凹模半径 文本框中输入值 0.5；并取消

选中 □ 包含凸模侧拐角半径(A) 复选框，单击 确定 按钮；定义其冲压方向向下，如图 5.7 所示；单击"轮廓代表凸模"按钮 📙 。

（4）单击命令条中的 完成 按钮，完成特征的创建。

Step5. 创建图 5.9 所示的孔特征 1。

（1）选择命令。单击 主页 功能选项卡 钣金 工具栏中的"打孔"按钮 📭 。

（2）定义孔的参数。单击 📰 按钮，在 类型(Y): 下拉列表中选择 简单孔 选项，在 单位(U): 下拉列表中选择 毫米 选项，在 直径(I): 下拉列表中输入值 2，在 延伸 区域选择延伸类型为 🖃（全部穿透），单击 确定 按钮，完成孔参数的设置。

（3）定义孔的放置面。选取图 5.10 所示的模型表面为孔的放置面，在模型表面单击完成孔的放置。

（4）编辑孔的定位。在草图环境中对其添加几何约束，如图 5.11 所示。

（5）定义孔的延伸方向。定义孔延伸方向如图 5.12 所示并单击。

（6）单击 完成 按钮，完成特征的创建。

图 5.9　孔特征 1　　　　　　　　　　图 5.10　定义放置平面

图 5.11　添加几何约束　　　　　　　图 5.12　定义延伸方向

Step6. 创建图 5.13 所示的除料特征 1。

（1）选择命令。在 主页 功能选项卡 钣金 工具栏中单击 打孔 ▾ 按钮，选择 🖾 除料 命令。

（2）定义特征的截面草图。

① 选取草图平面。在系统 单击平的面或参考平面。 的提示下，选取图 5.13 所示的面为草图平面。

② 绘制图 5.14 所示的截面草图。

③ 单击"主页"功能选项卡中的"关闭草图"按钮 ✅ ，退出草绘环境。

（3）定义除料特征属性。在"除料"命令条中单击 🔂 按钮定义延伸深度，在该命令条中单击"全部穿透"按钮 🖃 ，并定义除料方向如图 5.15 所示。

（4）单击 完成 按钮，完成特征的创建。

图 5.13　除料特征 1

图 5.14　截面草图

Step7. 创建图 5.16 所示的镜像特征 1。

（1）选取要镜像的特征。选取 Step6 所创建的除料特征 1 为镜像源。

（2）选择命令。单击 主页 功能选项卡 阵列 工具栏中的 镜像 按钮。

（3）定义镜像平面。选取前视图（XZ）平面为镜像平面。

（4）单击 完成 按钮，完成特征的创建。

图 5.15　定义移除方向

图 5.16　镜像特征 1

Step8. 创建图 5.17 所示的折弯特征 1。

（1）选择命令。单击 主页 功能选项卡 钣金 工具栏中的 折弯 按钮。

（2）绘制折弯线。选取图 5.17 所示模型表面为草图平面，绘制图 5.18 所示的折弯线。

图 5.17　折弯特征 1

图 5.18　绘制折弯线

（3）定义折弯属性及参数。在"折弯"命令条中单击"折弯位置"按钮，在 折弯半径: 文本框中输入 1，在 角度: 文本框中输入 160；单击"从轮廓起"按钮，并定义折弯的位置如图 5.19 所示的位置后单击；单击"移动侧"按钮，并将方向调整至图 5.20 所示的方向；单击"折弯方向"按钮，并将方向调整至图 5.21 所示的方向。

（4）单击 完成 按钮，完成特征的创建。

　　图 5.19　定义折弯位置　　　　　图 5.20　定义移动侧方向　　　　　图 5.21　定义折弯方向

Step9. 创建图 5.22 所示的折弯特征 2。

（1）选择命令。单击 主页 功能选项卡 钣金 工具栏中的 折弯 按钮。

（2）绘制折弯线。选取图 5.22 所示的模型表面为草图平面，绘制图 5.23 所示的折弯线。

（3）定义折弯属性及参数。在"折弯"命令条中单击"折弯位置"按钮，在 折弯半径: 文本框中输入值 0.5，在 角度: 文本框中输入值 175；单击"从轮廓起"按钮，并定义折弯的位置如图 5.24 所示的位置后单击；单击"移动侧"按钮，并将方向调整至图 5.25 所示的方向；单击"折弯方向"按钮，并将方向调整至图 5.26 所示的方向。

（4）单击 完成 按钮，完成特征的创建。

　　　　图 5.22　折弯特征 2　　　　　　　　　　　　图 5.23　绘制折弯线

　　图 5.24　定义折弯位置　　　　　图 5.25　定义移动侧方向　　　　　图 5.26 定义折弯方向

Step10. 创建图 5.27 所示的弯边特征 1。

（1）选择命令。单击 主页 功能选项卡 钣金 工具栏中的"弯边"按钮。

（2）定义附着边。选取图 5.28 所示的模型边线为附着边。

（3）定义弯边类型。在"弯边"命令条中单击"完全宽度"按钮；在 距离: 文本框中输入 15，在 角度: 文本框中输入 90，单击"内部尺寸标注"按钮和"外侧折弯"按钮；

调整弯边侧方向向下，如图 5.27 所示。

（4）定义弯边属性及参数。单击"弯边选项"按钮 ，取消选中 ☐ 使用默认值* 复选框，在 折弯半径(B): 文本框中输入数值 0.2，单击 确定 按钮。

（5）单击 完成 按钮，完成特征的创建。

图 5.27　弯边特征 1

图 5.28　定义附着边

Step11. 创建图 5.29 所示的除料特征 3。

（1）选择命令。在 主页 功能选项卡 钣金 工具栏中单击 打孔 按钮，选择 除料 命令。

（2）定义特征的截面草图。

① 选取草图平面。在系统 单击平的面或参考平面. 的提示下，选取图 5.29 所示的模型表面为草图平面。

② 绘制图 5.30 所示的截面草图。

③ 单击"主页"功能选项卡中的"关闭草图"按钮 ，退出草绘环境。

（3）定义除料特征属性。在"除料"命令条中单击 按钮定义延伸深度，在该命令条中单击"全部穿透"按钮 ，并定义除料方向如图 5.31 所示。

（4）单击 完成 按钮，完成特征的创建。

图 5.29　除料特征 3

图 5.30　截面草图

图 5.31　定义移除方向

Step12. 创建图 5.32b 所示的倒角特征 1。

（1）选择命令。单击 主页 功能选项卡 钣金 工具栏中的 倒角 按钮。

（2）定义倒角边线。选取图 5.32a 所示的两条边线为倒角的边线。

（3）定义倒角属性。在"倒角"命令条中单击 按钮，在 折线: 文本框中输入 0.5，单击鼠标右键。

选取此两条边线

放大图　　　　　　　　放大图

a) 倒角前　　　　　　　　　　　　　　　　　　b) 倒角后

图 5.32　倒角特征 1

（4）单击 完成 按钮，完成特征的创建。

Step13. 创建图 5.33 所示的镜像特征 2。

（1）选取要镜像的特征。选取 Step10 至 Step12 创建的特征为镜像源。

（2）选择命令。单击 主页 功能选项卡 阵列 工具栏中的 镜像 按钮。

（3）定义镜像平面。选取前视图（XZ）平面为镜像平面。

（4）单击 完成 按钮，完成特征的创建。

Step14. 创建图 5.34 所示的孔特征 2。

（1）选择命令。单击 主页 功能选项卡 钣金 工具栏中的"打孔"按钮。

（2）定义孔的参数。单击 按钮，在 类型 (Y)：下拉列表中选择 简单孔 选项，在 单位 (U)：下拉列表中选择 毫米 选项，在 直径 (I) 下拉列表中输入 2，在 延伸 区域选择延伸类型为 （全部穿透），单击 确定 按钮，完成孔参数的设置。

（3）定义孔的放置面。选取图 5.34 所示的模型表面为孔的放置面，在模型表面单击完成孔的放置。

镜像特征 2

选取此模型表
面为放置面

图 5.33　镜像特征 2　　　　　　　　　　　图 5.34　孔特征 2

（4）编辑孔的定位。在草图环境中对其添加几何约束，如图 5.35 所示。

（5）定义孔的延伸方向。定义孔延伸方向如图 5.36 所示并单击。

（6）单击 完成 按钮，完成特征的创建。

X

Z

图 5.35　添加几何约束　　　　　　　　　图 5.36　定义延伸方向

Step15. 创建图 5.37b 所示的倒角特征 3。

（1）选择命令。单击 主页 功能选项卡 钣金 工具栏中的 口 倒角 按钮。

（2）定义倒角边线。选取图 5.37a 所示的两条边线为倒角的边线。

（3）定义倒角属性。在"倒角"命令条中单击 按钮，在 折线: 文本框中输入 1.0，单击鼠标右键。

（4）单击 完成 按钮，完成特征的创建。

选取此两条边线   放大图   放大图

a）倒角前   b）倒角后

图 5.37 倒角特征 3

Step16. 保存钣金件模型文件，并命名为 clamp。

实例 6 水 果 刀

实例概述：

本实例详细讲解了图 6.1 所示的水果刀的创建过程，主要应用了平板、折弯、除料、倒斜角及阵列等命令。在该模型的创建过程中，倒斜角命令的使用方法值得读者借鉴。钣金件模型及模型树如图 6.1 所示。

图 6.1 钣金件模型及模型树

Step1. 新建文件。选择下拉菜单 ➡ 新建(N) ➡ GB 钣金 使用默认模板创建新的钣金文档 命令。

Step2. 创建图 6.2 所示的平板特征 1。

（1）选择命令。单击 主页 功能选项卡 钣金 工具栏中的"平板"按钮 。

（2）定义特征的截面草图。

① 选取草图平面。在系统 单击平的面或参考平面 的提示下，选取俯视图（XY）平面作为草图平面。

② 绘制图 6.3 所示的截面草图。

③ 单击"主页"功能选项卡中的"关闭草图"按钮 ，退出草绘环境。

（3）定义材料厚度及方向。在"平板"命令条中单击"厚度步骤"按钮 定义材料厚度，在 厚度: 文本框中输入值 1.0，并将材料加厚方向调整至图 6.4 所示的方向。

（4）单击命令条中的 完成 按钮，完成特征的创建。

图 6.2　平板特征 1　　　　　图 6.3　截面草图　　　　　图 6.4　定义材料方向

Step3. 创建图 6.5 所示的折弯特征 1。

（1）选择命令。单击 主页 功能选项卡 钣金 工具栏中的 折弯 按钮。

（2）绘制折弯线。选取图 6.5 所示的模型表面为草图平面，绘制图 6.6 所示的折弯线。

（3）定义折弯属性及参数。在"折弯"命令条中单击"折弯位置"按钮，在 折弯半径: 文本框中输入值 1，在 角度: 文本框中输入值 90，并单击"材料外部"按钮；单击"移动侧"按钮，并将方向调整至图 6.7 所示的方向；单击"折弯方向"按钮，并将方向调整至图 6.8 所示的方向。

（4）单击 完成 按钮，完成特征的创建。

图 6.5　折弯特征 1　　　　　图 6.6　绘制折弯线

图 6.7　定义移动侧方向　　　　　图 6.8　定义折弯方向

Step4. 创建图 6.9 所示的折弯特征 2。

（1）选择命令。单击 主页 功能选项卡 钣金 工具栏中的 折弯 按钮。

（2）绘制折弯线。选取图 6.9 所示的模型表面为草图平面，绘制图 6.10 所示的折弯线。

图 6.9　折弯特征 2　　　　　图 6.10　绘制折弯线

（3）定义折弯属性及参数。在"折弯"命令条中单击"折弯位置"按钮 ⊞ ，在 折弯半径:
文本框中输入值 1，在 角度: 文本框中输入值 90，单击"从轮廓起"按钮 🗔 ，并定义折弯的
位置如图 6.11 所示的位置后单击；单击"移动侧"按钮 🗗 ，并将方向调整至图 6.12 所示的
方向；单击"折弯方向"按钮 ⊞ ，并将方向调整至图 6.13 所示的方向。

（4）单击 完成 按钮，完成特征的创建。

图 6.11　定义折弯位置　　　　图 6.12　定义移动侧方向　　　　图 6.13　定义折弯方向

Step5. 创建图 6.14 所示的镜像特征 1。

（1）选取要镜像的特征。选取 Step3 和 Step4 所创建的折弯特征为镜像源。

（2）选择命令。单击 主页 功能选项卡 阵列 工具栏中的 ◑◑ 镜像 按钮。

（3）定义镜像平面。选取前视图（XZ）平面作为镜像平面。

（4）单击 完成 按钮，完成特征的创建。

图 6.14　镜像特征

Step6. 创建图 6.15 所示的平板特征 3。

（1）选择命令。单击 主页 功能选项卡 钣金 工具栏中的"平板"按钮 🗔 。

（2）定义特征的截面草图。

① 选取草图平面。在系统 单击平的面或参考平面。 的提示下，选取图 6.15 所示的模型表面
为草图平面。

② 绘制图 6.16 所示的截面草图。

③ 单击"主页"功能选项卡中的"关闭草图"按钮 ✔ ，退出草绘环境。

（3）单击命令条中的 完成 按钮，完成特征的创建。

Step7. 创建图 6.17 所示的法向除料特征 1。

（1）选择命令。在 主页 功能选项卡 钣金 工具栏中单击 打孔 按钮，选择 🗔 法向除料 命令。

（2）定义特征的截面草图。

图 6.15 平板特征 3

图 6.16 截面草图

① 选取草图平面。在系统 单击平的面或参考平面。 的提示下，选取图 6.18 所示的模型表面为草图平面。

② 绘制图 6.19 所示的截面草图。

③ 单击"主页"功能选项卡中的"关闭草图"按钮 ✓ ，退出草绘环境。

（3）定义法向除料特征属性。在"法向除料"命令条中单击"厚度剪切"按钮 ✍ 和"穿透下一个"按钮 ▣ ，并将移除方向调整至图 6.20 所示的方向。

（4）单击 完成 按钮，完成特征的创建。

图 6.17 法向除料特征 1

图 6.18 定义草图平面

图 6.19 截面草图

图 6.20 定义移除方向

Step8. 创建图 6.21 所示的倒斜角特征 1。

（1）选择命令。在 主页 功能选项卡 钣金 工具栏中单击 倒角 ▾ 后的小三角，选择 ▱ 倒斜角 命令。

（2）定义倒斜角类型。在"倒斜角"命令条中单击 ▤ 按钮，选中 ⊙ 角度和回切(A) 单选项，单击 确定 按钮。

（3）定义倒斜角边线的参考面。单击"选择面"按钮 ▣ ，选取图 6.22 所示的平面为参考面，单击鼠标右键。

（4）定义倒斜角参照。选取图 6.23 所示的两条边线为倒斜角参照边。

（5）定义倒角属性。在 回切: 文本框中输入值 0.5，在 角度: 文本框中输入值 75，单击鼠标右键。

（6）单击 完成 按钮，完成特征的创建。

图 6.21　倒斜角特征 1　　　　　　　　图 6.22　定义参考面

图 6.23　定义倒斜角参照边线

Step9. 创建图 6.24 所示的除料特征 1。

（1）选择命令。在 主页 功能选项卡 钣金 工具栏中单击 打孔 按钮，选择 🔲 除料 命令。

（2）定义特征的截面草图。

① 选取草图平面。在系统 单击平的面或参考平面。 的提示下，选取图 6.24 所示的模型表面为草图平面。

② 绘制图 6.25 所示的截面草图。

③ 单击"主页"功能选项卡中的"关闭草图"按钮 ✓，退出草绘环境。

（3）定义除料特征属性。在"除料"命令条中单击 🔓 按钮定义延伸深度，在该命令条中单击"全部穿透"按钮 🔳，并定义除料方向如图 6.26 所示。

（4）单击 完成 按钮，完成特征的创建。

图 6.24　除料特征 1

图 6.25　截面草图

Step10. 创建图 6.26 所示的倒斜角特征 2。

（1）选择命令。在 主页 功能选项卡 钣金 工具栏中单击 ⬚倒角▾ 后的小三角，选择 ⬚ 倒斜角 命令。

（2）定义倒斜角类型。在"倒斜角"命令条中单击 ▦ 按钮，选中 ◉ 角度和回切(A) 单选项，单击 确定 按钮。

（3）定义倒斜角边线的参考面。单击"选择面"按钮 ⬚，选取图 6.27 所示的平面为参考面，单击鼠标右键。

（4）定义倒斜角参照。选取图 6.28 所示的四条边线为倒斜角参照边。

（5）定义倒角属性。在 回切: 文本框中输入值 0.5，在 角度: 文本框中输入值 65，单击鼠标右键。

（6）单击 完成 按钮，完成特征的创建。

图 6.26　倒斜角特征 2

图 6.27　定义参考面

图 6.28　定义倒斜角参照边线

Step11. 创建图 6.29 所示的阵列特征 1。

（1）选取要阵列的特征。选取 Step9 和 10 所创建的特征为阵列特征。

（2）选择命令。单击 主页 功能选项卡 阵列 工具栏中的 ⬚ 阵列 按钮。

（3）定义要阵列草图平面。选取图 6.29 所示的模型表面为阵列草图平面。

（4）绘制矩形阵列轮廓。单击 特征 区域中的 ⬚ 按钮，绘制图 6.30 所示的矩形。

① 定义阵列类型。在"阵列"命令条的 翻转 下拉列表中选择 固定 选项。

② 定义阵列参数。在"阵列"命令条的 X: 文本框中输入阵列个数为 20，输入间距值

为 2；在 "阵列" 命令条的 文本框中输入阵列个数为 1，单击右键确定。

③ 单击 ✓ 按钮，退出草绘环境。

（5）单击 完成 按钮，完成特征的创建。

草图平面　　　　　　放大图

图 6.29　阵列特征 1

Y

图 6.30　绘制矩形阵列轮廓

Step12. 创建图 6.31 所示的法向除料特征 2。

（1）选择命令。在 主页 功能选项卡 钣金 工具栏中单击 打孔 按钮，选择 法向除料 命令。

（2）定义特征的截面草图。

① 选取草图平面。在系统 单击平的面或参考平面 的提示下，选取图 6.32 所示的模型表面为草图平面。

② 绘制图 6.33 所示的截面草图。

③ 单击 "主页" 功能选项卡中的 "关闭草图" 按钮 ✓，退出草绘环境。

（3）定义法向除料特征属性。在 "法向除料" 命令条中单击 "厚度剪切" 按钮 和 "穿透下一个" 按钮 ，并将移除方向调整至图 6.34 所示的方向。

（4）单击 完成 按钮，完成特征的创建。

放大图　　　　　　　　　　选此面为草图平面

图 6.31　法向除料特征 2　　　　　　　图 6.32　定义草图平面

放大图

92

4

Y

2

图 6.33　截面草图

图 6.34　定义移除方向

Step13. 创建图 6.35 所示的法向除料特征 3。

（1）选择命令。在 主页 功能选项卡 钣金 工具栏中单击 打孔 按钮，选择 法向除料 命令。

（2）定义特征的截面草图。

① 选取草图平面。在系统 单击平的面或参考平面。 的提示下，选取图 6.36 所示的模型表面为草图平面。

② 绘制图 6.37 所示的截面草图。

③ 单击"主页"功能选项卡中的"关闭草图"按钮 ，退出草绘环境。

（3）定义法向除料特征属性。在"法向除料"命令条中单击"厚度剪切"按钮 和"穿透下一个"按钮 ，并将移除方向调整至图 6.38 所示的方向。

（4）单击 完成 按钮，完成特征的创建。

图 6.35　法向除料特征 3　　　　　　　图 6.36　定义草图平面

图 6.37　截面草图

图 6.38　定义移除方向

Step14. 创建图 6.39b 所示的倒斜角特征 22。

（1）选择命令。在 主页 功能选项卡 钣金 工具栏中单击 倒角 后的小三角，选择

倒斜角 命令。

（2）定义倒斜角类型。在"倒斜角"命令条中单击 按钮，选中 回切相等 单选项，单击 确定 按钮。

（3）定义倒斜角参照。选取图 6.39a 所示的边线为倒斜角参照边。

（4）定义倒角属性。在 回切: 文本框中输入值 1，单击鼠标右键。

（5）单击 完成 按钮，完成特征的创建。

选此边为倒斜角参照　　　　放大图　　　　放大图

a）倒斜角前　　　　　　　　　　　　b）倒斜角后

图 6.39　倒斜角特征 22

Step15. 创建图 6.40b 所示的倒斜角特征 23。

（1）选择命令。在 主页 功能选项卡 钣金 工具栏中单击 倒角 后的小三角，选择 倒斜角 命令。

（2）定义倒斜角类型。在"倒斜角"命令条中单击 按钮，选中 回切相等 单选项，单击 确定 按钮。

（3）定义倒斜角参照。选取图 6.40a 所示的边线为倒斜角参照边。

（4）定义倒角属性。在 回切: 文本框中输入值 1，单击鼠标右键。

（5）单击 完成 按钮，完成特征的创建。

选此边为倒斜角参照　　　　放大图　　　　放大图

a）倒斜角前　　　　　　　　　　　　b）倒斜角后

图 6.40　倒斜角特征 23

Step16. 创建图 6.41b 所示的倒角特征 1。

（1）选择命令。单击 主页 功能选项卡 钣金 工具栏中的 倒角 按钮。

（2）定义倒角边线。选取图 6.41a 所示的两条边线为倒角的边线。

（3）定义倒角属性。在"倒角"命令条中单击 按钮，在 折线: 文本框中输入值 2，单击鼠标右键。

选此边为倒角边线

放大图

放大图

a）倒角前

b）倒角后

图 6.41   倒角特征 1

（4）单击 <u>完成</u> 按钮，完成特征的创建。

Step17. 保存钣金件模型文件，并命名为 knife。

实例 7　电脑 USB 接口

实例概述:

　　本实例介绍的是电脑 USB 接口的创建过程，主要应用了弯边及凹坑等命令，需要读者注意的是创建弯边特征的顺序及"折弯"命令的操作创建方法及过程。钣金件模型及模型树如图 7.1 所示。

图 7.1　钣金件模型及模型树

Step1. 新建文件。选择下拉菜单 🔵 ➡ 📄 新建(N) ➡ 🇸 GB 钣金 使用默认模板创建新的钣金文档 命令。

Step2. 切换至零件环境。选择下拉菜单 🔵 ➡ 🔷 切换到 ➡ 🔷 零件 在钣金环境与零件环境之间切换模型 命令，进入零件环境。

Step3. 创建图 7.2 所示的拉伸特征 1。

（1）选择命令。单击 主页 功能选项卡 实体 区域中的"拉伸"按钮 📦。

（2）定义特征的截面草图。

① 选取草图平面。在系统 单击平的面或参考平面 的提示下，选取前视图（XZ）平面做为草图平面。

② 绘制图 7.3 所示的截面草图。

图 7.2　拉伸特征 1

图 7.3　截面草图

③ 单击"主页"功能选项卡中的"关闭草图"按钮 ，退出草绘环境。

（3）定义拉伸属性。在"拉伸"命令条单击 按钮定义拉伸深度，在 距离: 文本框中输入值 35，并按 Enter 键，单击"对称延伸"按钮 。

（4）单击 完成 按钮，完成特征的创建。

Step4. 创建图 7.4b 所示的薄壁特征 1。

（1）选择命令。单击 主页 功能选项卡 实体 区域中的 薄壁 按钮。

（2）定义薄壁厚度。在"薄壁"命令条中 同一厚度: 文本框中输入值 0.5，并按 Enter 键。

（3）定义移除面。在系统提示下，选择图 7.4a 所示的模型表面为要移除的面，单击 按钮。

（4）在命令条中单击 预览 按钮显示其结果，并单击 完成 按钮，完成特征的创建。

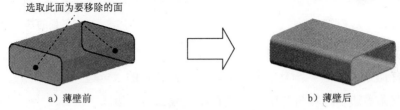

选取此面为要移除的面

a）薄壁前　　　　　　　　b）薄壁后

图 7.4　薄壁特征 1

Step5. 创建图 7.5 所示的除料特征 1。

（1）选择命令。单击 主页 功能选项卡 实体 区域中的"除料"按钮 。

（2）定义特征的截面草图。

① 选取草图平面。在系统 单击平的面或参考平面。 的提示下，选取图 7.5 所示的模型表面为草图平面。

② 绘制图 7.6 所示的截面草图。

③ 单击"主页"功能选项卡中的"关闭草图"按钮 ，退出草绘环境。

（3）定义除料特征属性。在"除料"命令条中单击 按钮定义除料深度，在该命令条中单击"穿透下一个"按钮 ，并定义除料方向如图 7.7 所示。

（4）单击 完成 按钮，完成特征的创建。

草图平面

0,2　1,5　60°　3,8　R 0,2　8,9　放大图　13,4　8,9

图 7.5　除料特征 1　　　　　　　图 7.6　截面草图

Step6. 切换至钣金环境。选择下拉菜单 命令，进入钣金环境。

Step7. 将实体转换为钣金。

（1）选择命令。选择下拉菜单 命令。

（2）定义基本面。选取图 7.8 所示的模型表面为基本面。

（3）单击 完成 按钮，完成将实体转换为钣金的操作。

图 7.7　定义除料方向　　　　　　　　图 7.8　定义转换的基本面

Step8. 创建图 7.9 所示的弯边特征 1。

（1）选择命令。单击 主页 功能选项卡 钣金 工具栏中的"弯边"按钮 。

（2）定义附着边。选取图 7.10 所示的模型边线为附着边。

（3）定义弯边类型。在"弯边"命令条中单击"完全宽度"按钮 ；在 距离: 文本框中输入值 2.0，在 角度: 文本框中输入值 105，单击"外部尺寸标注"按钮 和"外侧折弯"按钮 ，调整弯边侧方向向外，如图 7.9 所示。

（4）定义弯边属性及参数。单击"弯边选项"按钮 ，取消选中 使用默认值* 复选框，在 折弯半径(B): 文本框中输入数值 0.2，单击 确定 按钮。

（5）单击 完成 按钮，完成特征的创建。

图 7.9　弯边特征 1　　　　　　　　　图 7.10　选取附着边

Step9. 创建图 7.11 所示的弯边特征 2。

（1）选择命令。单击 主页 功能选项卡 钣金 工具栏中的"弯边"按钮 。

（2）定义附着边。选取图 7.12 所示的模型边线为附着边。

（3）定义弯边类型。在"弯边"命令条中单击"完全宽度"按钮 ；在 距离: 文本框中输入值 2.0，在 角度: 文本框中输入值 105，单击"外部尺寸标注"按钮 和"外侧折弯"按钮 ，调整弯边侧方向向外，如图 7.11 所示。

图 7.11　弯边特征 2　　　　　　　　　图 7.12　选取附着边

（4）定义弯边属性及参数。单击"弯边选项"按钮，取消选中☐**使用默认值*** 复选框，在 折弯半径(R)：文本框中输入数值 0.2，单击 确定 按钮。

（5）单击 完成 按钮，完成特征的创建。

Step10. 创建图 7.13 所示的弯边特征 3。

（1）选择命令。单击 主页 功能选项卡 钣金 工具栏中的"弯边"按钮。

（2）定义附着边。选取图 7.14 所示的模型边线为附着边。

（3）定义弯边类型。在"弯边"命令条中单击"完全宽度"按钮☐；在 距离：文本框中输入值 2.0，在 角度：文本框中输入值 105，单击"外部尺寸标注"按钮 和"外侧折弯"按钮，调整弯边侧方向向外，如图 7.13 所示。

（4）定义弯边属性及参数。单击"弯边选项"按钮，取消选中☐**使用默认值*** 复选框，在 折弯半径(R)：文本框中输入数值 0.2，单击 确定 按钮。

（5）单击 完成 按钮，完成特征的创建。

图 7.13　弯边特征 3　　　　　　　　　图 7.14　选取附着边

Step11. 创建图 7.15 所示的弯边特征 4。

（1）选择命令。单击 主页 功能选项卡 钣金 工具栏中的"弯边"按钮。

（2）定义附着边。选取图 7.16 所示的模型边线为附着边。

图 7.15　弯边特征 4　　　　　　　　　图 7.16　选取附着边

（3）定义弯边类型。在"弯边"命令条中单击"完全宽度"按钮☐；在 距离：文本框中输入值 2.0，在 角度: 文本框中输入值 105，单击"外部尺寸标注"按钮 [工] 和"外侧折弯"按钮 [h] ，调整弯边侧方向向外，如图 7.15 所示。

（4）定义弯边属性及参数。单击"弯边选项"按钮 [目] ，取消选中 □ 使用默认值* 复选框，在其 折弯半径 (B): 文本框中输入数值 0.2，单击 确定 按钮。

（5）单击 完成 按钮，完成特征的创建。

Step12. 创建图 7.17 所示的镜像特征 1。

（1）选取要镜像的特征。选取 Step11 所创建的弯边特征 4 为镜像源。

（2）选择命令。单击 主页 功能选项卡 阵列 工具栏中的 镜像 按钮，按下工具条中的"智能"按钮 [山] 。

（3）定义镜像平面。选择右视图（YZ）平面为镜像平面。

（4）单击 完成 按钮，完成特征的创建。

Step13. 创建图 7.18 所示的法向除料特征 1。

（1）选择命令。在 主页 功能选项卡 钣金 工具栏中单击 打孔 按钮，选择 [图] 法向除料 命令。

（2）定义特征的截面草图。

① 选取草图平面。在系统 单击平的面或参考平面。 的提示下，选取图 7.18 所示的模型表面为草图平面。

② 绘制图 7.19 所示的截面草图。

③ 单击"主页"功能选项卡中的"关闭草图"按钮 [✓] ，退出草绘环境。

（3）定义法向除料特征属性。在"法向除料"命令条中单击"厚度剪切"按钮 [图] 和"全部穿透"按钮 [图] ，并将移除方向调整至图 7.20 所示的方向。

（4）单击 完成 按钮，完成特征的创建。

图 7.17　镜像特征 1　　　　　　图 7.18　法向除料特征 1

图 7.19　截面草图　　　　　　图 7.20　定义移除方向

Step14. 创建图 7.21 所示的镜像特征 2。

（1）选取要镜像的特征。选取上一步所创建的法向除料特征 1 为镜像源。

（2）选择命令。单击 主页 功能选项卡 阵列 工具栏中的 镜像 按钮。

（3）定义镜像平面。选择右视图（YZ）平面为镜像平面。

（4）单击 完成 按钮，完成特征的创建。

Step15. 创建图 7.22 所示的法向除料特征 3。

（1）选择命令。在 主页 功能选项卡 钣金 工具栏中单击 打孔 按钮，选择 法向除料 命令。

（2）定义特征的截面草图。

① 选取草图平面。在系统 单击平的面或参考平面 的提示下，选取图 7.22 所示的模型表面为草图平面。

② 绘制图 7.23 所示的截面草图。

③ 单击"主页"功能选项卡中的"关闭草图"按钮 ，退出草绘环境。

（3）定义法向除料特征属性。在"法向除料"命令条中单击"厚度剪切"按钮 和"全部穿透"按钮 ，并将移除方向调整至图 7.24 所示的方向。

（4）单击 完成 按钮，完成特征的创建。

图 7.21　镜像特征 2　　　　　　　　图 7.22　法向除料特征 3

图 7.23　截面草图　　　　　　　　图 7.24　定义移除方向

Step16. 创建图 7.25 所示的折弯特征 1。

（1）选择命令。单击 主页 功能选项卡 钣金 工具栏中的 折弯 按钮。

（2）绘制折弯线。选取图 7.26 所示的模型表面为草图平面，绘制图 7.27 所示的折弯线。

（3）定义折弯属性及参数。在"折弯"命令条中单击"折弯位置"按钮 ，在 折弯半径: 文本框中输入值 0.5，在 角度: 文本框中输入值 90；单击"从轮廓起"按钮 ，并定义折弯的位置如图 7.28 所示的位置后单击；单击"移动侧"按钮 ，并将方向调整至图 7.29 所示的方向；单击"折弯方向"按钮 ，并将方向调整至图 7.30 所示的方向。

（4）单击 完成 按钮，完成特征的创建。

图 7.25　折弯特征 1　　　　图 7.26　定义草图平面　　　　图 7.27　绘制折弯线

图 7.28　定义折弯位置　　　　图 7.29　定义移动侧方向　　　　图 7.30　定义折弯方向

Step17. 创建图 7.31 所示的折弯特征 2。

（1）选择命令。单击 主页 功能选项卡 钣金 工具栏中的 折弯 按钮。

（2）绘制折弯线。选取图 7.31 所示的模型表面为草图平面，绘制图 7.32 所示的折弯线。

（3）定义折弯属性及参数。在"折弯"命令条中单击"折弯位置"按钮 ，在 折弯半径: 文本框中输入值 1.0，在 角度: 文本框中输入值 135；单击"从轮廓起"按钮 ，并定义折弯的位置如图 7.33 所示的位置后单击；单击"移动侧"按钮 ，并将方向调整至图 7.34 所示的方向；单击"折弯方向"按钮 ，并将方向调整至图 7.35 所示的方向。

（4）单击 完成 按钮，完成特征的创建。

图 7.31　折弯特征 2　　　　　　　图 7.32　绘制折弯线

图 7.33　定义折弯位置　　　　图 7.34　定义移动侧方向　　　　图 7.35　定义折弯方向

Step18. 创建图 7.36 所示的折弯特征 3。

（1）选择命令。单击 主页 功能选项卡 钣金 工具栏中的 折弯 按钮。

（2）绘制折弯线。选取图 7.36 所示的模型表面为草图平面，绘制图 7.37 所示的折弯线。

（3）定义折弯属性及参数。在"折弯"命令条中单击"折弯位置"按钮，在 折弯半径: 文本框中输入值 10，在 角度: 文本框中输入值 177；单击"从轮廓起"按钮，并定义折弯的位置如图 7.38 所示的位置后单击；单击"移动侧"按钮，并将方向调整至图 7.39 所示的方向；单击"折弯方向"按钮，并将方向调整至图 7.40 所示的方向。

（4）单击 完成 按钮，完成特征的创建。

图 7.36　折弯特征 3　　　　图 7.37　绘制折弯线

图 7.38　定义折弯位置　　　图 7.39　定义移动侧方向　　　图 7.40　定义折弯方向

Step19. 创建图 7.41 所示的镜像特征 3。

（1）选取要镜像的特征。选取 Step16 至 Step18 所创建的折弯特征为镜像源。

（2）选择命令。单击 主页 功能选项卡 阵列 工具栏中的 镜像 按钮。

（3）定义镜像平面。选择右视图（YZ）平面为镜像平面。

（4）单击 完成 按钮，完成特征的创建。

图 7.41　镜像特征 3

Step20. 创建图 7.42 所示的镜像特征 4。

（1）选取要镜像的特征。选取 Step16 至 Step19 所创建的特征为镜像源。

（2）选择命令。单击 主页 功能选项卡 阵列 工具栏中的 ⊕ 镜像 按钮。

（3）定义镜像平面。选择俯视图（XY）平面为镜像平面。

（4）单击 完成 按钮，完成特征的创建。

Step21. 创建图 7.43 所示的折弯特征 13。

（1）选择命令。单击 主页 功能选项卡 钣金 工具栏中的 折弯 按钮。

（2）绘制折弯线。选取图 7.43 所示的模型表面为草图平面，绘制图 7.44 所示的折弯线。

（3）定义折弯属性及参数。在"折弯"命令条中单击"折弯位置"按钮 ，在 折弯半径: 文本框中输入值 0.5，在 角度: 文本框中输入值 90；单击"从轮廓起"按钮 ，并定义折弯的位置如图 7.45 所示的位置后单击；单击"移动侧"按钮 ，并将方向调整至图 7.46 所示的方向；单击"折弯方向"按钮 ，并将方向调整至图 7.47 所示的方向。

（4）单击 完成 按钮，完成特征的创建。

图 7.42　镜像特征 4　　　　　　　　　　图 7.43　折弯特征 13

图 7.44　绘制折弯线　　　　　　　　　　图 7.45　定义折弯位置

图 7.46　定义移动侧方向　　　　　　　　图 7.47　定义折弯方向

Step22. 创建图 7.48 所示的折弯特征 14。

（1）选择命令。单击 主页 功能选项卡 钣金 工具栏中的 折弯 按钮。

（2）绘制折弯线。选取图 7.48 所示的模型表面为草图平面，绘制图 7.49 所示的折弯线。

（3）定义折弯属性及参数。在"折弯"命令条中单击"折弯位置"按钮 ，在 折弯半径: 文本框中输入值 1.0，在 角度: 文本框中输入值 135；单击"从轮廓起"按钮 ，并定义折弯的位置如图 7.50 所示的位置后单击；单击"移动侧"按钮 🖼，并将方向调整至图 7.51 所示的方向；单击"折弯方向"按钮 🖼，并将方向调整至图 7.52 所示的方向。

（4）单击 🔲 按钮，完成特征的创建。

图 7.48 折弯特征 14

图 7.49 绘制折弯线

图 7.50 定义折弯位置

图 7.51 定义移动侧方向

Step23. 创建图 7.53 所示的折弯特征 15。

（1）选择命令。单击 主页 功能选项卡 钣金 工具栏中的 🖼 折弯 按钮。

（2）绘制折弯线。选取图 7.53 所示的模型表面为草图平面，绘制图 7.54 所示的折弯线。

（3）定义折弯属性及参数。在"折弯"命令条中单击"折弯位置"按钮 🖼，在 折弯半径: 文本框中输入值 10，在 角度: 文本框中输入值 177；单击"从轮廓起"按钮 🖼，并定义折弯的位置如图 7.55 所示的位置后单击；单击"移动侧"按钮 🖼，并将方向调整至图 7.56 所示的方向；单击"折弯方向"按钮 🖼，并将方向调整至图 7.57 所示的方向。

（4）单击 🔲 按钮，完成特征的创建。

图 7.52 定义折弯方向

图 7.53 折弯特征 15

图 7.54 绘制折弯线

图 7.55 定义折弯位置

图 7.56　定义移动侧方向

图 7.57　定义折弯方向

Step24. 创建图 7.58 所示的镜像特征 5。

（1）选取要镜像的特征。选取 Step21 至 Step23 所创建的折弯特征为镜像源。

（2）选择命令。单击 主页 功能选项卡 阵列 工具栏中的 镜像 按钮。

（3）定义镜像平面。选择右视图（YZ）平面为镜像平面。

（4）单击 完成 按钮，完成特征的创建。

图 7.58　镜像特征 5

Step25. 创建图 7.59 所示的凹坑特征 1。

（1）选择命令。单击 主页 功能选项卡 钣金 工具栏中的"凹坑"按钮。

（2）绘制凹坑截面。选取图 7.59 所示的模型表面为草图平面，绘制图 7.60 所示的截面草图。

（3）定义凹坑属性。在"凹坑"命令条中单击 按钮，单击"偏置尺寸"按钮，在 距离：文本框中输入值 1.2，单击 按钮，在 拔模角 (T)：文本框中输入值 5，在 倒圆 区域选中 ☑ 包括倒圆 (I) 复选框，在 凸模半径 文本框中输入值 0.5；在 凹模半径 文本框中输入值 0；并选中 ☑ 包含凸模侧拐角半径 (A) 复选框，在 半径 (R)：文本框中输入值 0.5，单击 确定 按钮；定义其冲压方向朝模型内部，单击"轮廓代表凸模"按钮。

（4）单击命令条中的 完成 按钮，完成特征的创建。

图 7.59　凹坑特征 1

图 7.60　截面草图

Step26. 创建图 7.61 所示的镜像特征 6。

（1）选取要镜像的特征。选取上步所创建的凹坑特征 1 为镜像源。

（2）选择命令。单击 主页 功能选项卡 阵列 工具栏中的 镜像 按钮。

（3）定义镜像平面。选择右视图（YZ）平面为镜像平面；

（4）单击 完成 按钮，完成特征的创建。

图 7.61 镜像特征 6

Step27. 创建图 7.62 所示法向除料特征 4。

（1）选择命令。在 主页 功能选项卡 钣金 工具栏中单击 打孔 按钮，选择 法向除料 命令。

（2）定义特征的截面草图。

① 选取草图平面。在系统 单击平的面或参考平面 的提示下，选取图 7.62 所示的模型表面为草图平面。

② 绘制图 7.63 所示的截面草图。

③ 单击"主页"功能选项卡中的"关闭草图"按钮 ✓，退出草绘环境。

（3）定义法向除料特征属性。在"法向除料"命令条中单击"厚度剪切"按钮 和"穿透下一个"按钮 ，并将移除方向调整至图 7.64 所示的方向。

（4）单击命令条中的 完成 按钮，完成特征的创建。

图 7.62 法向除料特征 4

图 7.63 截面草图

Step28. 创建图 7.65 所示除料特征 5。

（1）选择命令。在 主页 功能选项卡 钣金 工具栏中单击 打孔 按钮，选择 除料 命令。

（2）定义特征的截面草图。

图 7.64　定义除料方向　　　　　　图 7.65　除料特征 5

① 选取草图平面。在系统 `单击平的面或参考平面。` 的提示下，选取图 7.66 所示的模型表面为草图平面。

② 绘制图 7.67 所示的截面草图。

图 7.66　绘制折弯线

图 7.67　截面草图

③ 单击"主页"功能选项卡中的"关闭草图"按钮 ✓，退出草绘环境。

（3）定义除料特征属性。在"除料"命令条中单击"有限范围"按钮 ▭，并单击"对称延伸"按钮 ⬚，将其调整为弹起状态，在 `距离:` 文本框中输入值 3.5，定义移除方向朝模型内部（图 7.65）。

（4）单击命令条中的 `完成` 按钮，完成特征的创建。

Step29. 创建图 7.68 所示的平板特征 1。

（1）选择命令。单击 `主页` 功能选项卡 `钣金` 工具栏中的"平板"按钮 ▱。

（2）定义特征的截面草图。

① 选取草图平面。在系统 `单击平的面或参考平面。` 的提示下，选取图 7.68 所示的模型表面为草图平面。

② 绘制图 7.69 所示的截面草图。

③ 单击"主页"功能选项卡中的"关闭草图"按钮 ✓，退出草绘环境。

（3）单击命令条中的 `完成` 按钮，完成特征的创建。

图 7.68　平板特征 1

图 7.69　截面草图

Step30. 创建图 7.70 所示的法向除料特征 6。

（1）选择命令。在 主页 功能选项卡 钣金 工具栏中单击 打孔 按钮，选择 法向除料 命令。

（2）定义特征的截面草图。

① 选取草图平面。在系统 单击平的面或参考平面 的提示下，选取图 7.70 所示的模型表面为草图平面。

② 绘制图 7.71 所示的截面草图。

③ 单击"主页"功能选项卡中的"关闭草图"按钮，退出草绘环境。

（3）定义除料特征属性。在"除料"命令条中单击"厚度剪切"按钮和"穿透下一个"按钮，并将移除方向调整至图 7.72 所示的方向。

（4）单击命令条中的 完成 按钮，完成特征的创建。

图 7.70　法向除料特征 6　　　　图 7.71　截面草图

图 7.72　定义除料方向

Step31. 保存钣金件模型文件，并命名为 USB_SOCKET。

实例 8　指甲钳手柄

实例概述:

　　本实例详细讲解了指甲钳手柄的设计过程，主要应用了折弯、除料、加强筋等命令，需要读者注意的是"除料"命令操作的创建方法及过程。钣金件模型及模型树如图 8.1 所示。

图 8.1　钣金件模型及模型树

Step1. 新建文件。选择下拉菜单 ⊕ ➡ 🗋 新建(N) ➡ 🅢 GB 钣金 使用默认模板创建新的钣金文档 命令。

Step2. 创建图 8.2 所示的平板特征 1。

（1）选择命令。单击 主页 功能选项卡 钣金 工具栏中的"平板"按钮 ▱。

（2）定义特征的截面草图。

① 选取草图平面。在系统 单击平的面或参考平面。 的提示下，选取俯视图（XY）平面作为草图平面。

② 绘制图 8.3 所示的截面草图。

（3）定义材料厚度及方向。在"平板"命令条中单击"厚度步骤"按钮 🔄 定义材料厚度，在 厚度: 文本框中输入值 1.5，并将材料加厚方向调整至图 8.4 所示的方向。

（4）单击命令条中的 完成 按钮，完成特征的创建。

图 8.2　平板特征 1

图 8.3　截面草图

图 8.4　定义材料方向

Step3. 创建图 8.5 所示的折弯特征 1。

（1）选择命令。单击 主页 功能选项卡 钣金 工具栏中的 折弯 按钮。

（2）绘制折弯线。选取图 8.5 所示的模型表面为草图平面，绘制图 8.6 所示的折弯线。

（3）定义折弯属性及参数。在"折弯"命令条中单击"折弯位置"按钮，在 折弯半径 文本框中输入值 35，在 角度 文本框中输入值 150；单击"从轮廓起"按钮，并定义折弯的位置如图 8.7 所示的位置后单击；单击"移动侧"按钮，并将方向调整至图 8.8 所示的方向；单击"折弯方向"按钮，并将方向调整至图 8.9 所示的方向。

（4）单击 完成 按钮，完成特征的创建。

图 8.5　折弯特征 1　　　　图 8.6　绘制折弯线

图 8.7　定义折弯位置　　　图 8.8　定义移动侧方向　　　图 8.9　定义折弯方向

Step4. 创建图 8.10 所示的弯边特征 1。

（1）选择命令。单击 主页 功能选项卡 钣金 工具栏中的"弯边"按钮。

（2）定义附着边。选取图 8.11 所示的边线为附着边。

选取此边线为附着边

图 8.10　弯边特征 1　　　　图 8.11　选取附着边

（3）定义弯边类型。在"弯边"命令条中单击"完全宽度"按钮；在 距离 文本框中输入值 10，在 角度 文本框中输入值 165，单击"内部尺寸标注"按钮和"外侧折弯"按钮；调整弯边侧方向向外，如图 8.10 所示。

（4）定义弯边属性及参数。单击"弯边选项"按钮，取消选中 □使用默认值* 复选框，

在 折弯半径(B): 文本框中输入数值 2.0，单击 确定 按钮。

（5）单击 完成 按钮，完成特征的创建。

Step5. 创建图 8.12 所示的弯边特征 2。

（1）选择命令。单击 主页 功能选项卡 钣金 工具栏中的"弯边"按钮 。

（2）定义附着边。选取图 8.13 所示的边线为附着边。

（3）定义弯边类型。在"弯边"命令条中单击"完全宽度"按钮 ；在 距离: 文本框中输入值 50，角度: 文本框中输入值 165，单击"内部尺寸标注"按钮 和"外侧折弯"按钮 ；调整弯边侧方向向外，如图 8.12 所示。

（4）定义弯边属性及参数。单击"弯边选项"按钮 ，取消选中 使用默认值* 复选框，在 折弯半径(B): 文本框中输入数值 2.0，单击 确定 按钮。

（5）单击 完成 按钮，完成特征的创建。

图 8.12　弯边特征 2　　　　　　　　　　图 8.13　选取附着边

Step6. 创建图 8.14 所示的除料特征 1。

（1）选择命令。在 主页 功能选项卡 钣金 工具栏中单击 打孔 按钮，选择 除料 命令。

（2）定义特征的截面草图。

① 选取草图平面。在系统 单击平的面或参考平面。 的提示下，选取图 8.14 所示的平面为草图平面。

② 绘制图 8.15 所示的截面草图。

③ 单击"主页"功能选项卡中的"关闭草图"按钮 ，退出草绘环境。

（3）定义除料特征属性。在"除料"命令条中单击 按钮定义延伸深度，在该命令条中单击"全部穿透"按钮 ，并定义除料方向如图 8.16 所示。

（4）单击 完成 按钮，完成特征的创建。

图 8.14　除料特征 1　　　　　　　　　　图 8.15　截面草图

图 8.16 定义移除方向

Step7. 创建图 8.17 所示的加强筋特征 1。

（1）选择命令。在 主页 功能选项卡 钣金 工具栏中单击 凹坑 按钮，选择 加强筋 命令。

（2）绘制加强筋截面草图。选取图 8.17 所示的模型表面为草图平面，绘制图 8.18 所示的截面草图。

图 8.17 加强筋特征 1

图 8.18 截面草图

（3）定义筋属性。在"加强筋"命令条中单击"侧步骤"按钮，定义冲压方向如图 8.19 所示，单击鼠标左键；单击 按钮，在 横截面 区域中选中 圆形(C) 单选项，在 高度(E): 文本框中输入 2.0，在 半径(R): 文本框中输入值 2.0；在 倒圆 区域中选中 包括倒圆(I) 复选框，在 凹模半径(D): 文本框中输入值 0.5；在 端点条件 区域中选中 开口的(L) 单选项；单击 确定 按钮。

（4）单击 完成 按钮，完成特征的创建。

图 8.19 定义冲压方向

Step8. 创建图 8.20 所示的折弯特征 2。

（1）选择命令。单击 主页 功能选项卡 钣金 工具栏中的 折弯 按钮。

（2）绘制折弯线。选取图 8.21 所示的模型表面为草图平面，绘制图 8.22 所示的折弯线。

（3）定义折弯属性及参数。在"折弯"命令条中单击"折弯位置"按钮，在 折弯半径: 文本框中输入值 1，在 角度: 文本框中输入值 140，并单击"材料外部"按钮；单击"移动侧"按钮，并将方向调整至图 8.23 所示的方向；单击"折弯方向"按钮，并将方向调整至图 8.24 所示的方向。

（4）单击 完成 按钮，完成特征的创建。

图 8.20 折弯特征 2　　　　　　　图 8.21 定义草图平面

图 8.22 绘制折弯线　　　　　　　图 8.23 定义移动侧方向

图 8.24 定义折弯方向

Step9. 创建图 8.25 所示的法向除料特征 1。

（1）选择命令。在 主页 功能选项卡 钣金 工具栏中单击 打孔 ‣ 按钮，选择 法向除料 命令。

（2）定义特征的截面草图。

① 选取草图平面。在系统 单击平的面或参考平面。 的提示下，选取图 8.25 所示的模型表面为草图平面。

② 绘制图 8.26 所示的截面草图。

③ 单击"主页"功能选项卡中的"关闭草图"按钮 ✓，退出草绘环境。

（3）定义法向除料特征属性。在"法向除料"命令条中单击"厚度剪切"按钮 ✓ 和"穿透下一个"按钮 ▣，并将移除方向调整至图 8.27 所示的方向。

（4）单击 完成 按钮，完成特征的创建。

图 8.25 法向除料特征 1

图 8.26 截面草图

图 8.27 定义移除方向

Step10. 创建图 8.28 所示的除料特征 2。

（1）选择命令。在 主页 功能选项卡 钣金 工具栏中单击 打孔 按钮，选择 除料 命令。

（2）定义特征的截面草图。

① 选取草图平面。在系统 单击平的面或参考平面。 的提示下，选取图 8.29 所示的平面为草图平面。

② 绘制图 8.30 所示的截面草图。

③ 单击"主页"功能选项卡中的"关闭草图"按钮 ，退出草绘环境。

（3）定义除料特征属性。在"除料"命令条中单击 按钮定义延伸深度，在该命令条中单击"全部穿透"按钮 ，并定义除料方向如图 8.31 所示。

（4）单击 完成 按钮，完成特征的创建。

图 8.28 除料特征 2　　　　　　　　图 8.29 定义草图平面

图 8.30 截面草图　　　　　　　　图 8.31 定义移除方向

Step11. 创建图 8.32 所示的除料特征 3。

（1）选择命令。在 主页 功能选项卡 钣金 工具栏中单击 打孔 按钮，选择 除料 命令。

（2）定义特征的截面草图。

① 选取草图平面。在系统 单击平的面或参考平面。 的提示下，选取图 8.32 所示的平面为草图平面。

② 绘制图 8.33 所示的截面草图。

③ 单击"主页"功能选项卡中的"关闭草图"按钮 ，退出草绘环境。

（3）定义除料特征属性。在"除料"命令条中单击 按钮定义延伸深度，在该命令条中单击"全部穿透"按钮 ，并定义除料方向如图 8.34 所示。

（4）单击 按钮，完成特征的创建。

图 8.32　除料特征 3

图 8.33　截面草图

图 8.34　定义移除方向

Step12. 创建图 8.35b 所示的倒角特征 1。

（1）选择命令。单击 功能选项卡 工具栏中的 倒角 按钮。

（2）定义倒角边线。选取图 8.35a 所示的边线为倒角的边线。

（3）定义倒角属性。在"倒角"命令条中单击 按钮，在 折线: 文本框中输入值 1.5，单击鼠标右键。

（4）单击 按钮，完成特征的创建。

选此边为倒角边线

放大图　　　　　放大图

a）倒角前　　　　　　　　　　　　　　　　　　　　b）倒角后

图 8.35　倒角特征 1

Step13. 保存钣金件模型文件，并命名为 nail_clippers。

实例9 文 具 夹

实例概述：

    本实例介绍的是常用的一种办公用品文具夹的创建过程。这里采用了两种不同的方法：第一种方法是从整体出发，运用平板、卷边、法向除料、折弯等命令完成模型的创建；第二种方法是将夹子分成三部分分别创建，然后再进行合并，主要运用了平板、卷边、法向除料、轮廓弯边等命令，零件模型如图9.1所示。

图9.1　零件模型

9.1　创建方法一

    钣金件模型及模型树如图9.1.1所示。

图9.1.1　钣金件模型及模型树

Step1. 新建文件。选择下拉菜单 ![icon] ➡ ![新建(N)] ➡ ![GB 钣金 使用默认模板创建新的钣金文档] 命令。

Step2. 创建图9.1.2所示的平板特征1。

（1）选择命令。单击 主页 功能选项卡 钣金 工具栏中的"平板"按钮 ![icon]。

（2）定义特征的截面草图。

① 选取草图平面。在系统 单击平的面或参考平面 的提示下，选取俯视图（XY）平面作为草图平面。

② 绘制图 9.1.3 所示的截面草图。

③ 单击"主页"功能选项卡中的"关闭草图"按钮 ☑，退出草绘环境。

（3）定义材料厚度及方向。在"平板"命令条中单击"厚度步骤"按钮 ⬚ 定义材料厚度，在 厚度: 文本框中输入值 0.3，并将材料加厚方向调整至图 9.1.4 所示的方向。

（4）单击命令条中的 完成 按钮，完成特征的创建。

图 9.1.2　平板特征 1　　　图 9.1.3　截面草图　　　图 9.1.4　定义材料方向

Step3. 创建图 9.1.5 所示的卷边特征 1。

（1）选择命令。在 主页 功能选项卡 钣金 工具栏中单击 轮廓弯边 按钮，选择 ▯ 卷边 命令。

（2）选取附着边。选取图 9.1.6 所示的模型边线为折弯的附着边。

（3）定义卷边类型及属性。在"卷边"命令条中的单击"外侧折弯"按钮 ⬚，单击"卷边选项"按钮 ⬚，在 卷边轮廓 区域中的 卷边类型 (T) 下拉列表中选择 开环 选项；在 (1) 折弯半径 1: 文本框中输入值 0.8，在 (5) 扫掠角: 文本框中输入值 320；单击 确定 按钮。

（4）按 Enter 键，完成特征的创建。

放大图

选取此边线为附着边

图 9.1.5　卷边特征 1　　　　　图 9.1.6　定义附着边

Step4. 创建图 9.1.7 所示的镜像特征 1。

（1）选取要镜像的特征。选取 Step3 所创建的卷边特征 1 为镜像源。

（2）选择命令。单击 主页 功能选项卡 阵列 工具栏中的 ⬚ 镜像 按钮。

（3）定义镜像平面。选取右视图（YZ）平面作为镜像平面。

（4）单击 完成 按钮，完成特征的创建。

Step5. 创建图 9.1.8 所示的伸直特征 1。

图 9.1.7　镜像特征

图 9.1.8　伸直特征 1

（1）选择命令。在 主页 功能选项卡 钣金 工具栏中单击 折弯 后的小三角,选择 伸直 命令。

（2）定义固定面。选取图 9.1.9 所示的表面为固定面。

（3）选取折弯特征。选取图 9.1.10 所示的折弯特征,单击鼠标右键（两次）。

（4）单击命令条中的 完成 按钮,完成特征的创建。

图 9.1.9　定义固定面

图 9.1.10　选取折弯特征

Step6. 创建图 9.1.11 所示的除料特征 1。

图 9.1.11　除料特征 1

（1）选择命令。在 主页 功能选项卡 钣金 工具栏中单击 打孔 按钮,选择 除料 命令。

（2）定义特征的截面草图。

① 选取草图平面。在系统 单击平的面或参考平面。 的提示下,选取图 9.1.11 所示的模型表面为草图平面。

② 绘制图 9.1.12 所示的截面草图。

③ 单击"主页"功能选项卡中的"关闭草图"按钮,退出草绘环境。

（3）定义除料特征属性。在"除料"命令条中单击 按钮定义延伸深度,在该命令条中单击"全部穿透"按钮,并定义除料方向如图 9.1.13 所示。

（4）单击 完成 按钮,完成特征的创建。

图 9.1.12　截面草图

图 9.1.13　定义移除方向

Step7. 创建图 9.1.14 所示的镜像特征 2。

（1）选取要镜像的特征。选取上一步所创建的除料特征 1 为镜像源。

（2）选择命令。单击 主页 功能选项卡 阵列 工具栏中的 ◫ 镜像 按钮。

（3）定义镜像平面。选取右视图（YZ）平面作为镜像平面。

（4）单击 完成 按钮，完成特征的创建。

a）镜像前　　　　　　　　　　　　　b）镜像后

图 9.1.14　镜像特征 2

Step8. 创建图 9.1.15 所示的重新折弯特征 1。

（1）选择命令。在 主页 功能选项卡 钣金 工具栏中单击 ❧ 折弯 ▾ 后的小三角，选择 ❑ 重新折弯 命令。

（2）选取折弯特征。选取图 9.1.16 所示的折弯特征，单击鼠标右键（两次）。

（3）单击命令条中的 完成 按钮，完成特征的创建。

图 9.1.15　重新折弯特征 1

图 9.1.16　选取折弯特征

Step9. 创建图 9.1.17 所示的折弯特征 1。

（1）选择命令。单击 主页 功能选项卡 钣金 工具栏中的 折弯 按钮。

（2）绘制折弯线。选取图 9.1.17 所示的模型表面为草图平面，绘制图 9.1.18 所示的折弯线。

（3）定义折弯属性及参数。在"折弯"命令条中单击"折弯位置"按钮 ，在 折弯半径: 文本框中输入值 2.0，在 角度: 文本框中输入值 55，并单击"材料外部"按钮 ；单击"移动侧"按钮 ，并将方向调整至图 9.1.19 所示的方向；单击"折弯方向"按钮 ，并将方向调整至图 9.1.20 所示的方向。

（4）单击 完成 按钮，完成特征的创建。

图 9.1.17　折弯特征 1

图 9.1.18　绘制折弯线

图 9.1.19　定义移动侧方向

图 9.1.20　定义折弯方向

Step10. 创建图 9.1.21 所示的镜像特征 3。

（1）选取要镜像的特征。选取 Step9 所创建折弯特征 1 为镜像源。

（2）选择命令。单击 主页 功能选项卡 阵列 工具栏中的 镜像 按钮。

（3）定义镜像平面。选取右视图（YZ）平面作为镜像平面。

（4）单击 完成 按钮，完成特征的创建。

Step11. 创建图 9.1.22 所示的折弯特征 3。

图 9.1.21　镜像特征 3

图 9.1.22　折弯特征 3

（1）选择命令。单击 主页 功能选项卡 钣金 工具栏中的 折弯 按钮。

（2）绘制折弯线。选取图 9.1.23 所示的模型表面为草图平面，绘制图 9.1.24 所示的折弯线。

（3）定义折弯属性及参数。在"折弯"命令条中单击"折弯位置"按钮 ⊞，在 **折弯半径:** 文本框中输入值 20，在 **角度:** 文本框中输入值 163，单击"从轮廓起"按钮 ⊟，并定义折弯的位置如图 9.1.25 所示的位置后单击；单击"移动侧"按钮 ӭ，并将方向调整至图 9.1.26 所示的方向；单击"折弯方向"按钮 ↔，并将方向调整至图 9.1.27 所示的方向。

（4）单击 完成 按钮，完成特征的创建。

图 9.1.23　定义草图平面　　　　　　　　　　图 9.1.24　绘制折弯线

图 9.1.25　定义折弯位置　　　图 9.1.26　定义移动侧方向　　　图 9.1.27　定义折弯方向

Step12. 保存钣金件模型文件，并命名为 SHEETMETAL_CLIP_01。

9.2　创建方法二

钣金件模型及模型树如图 9.2.1 所示。

图 9.2.1　钣金件模型及模型树

Step1. 新建文件。选择下拉菜单 ⊙ ➡ 📄 新建(N) ➡ 🅂 GB 钣金 使用默认模板创建新的钣金文档。命令。

Step2. 创建图 9.2.2 所示的平板特征 1。

（1）选择命令。单击 主页 功能选项卡 钣金 工具栏中的"平板"按钮 ▱。

（2）定义特征的截面草图。

① 选取草图平面。在系统 单击平的面或参考平面。的提示下，选取俯视图（XY）平面作为草图平面。

② 绘制图 9.2.3 所示的截面草图。

③ 单击"主页"功能选项卡中的"关闭草图"按钮 ✔，退出草绘环境。

（3）定义材料厚度及方向。在"平板"命令条中单击"厚度步骤"按钮 ⬚ 定义材料厚度，在 厚度: 文本框中输入值 0.3，并将材料加厚方向调整至图 9.2.4 所示的方向。

（4）单击命令条中的 完成 按钮，完成特征的创建。

图 9.2.2　平板特征 1　　　　　图 9.2.3　截面草图　　　　　图 9.2.4　定义材料方向

Step3. 创建图 9.2.5 所示的卷边特征 1。

（1）选择命令。在 主页 功能选项卡 钣金 工具栏中单击 轮廓弯边 ▾ 按钮，选择 ⌐ 卷边 命令。

（2）选取附着边。选取图 9.2.6 所示的模型边线为折弯的附着边。

（3）定义卷边类型及属性。在"卷边"命令条中的单击"外侧折弯"按钮 ⬚，单击"卷边选项"按钮 ▤，在 卷边轮廓 区域中的 卷边类型 (T): 下拉列表中选择 开环 选项；在 ① 折弯半径 1: 文本框中输入值 0.8，在 ⑤ 扫掠角 文本框中输入值 320；单击 确定 按钮，并按单击鼠标右键。

（4）单击 完成 按钮，完成特征的创建。

图 9.2.5　卷边特征 1　　　　　　　　图 9.2.6　定义附着边

Step4. 创建图 9.2.7 所示的伸直特征。

（1）选择命令。在 主页 功能选项卡 钣金 工具栏中单击 ⤵ 折弯 ▾ 后的小三角，选择 ⊤ 伸直命令。

（2）定义固定面。选取图 9.2.8 所示的表面为固定面。

图 9.2.7　伸直特征

图 9.2.8　定义固定面

（3）选取折弯特征。选取图 9.2.9 所示的折弯特征，单击鼠标右键（两次）。

（4）单击命令条中的 完成 按钮，完成特征的创建。

Step5. 创建图 9.2.10 所示的法向除料特征 1。

图 9.2.9　选取折弯特征

图 9.2.10　法向除料特征 1

（1）选择命令。在 主页 功能选项卡 钣金 工具栏中单击 打孔 按钮，选择 法向除料 命令。

（2）定义特征的截面草图。

① 选取草图平面。在系统 单击平的面或参考平面。 的提示下，选取图 9.2.10 所示的模型表面为草图平面。

② 绘制图 9.2.11 所示的截面草图。

图 9.2.11　截面草图

③ 单击"主页"功能选项卡中的"关闭草图"按钮 ，退出草绘环境。

（3）定义法向除料特征属性。在"法向除料"命令条中单击"厚度剪切"按钮 和"穿透下一个"按钮 ，并将移除方向调整至图 9.2.12 所示的方向。

（4）单击 完成 按钮，完成特征的创建。

图 9.2.12　定义移除方向

Step6. 创建图 9.2.13 所示的重新折弯特征 1。

（1）选择命令。在 主页 功能选项卡 钣金 工具栏中单击 折弯 后的小三角，选择 重新折弯 命令。

（2）选取折弯特征。选取图 9.2.14 所示的折弯特征，单击鼠标右键（两次）。

（3）单击命令条中的 完成 按钮，完成特征的创建。

图 9.2.13　重新折弯特征 1

折弯特征

图 9.2.14　选取折弯特征

Step7. 创建图 9.2.15 所示的镜像体特征 1。

（1）选择命令。在 主页 功能选项卡 阵列 工具栏中单击 镜像 按钮，选择 镜像复制零件 命令。

a）镜像前　　　　　　　　　　　　　　　　　　b）镜像后

图 9.2.15　镜像体特征 1

（2）定义镜像体。选取绘图区中的模型实体为镜像体。

（3）定义镜像平面。在"镜像"命令条中的"创建起源"选项下拉列表中选择 成角平面 选项，选取俯视图（XY）平面作为参考平面，并选取前视图（XZ）平面，在图 9.2.16 所示的轴向末端任意处单击，在 角度(A): 文本框中输入值 27，并按 Enter 键确认，定义其平面的旋转侧位置如图 9.2.17 所示并单击。

（4）单击 完成 按钮，完成特征的创建。

图 9.2.16 显示旋转轴

图 9.2.17 定义旋转侧

Step8. 创建图 9.2.18 所示的轮廓弯边特征 1。

（1）选择命令。单击 主页 功能选项卡 钣金 工具栏中的"轮廓弯边"按钮 。

（2）定义特征的截面草图。在系统的提示下，选取图 9.2.19 所示的模型边线为路径，在"轮廓弯边"命令条中的 位置: 文本框中输入值 0，并按 Enter 键，绘制图 9.2.20 所示的截面草图。

（3）定义轮廓弯边的延伸量及方向。在该命令条中单击"延伸步骤"按钮 ；单击"到末端"按钮 ，并定义其延伸方向如图 9.2.21 所示，单击鼠标左键。

（4）单击 完成 按钮，完成特征的创建。

图 9.2.18 轮廓弯边特征 1

选取此边线为路径

图 9.2.19 选取路径

R 2

R 20

图 9.2.20 截面草图

图 9.2.21 定义延伸方向

Step9. 保存钣金件模型文件，并命名为 SHEETMETAL_CLIP_02。

实例 10 手机 SIM 卡固定架

实例概述:

本实例详细讲解了一款手机 SIM 卡固定架的设计过程。该设计过程较为复杂,特征较多,需要读者特别注意细小特征的创建,尤其是选取倒角特征的参照边。钣金件模型及模型树如图 10.1 所示。

图 10.1 钣金件模型及模型树

Step1. 新建文件。选择下拉菜单 ⬛ ➡ 📄 新建(N) ➡ 📗 GB 钣金 使用默认模板创建新的钣金文档 命令。

Step2. 创建图 10.2 所示的平板特征 1。

(1)选择命令。单击 主页 功能选项卡 钣金 工具栏中的"平板"按钮 ▢。

(2)定义特征的截面草图。

① 选取草图平面。在系统 单击平的面或参考平面 的提示下,选取俯视图(XY)平面作为草图平面。

② 绘制图 10.3 所示的截面草图。

③ 单击"主页"功能选项卡中的"关闭草图"按钮 ☑,退出草绘环境。

(3)定义材料厚度及方向。在"平板"命令条中单击"厚度步骤"按钮 ⬛ 定义材料厚度,在 厚度: 文本框中输入值 0.2,并将材料加厚方向调整至图 10.4 所示的方向。

(4)单击命令条中的 完成 按钮,完成特征的创建。

Step3. 创建图 10.5 所示的弯边特征 1。

(1)选择命令。单击 主页 功能选项卡 钣金 工具栏中的"弯边"按钮 🔲。

（2）定义附着边。选取图 10.6 所示的模型边线为附着边。

（3）定义弯边类型。在"弯边"命令条中单击"完全宽度"按钮 ▢；在 距离: 文本框中输入值 1.0，在 角度: 文本框中输入值 90，单击"外部尺寸标注"按钮 和"外侧折弯"按钮，调整弯边侧方向向上，如图 10.5 所示。

（4）定义弯边属性及参数。单击"弯边选项"按钮，取消中选 ☐ 使用默认值* 复选框，在 折弯半径(B): 文本框中输入数值 0.1，单击 确定 按钮。

（5）单击 完成 按钮，完成特征的创建。

图 10.2　平板特征 1　　　　图 10.3　截面草图　　　　图 10.4　定义材料方向

图 10.5　弯边特征 1　　　　　　　　　　　　图 10.6　选取附着边

Step4. 创建图 10.7 所示的除料特征 1。

（1）选择命令。在 主页 功能选项卡 钣金 工具栏中单击 打孔 按钮，选择 除料 命令。

（2）定义特征的截面草图。

① 选取草图平面。在系统 单击平的面或参考平面。 的提示下，选取图 10.7 所示的模型表面为草图平面。

② 绘制图 10.8 所示的截面草图。

③ 单击"主页"功能选项卡中的"关闭草图"按钮，退出草绘环境。

（3）定义除料特征属性。在"除料"命令条中单击 按钮定义延伸深度，在该命令条中单击"全部穿透"按钮，并定义除料方向如图 10.9 所示。

（4）单击 完成 按钮，完成特征的创建。

Step5. 创建图 10.10 所示的折弯特征 1。

（1）选择命令。单击 主页 功能选项卡 钣金 工具栏中的 折弯 按钮。

（2）绘制折弯线。选取图 10.10 所示的模型表面为草图平面，绘制图 10.11 所示的折弯线。

（3）定义折弯属性及参数。在"折弯"命令条中单击"折弯位置"按钮，在 折弯半径: 文本框中输入值 0.2，在 角度: 文本框中输入值 175；单击"从轮廓起"按钮，并定义折弯的位置如图 10.12 所示的位置后单击；单击"移动侧"按钮 ⟨ ⟩，并将方向调整至图 10.13 所示的方向；单击"折弯方向"按钮 ⟨ ⟩，并将方向调整至图 10.14 所示的方向。

（4）单击 完成 按钮，完成特征的创建。

图 10.7　除料特征 1

图 10.9　定义移除方向

图 10.8　截面草图

图 10.10　折弯特征 1

图 10.11　绘制折弯线

图 10.12　定义折弯位置　　　图 10.13　定义移动侧方向　　　图 10.14　定义折弯方向

Step6. 创建图 10.15 所示折弯特征 2。

（1）选择命令。单击 主页 功能选项卡 钣金 工具栏中的 ⟨ ⟩ 折弯 按钮。

（2）绘制折弯线。选取图 10.15 所示的模型表面为草图平面，绘制图 10.16 所示的折弯线。

图 10.15　折弯特征 2　　　　　　　　　　图 10.16　绘制折弯线

（3）定义折弯属性及参数。在"折弯"命令条中单击"折弯位置"按钮 ⊞，在 折弯半径:
文本框中输入值 0.1，在 角度: 文本框中输入值 90；单击"从轮廓起"按钮 ⊟，并定义折弯
的位置如图 10.17 所示的位置后单击；单击"移动侧"按钮 〥，并将方向调整至图 10.18
所示的方向；单击"折弯方向"按钮 ⊬，并将方向调整至图 10.19 所示的方向。

（4）单击 完成 按钮，完成特征的创建。

图 10.17　定义折弯位置　　　　图 10.18　定义移动侧方向　　　　图 10.19　定义折弯方向

Step7. 创建图 10.20 所示的弯边特征 2。

（1）选择命令。单击 主页 功能选项卡 钣金 工具栏中的"弯边"按钮 ⌐。

（2）定义附着边。选取图 10.21 所示的模型边线为附着边。

（3）定义弯边类型。在"弯边"命令条中单击"完全宽度"按钮 □；在 距离: 文本框中
输入值 1.0，在 角度: 文本框中输入值 90，单击"外部尺寸标注"按钮 ⊤⊺ 和"外侧折弯"按
钮 ⧠，调整弯边侧方向向上，如图 10.20 所示。

（4）定义弯边属性及参数。单击"弯边选项"按钮 ⧉，取消选中 □ 使用默认值* 复选框，
在其 折弯半径(B): 文本框中输入数值 0.1，单击 确定 按钮。

（5）单击 完成 按钮，完成特征的创建。

图 10.20　弯边特征 2　　　　　　　图 10.21　定义附着边

Step8. 创建图 10.22 所示的弯边特征 3。

（1）选择命令。单击 主页 功能选项卡 钣金 工具栏中的"弯边"按钮 。

（2）定义附着边。选取图 10.23 所示的模型边线为附着边。

图 10.22　弯边特征 3　　　　　　　　　　　图 10.23　定义附着边

（3）定义弯边类型。在"弯边"命令条中单击"完全宽度"按钮 ；在 距离 文本框中输入值 1.0，在 角度 文本框中输入值 90，单击"外部尺寸标注"按钮 和"外侧折弯"按钮 ，调整弯边侧方向向内，如图 10.22 所示。

（4）定义弯边属性及参数。单击"弯边选项"按钮 ，取消选中 使用默认值* 复选框，在 折弯半径(B): 文本框中输入数值 0.1，单击 确定 按钮。

（5）单击 完成 按钮，完成特征的创建。

Step9. 创建图 10.24 所示的除料特征 2。

（1）选择命令。在 主页 功能选项卡 钣金 工具栏中单击 打孔 按钮，选择 除料 命令。

（2）定义特征的截面草图。

① 选取草图平面。在系统 单击平的面或参考平面 的提示下，选取图 10.24 所示的模型表面为草图平面。

② 绘制图 10.25 所示的截面草图。

③ 单击"主页"功能选项卡中的"关闭草图"按钮 ，退出草绘环境。

（3）定义除料特征属性。在"除料"命令条中单击 按钮定义延伸深度，在该命令条中单击"全部穿透"按钮 ，并定义除料方向如图 10.26 所示。

（4）单击 完成 按钮，完成特征的创建。

图 10.24　除料特征 2　　　　　　　　　　图 10.25　截面草图

Step10. 创建图 10.27 所示的弯边特征 4。

（1）选择命令。单击 主页 功能选项卡 钣金 工具栏中的"弯边"按钮 。

（2）定义附着边。选取图 10.28 所示的模型边线为附着边。

（3）定义弯边类型。在"弯边"命令条中单击"完全宽度"按钮 ；在 距离 文本框中输入值 1.0，在 角度 文本框中输入值 90，单击"外部尺寸标注"按钮 和"外侧折弯"按钮，调整弯边侧方向向上，如图 10.27 所示。

图 10.26　定义移除方向

图 10.27　弯边特征 4

（4）定义弯边属性及参数。单击"弯边选项"按钮，取消选中![使用默认值*]复选框，在![折弯半径(B):]文本框中输入数值 0.1，单击![确定]按钮。

（5）单击![完成]按钮，完成特征的创建。

Step11. 创建图 10.29 所示的弯边特征 5。

图 10.28　定义附着边

图 10.29　弯边特征 5

（1）选择命令。单击![主页]功能选项卡![钣金]工具栏中的"弯边"按钮。

（2）定义附着边。选取图 10.30 所示的模型边线为附着边。

（3）定义弯边类型。在"弯边"命令条中单击"完全宽度"按钮；在![距离:]文本框中输入值 1.0，在![角度:]文本框中输入值 90，单击"外部尺寸标注"按钮和"外侧折弯"按钮，调整弯边侧方向向内，如图 10.29 所示。

（4）定义弯边属性及参数。单击"弯边选项"按钮，取消选中![使用默认值*]复选框，在![折弯半径(B):]文本框中输入数值 0.1，单击![确定]按钮。

（5）单击![完成]按钮，完成特征的创建。

Step12. 创建图 10.31 所示的平板特征 3。

图 10.30　定义附着边

图 10.31　平板特征 3

（1）选择命令。单击![主页]功能选项卡![钣金]工具栏中的"平板"按钮。

（2）定义特征的截面草图。

① 选取草图平面。在系统 单击平的面或参考平面。 的提示下，选取图 10.31 所示的模型表面为草图平面。

② 绘制图 10.32 所示的截面草图。

③ 单击"主页"功能选项卡中的"关闭草图"按钮 ，退出草绘环境。

（3）单击命令条中的 完成 按钮，完成特征的创建。

说明：因在图 10.32 所示的截面草图中部分图元应用到了样条曲线，所以只需绘制大体轮廓即可。

Step13. 创建图 10.33 所示的折弯特征 3。

（1）选择命令。单击 主页 功能选项卡 钣金 工具栏中的 折弯 按钮。

（2）绘制折弯线。选取图 10.33 所示的模型表面为草图平面，绘制图 10.34 所示的折弯线。

（3）定义折弯属性及参数。在"折弯"命令条中单击"折弯位置"按钮 ，在 折弯半径 文本框中输入值 0.5，在 角度: 文本框中输入值 150；单击"从轮廓起"按钮 ，并定义折弯的位置如图 10.35 所示的位置后单击；单击"移动侧"按钮 ，并将方向调整至图 10.36 所示的方向；单击"折弯方向"按钮 ，并将方向调整至图 10.37 所示的方向。

（4）单击 完成 按钮，完成特征的创建。

图 10.32　截面草图

图 10.33　折弯特征 3

图 10.34　绘制折弯线

图 10.35　定义折弯位置

图 10.36　定义移动侧方向

图 10.37　定义折弯方向

Step14. 创建图 10.38 所示的折弯特征 4。

（1）选择命令。单击 主页 功能选项卡 钣金 工具栏中的 折弯 按钮。

（2）绘制折弯线。选取图 10.38 所示的模型表面为草图平面，绘制图 10.39 所示的折弯线。

选取此面为草图平面

图 10.38　折弯特征 4　　　　　　　图 10.39　绘制折弯线

（3）定义折弯属性及参数。在"折弯"命令条中单击"折弯位置"按钮，在 折弯半径: 文本框中输入值 0.1，在 角度: 文本框中输入值 70；单击"从轮廓起"按钮，并定义折弯的位置如图 10.40 所示的位置后单击；单击"移动侧"按钮，并将方向调整至图 10.41 所示的方向；单击"折弯方向"按钮，并将方向调整至图 10.42 所示的方向。

（4）单击 完成 按钮，完成特征的创建。

图 10.40　定义折弯位置　　　　图 10.41　定义移动侧方向　　　　图 10.42　定义折弯方向

Step15. 创建图 10.43 所示的法向除料特征 1。

（1）选择命令。在 主页 功能选项卡 钣金 工具栏中单击 打孔 按钮，选择 法向除料 命令。

（2）定义特征的截面草图。

① 选取草图平面。在系统 单击平的面或参考平面。 的提示下，选取图 10.43 所示的模型表面为草图平面。

② 绘制图 10.44 所示的截面草图。

③ 单击"主页"功能选项卡中的"关闭草图"按钮，退出草绘环境。

（3）定义法向除料特征属性。在"法向除料"命令条中单击"厚度剪切"按钮和"穿透下一个"按钮，并将移除方向调整至图 10.45 所示的方向。

（4）单击 完成 按钮，完成特征的创建。

图 10.43　法向除料特征 1

图 10.44　截面草图

Step16. 创建图 10.46 所示的镜像特征 1。

图 10.45　定义移除方向

图 10.46　镜像特征 1

（1）选取要镜像的特征。选取 Step12 至 Step15 所创建的折弯特征为镜像源。

（2）选择命令。单击 主页 功能选项卡 阵列 工具栏中的 镜像 按钮。

（3）定义镜像平面。在"镜像"命令条中的"创建起源"选项下拉列表中选择 垂直于曲线的平面 选项，选取图 10.47 所示的边线；并在 位置: 文本框中输入值 0.5，并按 Enter 键。

（4）单击 完成 按钮，完成特征的创建。

图 10.47　定义曲线对象

Step17. 创建图 10.48 所示平板特征 4。

（1）选择命令。单击 主页 功能选项卡 钣金 工具栏中的"平板"按钮。

（2）定义特征的截面草图。

① 选取草图平面。在系统 单击平的面或参考平面。 的提示下，选取图 10.48 所示的模型表面为草图平面。

② 绘制图 10.49 所示的截面草图。

③ 单击"主页"功能选项卡中的"关闭草图"按钮，退出草绘环境。

（3）单击命令条中的 完成 按钮，完成特征的创建。

图 10.48　平板特征 4

图 10.49　截面草图

Step18. 创建图 10.50 所示的法向除料特征 3。

（1）选择命令。在 主页 功能选项卡 钣金 工具栏中单击 打孔 按钮，选择 □ 法向除料 命令。

（2）定义特征的截面草图。

① 选取草图平面。在系统 单击平的面或参考平面 的提示下，选取图 10.50 所示的模型表面为草图平面。

② 绘制图 10.51 所示的截面草图。

③ 单击"主页"功能选项卡中的"关闭草图"按钮 ✓，退出草绘环境。

（3）定义法向除料特征属性。在"法向除料"命令条中单击"厚度剪切"按钮 ✎ 和"全部穿透"按钮 ▬，并将移除方向调整至图 10.52 所示的方向。

（4）单击 完成 按钮，完成特征的创建。

图 10.50　法向除料特征 3

图 10.51　截面草图

图 10.52 定义移除方向

Step19. 创建图 10.53 所示的折弯特征 7。

（1）选择命令。单击 主页 功能选项卡 钣金 工具栏中的 折弯 按钮。

（2）绘制折弯线。选取图 10.53 所示的模型表面为草图平面，绘制图 10.54 所示的折弯线。

选取此面为草图平面

图 10.53 折弯特征 7

图 10.54 绘制折弯线

（3）定义折弯属性及参数。在"折弯"命令条中单击"折弯位置"按钮，在 折弯半径: 文本框中输入值 0.4，在 角度: 文本框中输入值 90；单击"从轮廓起"按钮，并定义折弯的位置如图 10.55 所示的位置后单击；单击"移动侧"按钮，并将方向调整至图 10.56 所示的方向；单击"折弯方向"按钮，并将方向调整至图 10.57 所示的方向。

（4）单击 完成 按钮，完成特征的创建。

图 10.55 定义折弯位置

图 10.56 定义移动侧方向

图 10.57 定义折弯方向

Step20. 创建图 10.58 所示的弯边特征 6。

（1）选择命令。单击 主页 功能选项卡 钣金 工具栏中的"弯边"按钮。

（2）定义附着边。选取图 10.59 所示的模型边线为附着边。

（3）定义弯边类型。在"弯边"命令条中单击"完全宽度"按钮；在 距离: 文本框中输入值 1.5，在 角度: 文本框中输入值 90，单击"外部尺寸标注"按钮 和"外侧折弯"按钮，调整弯边侧方向向外，如图 10.58 所示。

（4）定义弯边属性及参数。单击"弯边选项"按钮 ，取消选中 □ 使用默认值* 复选框，在 折弯半径(B): 文本框中输入数值 0.1，单击 确定 按钮；

（5）单击 完成 按钮，完成特征的创建。

图 10.58 弯边特征 6   图 10.59 定义附着边

Step21. 创建图 10.60 所示的折弯特征 8。

（1）选择命令。单击 主页 功能选项卡 钣金 工具栏中的 折弯 按钮。

（2）绘制折弯线。选取图 10.60 所示的模型表面为草图平面，绘制图 10.61 所示的折弯线。

图 10.60 折弯特征 8   图 10.61 绘制折弯线

（3）定义折弯属性及参数。在"折弯"命令条中单击"折弯位置"按钮，在 折弯半径: 文本框中输入值 0.2，在 角度: 文本框中输入值 120；单击"从轮廓起"按钮，并定义折弯的位置如图 10.62 所示的位置后单击；单击"移动侧"按钮，并将方向调整至图 10.63 所示的方向；单击"折弯方向"按钮，并将方向调整至图 10.64 所示的方向。

（4）单击 完成 按钮，完成特征的创建。

图 10.62 定义折弯位置   图 10.63 定义移动侧方向   图 10.64 定义折弯方向

Step22. 创建图 10.65 所示的折弯特征 9。

（1）选择命令。单击 主页 功能选项卡 钣金 工具栏中的 折弯 按钮。

（2）绘制折弯线。选取图 10.65 所示的模型表面为草图平面，绘制图 10.66 所示的折弯线。

（3）定义折弯属性及参数。在"折弯"命令条中单击"折弯位置"按钮，在 折弯半径: 文本框中输入值 0.1，在 角度: 文本框中输入值 90；单击"从轮廓起"按钮，并定义折弯的位置如图 10.67 所示的位置后单击；单击"移动侧"按钮 🔲，并将方向调整至图 10.68 所示的方向；单击"折弯方向"按钮 🔲，并将方向调整至图 10.69 所示的方向。

（4）单击 🔲 按钮，完成特征的创建。

图 10.65　折弯特征 9　　　　　　　　　图 10.66　绘制折弯线

图 10.67　定义折弯位置　　　图 10.68　定义移动侧方向　　　图 10.69　定义折弯方向

Step23. 创建图 10.70 所示的折弯特征 10。

（1）选择命令。单击 主页 功能选项卡 钣金 工具栏中的 🔲 折弯 按钮。

（2）绘制折弯线。选取图 10.71 所示的模型表面为草图平面，绘制图 10.72 所示的折弯线。

（3）定义折弯属性及参数。在"折弯"命令条中单击"折弯位置"按钮 🔲，在 折弯半径: 文本框中输入值 0.2，在 角度: 文本框中输入值 170；单击"从轮廓起"按钮 🔲，并定义折弯的位置如图 10.73 所示的位置后单击；单击"移动侧"按钮 🔲，并将方向调整至图 10.74 所示的方向；单击"折弯方向"按钮 🔲，并将方向调整至图 10.75 所示的方向。

（4）单击 🔲 按钮，完成特征的创建。

图 10.70　折弯特征 10　　　　　　　图 10.71　定义草图平面

图 10.72　绘制折弯线

图 10.73 定义折弯位置   图 10.74 定义移动侧方向   图 10.75 定义折弯方向

Step24. 创建图 10.76 所示的法向除料特征 4。

（1）选择命令。在 主页 功能选项卡 钣金 工具栏中单击 打孔 按钮，选择 法向除料 命令。

（2）定义特征的截面草图。

① 选取草图平面。在系统 单击平的面或参考平面。 的提示下，选取图 10.76 所示的模型表面为草图平面。

② 绘制图 10.77 所示的截面草图。

③ 单击"主页"功能选项卡中的"关闭草图"按钮 ，退出草绘环境。

（3）定义法向除料特征属性。在"法向除料"命令条中单击"厚度剪切"按钮 和"全部穿透"按钮 ，并将移除方向调整至图 10.78 所示的方向。

（4）单击 完成 按钮，完成特征的创建。

图 10.76 法向除料特征 4

图 10.77 截面草图

Step25. 创建图 10.79 所示的法向除料特征 5。

（1）选择命令。在 主页 功能选项卡 钣金 工具栏中单击 打孔 按钮，选择 法向除料 命令。

（2）定义特征的截面草图。

① 选取草图平面。在系统 单击平的面或参考平面。 的提示下，选取图 10.79 所示的模型表面为草图平面。

② 绘制图 10.80 所示的截面草图。

③ 单击"主页"功能选项卡中的"关闭草图"按钮 ，退出草绘环境。

（3）定义法向除料特征属性。在"法向除料"命令条中单击"厚度剪切"按钮 和"穿透下一个"按钮 ，并将移除方向调整至图 10.81 所示的方向。

（4）单击 完成 按钮，完成特征的创建。

图 10.78　定义移除方向　　　　　　　　图 10.79　法向除料特征 5

图 10.80　截面草图　　　　　　　　　　图 10.81　定义移除方向

Step26. 创建图 10.82 所示的法向除料特征 6。

（1）选择命令。在 主页 功能选项卡 钣金 工具栏中单击 打孔 按钮，选择 法向除料 命令。

（2）定义特征的截面草图。

① 选取草图平面。在系统 单击平的面或参考平面 的提示下，选取图 10.82 所示的模型表面为草图平面。

② 绘制图 10.83 所示的截面草图。

图 10.82　法向除料特征 6　　　　　　　图 10.83　截面草图

③ 单击"主页"功能选项卡中的"关闭草图"按钮 ，退出草绘环境。

（3）定义法向除料特征属性。在"法向除料"命令条中单击"厚度剪切"按钮 和"全部穿透"按钮 ，并将移除方向调整至图 10.84 所示的方向。

（4）单击 完成 按钮，完成特征的创建。

Step27. 创建图 10.85 所示的法向除料特征 7。

图 10.84　定义移除方向　　　　　　　　　　图 10.85　法向除料特征 7

（1）选择命令。在 主页 功能选项卡 钣金 工具栏中单击 打孔 按钮，选择 ⊡ 法向除料 命令。

（2）定义特征的截面草图。

① 选取草图平面。在系统 单击平的面或参考平面 的提示下，选取图 10.85 所示的模型表面为草图平面。

②绘制图 10.86 所示的截面草图。

③ 单击"主页"功能选项卡中的"关闭草图"按钮 ✓，退出草绘环境。

（3）定义法向除料特征属性。在"法向除料"命令条中单击"厚度剪切"按钮 🔄 和"全部穿透"按钮 🔲，并将移除方向调整至图 10.87 所示的方向。

（4）单击 完成 按钮，完成特征的创建。

　　　图 10.86　截面草图　　　　　　　　　　　图 10.87　定义移除方向

Step28. 创建图 10.88 所示的折弯特征 11。

（1）选择命令。单击 主页 功能选项卡 钣金 工具栏中的 折弯 按钮。

（2）绘制折弯线。选取图 10.88 所示的模型表面为草图平面，绘制图 10.89 所示的折弯线。

（3）定义折弯属性及参数。在"折弯"命令条中单击"折弯位置"按钮 🔲，在 折弯半径: 文本框中输入值 0.1，在 角度: 文本框中输入值 90；单击"从轮廓起"按钮 🔲，并定义折弯的位置如图 10.90 所示的位置后单击；单击"移动侧"按钮 🔲，并将方向调整至图 10.91 所示的方向；单击"折弯方向"按钮 🔲，并将方向调整至图 10.92 所示的方向。

（4）单击 完成 按钮，完成特征的创建。

图 10.88　折弯特征 11　　　　　　　　　　图 10.89　绘制折弯线

图 10.90　定义折弯位置　　　图 10.91　定义移动侧方向　　　图 10.92　定义折弯方向

Step29. 创建图 10.93b 所示的倒角特征 1。

（1）选择命令。单击 主页 功能选项卡 钣金 工具栏中的 □ 倒角 按钮。

（2）定义倒角边线。选取图 10.93a 所示的四条边线为倒角的边线。

（3）定义倒角属性。在"倒角"命令条中单击 �a 按钮，在 折线: 文本框中输入值 0.2，单击鼠标右键。

（4）单击 完成 按钮，完成特征的创建。

图 10.93　倒角特征 1

Step30. 创建其他类似 Step29 中特征的边线圆角，参见随书光盘的视频录像。

Step31. 保存钣金件模型文件，命名为 SIM_CARD_RIVET。

实例 11 打印机后盖

实例概述：

本实例详细讲解了打印机后盖的设计过程，该设计过程是先创建钣金"平板"，然后使用弯边特征、法向除料特征、凹坑特征、加强筋特征和蚀刻特征等命令创建其他特征。钣金件模型及模型树如图 11.1 所示。

图 11.1 钣金件模型及模型树

Step1. 新建文件。选择下拉菜单 ⊙ → ⬜ 新建(N) → 🗊 GB 钣金 使用默认模板创建新的钣金文档 命令。

Step2. 创建图 11.2 所示的平板特征 1。

（1）选择命令。单击 主页 功能选项卡 钣金 工具栏中的"平板"按钮 ⬜。

（2）定义特征的截面草图。

① 选取草图平面。在系统 单击平的面或参考平面 的提示下，选取俯视图（XY）平面作为草图平面。

② 绘制图 11.3 所示的截面草图。

图 11.2 平板特征 1

图 11.3 截面草图

③　单击"主页"功能选项卡中的"关闭草图"按钮 ✓，退出草绘环境。

（3）定义材料厚度及方向。在"平板"命令条中单击"厚度步骤"按钮 ⬚ 定义材料厚度，在 厚度: 文本框中输入值 0.5，并将材料加厚方向调整至图 11.4 所示的方向后单击。

（4）单击命令条中的 完成 按钮，完成特征的创建。

Step3. 创建图 11.5 所示的弯边特征 1。

图 11.4　定义材料方向　　　　　　　图 11.5　弯边特征 1

（1）选择命令。单击 主页 功能选项卡 钣金 工具栏中的"弯边"按钮 。

（2）定义附着边。选取图 11.6 所示的模型边线为附着边。

图 11.6　定义附着边

（3）定义弯边类型。在"弯边"命令条中单击"在末端"按钮 ⬚，选取图 11.6 所示指定点为端点，在 距离: 文本框中输入值 7，在 角度: 文本框中输入值 90，单击"内部尺寸标注"按钮 ⬚ 和"外侧折弯"按钮 ⬚；调整弯边侧方向向上并单击左键，如图 11.5 所示。

（4）定义弯边尺寸。单击"轮廓步骤"按钮 ⬚，编辑草图尺寸如图 11.7 所示，单击 ✓ 按钮，退出草绘环境。

图 11.7　编辑草图

（5）定义折弯半径及止裂槽参数。单击"弯边选项"按钮 ⬚，取消选中 ☐ 使用默认值* 复选框，在 折弯半径(B): 文本框中输入数值 0.5，单击 确定 按钮。

（6）单击 完成 按钮，完成特征的创建。

Step4. 创建图 11.8 所示的法向除料特征 1。

（1）选择命令。在 主页 功能选项卡 钣金 工具栏中单击 打孔 按钮，选择 🔲 法向除料 命令。

（2）定义特征的截面草图。

① 选取草图平面。在系统 单击平的面或参考平面。 的提示下，选取图 11.8 所示的模型表面为草图平面。

② 绘制图 11.9 所示的截面草图。

图 11.8　法向除料特征 1   图 11.9　截面草图

③ 单击"主页"功能选项卡中的"关闭草图"按钮 ✅，退出草绘环境。

（3）定义法向除料特征属性。在"法向除料"命令条中单击"厚度剪切"按钮 ✏ 和"全部穿透"按钮 🔳，并将移除方向调整至图 11.10 所示的方向。

（4）单击 完成 按钮，完成特征的创建。

Step5. 创建图 11.11 所示的特征——阵列特征 1。

图 11.10　定义移除方向   图 11.11　阵列特征 1

（1）选取要阵列的特征。选取 Step4 所创建的法向除料特征 1 为阵列特征。

（2）选择命令。单击 主页 功能选项卡 阵列 工具栏中的 阵列 按钮。

（3）定义要阵列草图平面。选取图 11.11 所示的模型表面为阵列草图平面。

（4）绘制矩形阵列轮廓。单击 特征 区域中的 🔲 按钮，绘制图 11.12 所示的矩形。

图 11.12　绘制矩形阵列轮廓

① 定义阵列类型。在"阵列"命令条的 翻转 下拉列表中选择 固定 选项。

②　定义阵列参数。在"阵列"命令条的 X: 文本框中输入阵列个数为 7，输入间距值为 25；在"阵列"命令条的 Y: 文本框中输入阵列个数为 1。

③　定义参考点。在"阵列"命令条中单击"参考点"按钮▦，选取图 11.12 所示的事例（中央处第 4 个）为参考点，单击右键确定。

④　单击✔按钮，退出草绘环境。

（5）单击 完成 按钮，完成特征的创建。

Step6. 创建图 11.13b 所示的伸直特征 1。

图 11.13　伸直特征 1

（1）选择命令。在 主页 功能选项卡的 钣金 工具栏中单击的 折弯 按钮，选择 ⊤ 伸直 命令。

（2）选取固定面。选取图 11.13a 所示的内表面为固定面。

（3）选取折弯特征。选取图 11.13a 所示的折弯特征，单击鼠标右键（两次）。

（4）单击 完成 按钮，完成特征的创建。

Step7. 创建图 11.14 所示的法向除料特征 8。

图 11.14　法向除料特征 8

（1）选择命令。在 主页 功能选项卡 钣金 工具栏中单击 打孔 按钮，选择 法向除料 命令。

（2）定义特征的截面草图。

①　选取草图平面。在系统 单击平的面或参考平面。 的提示下，选取俯视图（XY）平面作为草图平面。

②　绘制图 11.15 所示的截面草图。

③　单击"主页"功能选项卡中的"关闭草图"按钮，退出草绘环境。

图 11.15　截面草图

（3）定义法向除料特征属性。在"法向除料"命令条中单击"厚度剪切"按钮 ✍ 和"全部穿透"按钮 ▦，并将移除方向调整至图 11.16 所示的方向。

（4）单击 完成 按钮，完成特征的创建。

Step8. 创建图 11.17 所示的法向除料特征 9。

图 11.16　定义移除方向　　　　　　图 11.17　法向除料特征 9

（1）选择命令。在 主页 功能选项卡 钣金 工具栏中单击 打孔 ▾ 按钮，选择 ▥ 法向除料 命令。

（2）定义特征的截面草图。

① 选取草图平面。在系统 单击平的面或参考平面。 的提示下，选取俯视图（XY）平面作为草图平面。

② 绘制图 11.18 所示的截面草图。

③ 单击"主页"功能选项卡中的"关闭草图"按钮 ✓，退出草绘环境。

（3）定义法向除料特征属性。在"法向除料"命令条中单击"厚度剪切"按钮 ✍ 和"全部穿透"按钮 ▦，并将移除方向调整至图 11.19 所示的方向。

（4）单击 完成 按钮，完成特征的创建。

图 11.18　截面草图　　　　　　图 11.19　定义移除方向

Step9. 创建图 11.20b 所示的重新折弯特征 1。

（1）选择命令。在 主页 功能选项卡的 钣金 工具栏中单击的 ▧ 折弯 ▾ 按钮，选择

　重新折弯命令。

a）重新折弯前　　　　　　　　b）重新折弯后

图 11.20　重新折弯特征 1

（2）选取折弯特征。在系统的提示下，选取图 11.20a 所示的折弯特征，单击鼠标右键（两次）。

（3）单击 完成 按钮，完成特征的创建。

Step10. 创建图 11.21 所示的弯边特征 2。

（1）选择命令。单击 主页 功能选项卡 钣金 工具栏中的"弯边"按钮。

（2）定义附着边。选取图 11.22 所示的模型边线为附着边。

图 11.21　弯边特征 2　　　　　　　图 11.22　定义附着边

（3）定义弯边类型。在"弯边"命令条中单击"从两端"按钮；在 距离: 文本框中输入值 5，在 角度: 文本框中输入值 90，单击"内部尺寸标注"按钮和"外侧折弯"按钮；调整弯边侧方向向上并单击左键，如图 11.21 所示。

（4）定义弯边尺寸。单击"轮廓步骤"按钮，编辑草图尺寸如图 11.23 所示，单击 按钮，退出草绘环境。

图 11.23　编辑草图

（5）定义折弯半径及止裂槽参数。单击"弯边选项"按钮，取消选中 □ 使用默认值* 复选框，在 折弯半径(R): 文本框中输入数值 0.5，单击 确定 按钮。

（6）单击 完成 按钮，完成特征的创建。

Step11. 创建图 11.24 所示的凹坑特征 1。

（1）选择命令。单击 主页 功能选项卡 钣金 工具栏中的"凹坑"按钮 ▢ 。

（2）绘制截面草图。选取图 11.24 所示的模型表面为草图平面，绘制图 11.25 所示的凹坑截面草图。

（3）定义凹坑属性。在"凹坑"命令条中单击 ⍅ 按钮，单击"偏置尺寸"按钮 ⍊ ，在 距离 文本框中输入值 1，单击 ▤ 按钮，在 拔模角(T): 文本框中输入值 60，在 倒圆 区域中选中 ☑ 包括倒圆(I) 复选框，在 凸模半径 文本框中输入值 0.5；在 凹模半径 文本框中输入值 0.5；并选中 ☑ 包含凸模侧拐角半径(A) 复选框，在 半径(R): 文本框中输入值 1，单击 确定 按钮；定义其冲压方向朝下，如图 11.24 所示；单击"轮廓代表凸模"按钮 ⊔ 。

（4）单击命令条中的 完成 按钮，完成特征的创建。

图 11.24　凹坑特征 1　　　　　　　图 11.25　截面草图

Step12. 创建图 11.26 所示的凹坑特征 2。

（1）选择命令。单击 主页 功能选项卡 钣金 工具栏中的"凹坑"按钮 ▢ 。

（2）绘制截面草图。选取图 11.26 所示的模型表面为草图平面，绘制图 11.27 所示的截面草图。

图 11.26　凹坑特征 2　　　　　　　图 11.27　截面草图

（3）定义凹坑属性。在"凹坑"命令条中单击 ⍅ 按钮，单击"偏置尺寸"按钮 ⍊ ，在 距离 文本框中输入值 2，单击 ▤ 按钮，在 拔模角(T): 文本框中输入值 60，在 倒圆 区域中选中 ☑ 包括倒圆(I) 复选框，在 凸模半径 文本框中输入值 0.5；在 凹模半径 文本框中输入值 0.5；并选中 ☑ 包含凸模侧拐角半径(A) 复选框，在 半径(R): 文本框中输入值 0，单击 确定 按钮；定义其冲压方向朝下，如图 11.26 所示；单击"轮廓代表凹模"按钮 ⊔ 。

（4）单击命令条中的 完成 按钮，完成特征的创建。

Step13. 创建图 11.28 所示的凹坑特征 3。

（1）选择命令。单击 主页 功能选项卡 钣金 工具栏中的"凹坑"按钮 ▢ 。

（2）绘制截面草图。选取图 11.28 所示的模型表面为草图平面，绘制图 11.29 所示的截面草图。

放大图

选取该平面

图 11.28　凹坑特征 3　　　　图 11.29　截面草图

（3）定义凹坑属性。在"凹坑"命令条中单击 ![]按钮，单击"偏置尺寸"按钮 ![]，在 距离:文本框中输入值 1，单击 ![]按钮，在 拔模角(T):文本框中输入值 60，在 倒圆区域中选中 ☑ 包括倒圆(I) 复选框，在 凸模半径 文本框中输入值 0.5；在 凹模半径 文本框中输入值 0.5；并选中 ☑ 包含凸模侧拐角半径(A) 复选框，在 半径(R): 文本框中输入值 1，单击 确定 按钮；定义其冲压方向朝下，如图 11.28 所示；单击"轮廓代表凸模"按钮 ![]。

（4）单击命令条中的 完成 按钮，完成特征的创建。

Step14. 创建图 11.30 所示的凹坑特征 4。

（1）选择命令。单击 主页 功能选项卡 钣金 工具栏中的"凹坑"按钮 ![]。

（2）绘制截面草图。选取图 11.30 所示的模型表面为草图平面，绘制图 11.31 所示的截面草图。

放大图

选取该平面

图 11.30　凹坑特征 4　　　　图 11.31　截面草图

（3）定义凹坑属性。在"凹坑"命令条中单击 ![]按钮，单击"偏置尺寸"按钮 ![]，在 距离:文本框中输入值 2，单击 ![]按钮，在 拔模角(T):文本框中输入值 60，在 倒圆区域中选中 ☑ 包括倒圆(I) 复选框，在 凸模半径 文本框中输入值 0.5；在 凹模半径 文本框中输入值 0.5；并选中 ☑ 包含凸模侧拐角半径(A) 复选框，在 半径(R): 文本框中输入值 0，单击 确定 按钮；定义其冲压方向朝下，如图 11.30 所示；单击"轮廓代表凹模"按钮 ![]。

（4）单击命令条中的 完成 按钮，完成特征的创建。

Step15. 创建图 11.32 所示的法向除料特征 10。

（1）选择命令。在 主页 功能选项卡 钣金 工具栏中单击 打孔 ![] 按钮，选择 ![] 法向除料 命令。

（2）定义特征的截面草图。

① 选取草图平面。在系统 单击平的面或参考平面 的提示下，选取俯视图（XY）平面作为草图平面。

图 11.32 法向除料特征 10

② 绘制图 11.33 所示的截面草图。

③ 单击"主页"功能选项卡中的"关闭草图"按钮，退出草绘环境。

（3）定义法向除料特征属性。在"法向除料"命令条中单击"厚度剪切"按钮和"全部穿透"按钮，并将移除方向调整至图 11.34 所示的方向。

（4）单击按钮，完成特征的创建。

图 11.33 截面草图　　　　图 11.34 定义移除方向

Step16. 创建图 11.35 所示的法向除料特征 11。

（1）选择命令。在主页功能选项卡钣金工具栏中单击打孔按钮，选择法向除料命令。

（2）定义特征的截面草图。

① 选取草图平面。在系统单击平的面或参考平面的提示下，选取俯视图（XY）平面作为草图平面。

② 绘制图 11.36 所示的截面草图。

图 11.35 法向除料特征 11　　　　图 11.36 截面草图

③ 单击"主页"功能选项卡中的"关闭草图"按钮，退出草绘环境。

（3）定义法向除料特征属性。在"法向除料"命令条中单击"厚度剪切"按钮和"全部穿透"按钮，并将移除方向调整至图 11.37 所示的方向。

（4）单击按钮，完成特征的创建。

Step17. 创建图 11.38 所示的法向除料特征 12。

（1）选择命令。在 主页 功能选项卡 钣金 工具栏中单击 打孔 按钮，选择 法向除料 命令。

（2）定义特征的截面草图。

① 选取草图平面。在系统 单击平的面或参考平面。 的提示下，选取俯视图（XY）平面作为草图平面。

图 11.37　定义移除方向　　　　　图 11.38　法向除料特征 12

② 绘制图 11.39 所示的截面草图。

图 11.39　截面草图

③ 单击"主页"功能选项卡中的"关闭草图"按钮，退出草绘环境。

（3）定义法向除料特征属性。在"法向除料"命令条中单击"厚度剪切"按钮和"全部穿透"按钮，并将移除方向调整至图 11.40 所示的方向。

（4）单击 完成 按钮，完成特征的创建。

Step18. 创建图 11.41 所示的轮廓弯边特征 1。

图 11.40　定义移除方向　　　　　图 11.41　轮廓弯边特征 1

（1）选择命令。单击 主页 功能选项卡 钣金 工具栏中的"轮廓弯边"按钮。

（2）定义特征的截面草图。在系统的提示下，选取图 11.42 所示的模型边线为路径，在"轮廓弯边"命令条中的 位置: 文本框中输入值 0，并按 Enter 键，绘制图 11.43 所示的截面草图。

图 11.42　定义附着边

图 11.43　截面草图

（3）定义轮廓弯边的延伸量及方向。在"轮廓弯边"命令条中单击"延伸步骤"按钮 ；并单击"有限范围"按钮，在 **距离:** 文本框中输入值 22，定义延伸方向向内，如图 11.41 所示，并单击左键。

（4）单击 **完成** 按钮，完成特征的创建。

Step19. 创建图 11.44 所示的弯边特征 3。

（1）选择命令。单击 **主页** 功能选项卡 **钣金** 工具栏中的"弯边"按钮。

（2）定义附着边。选取图 11.45 所示的模型边线为附着边。

图 11.44　弯边特征 3

图 11.45　定义附着边

（3）定义弯边类型。在"弯边"命令条中单击"从两端"按钮，在 **距离:** 文本框中输入值 3，在 **角度:** 文本框中输入值 90，单击"内部尺寸标注"按钮 和"材料外侧"按钮；调整弯边侧方向向上并单击左键，如图 11.44 所示。

（4）定义弯边尺寸。单击"轮廓步骤"按钮，编辑草图尺寸如图 11.46 所示，单击 按钮，退出草绘环境。

图 11.46　编辑草图

（5）定义折弯半径及止裂槽参数。单击"弯边选项"按钮，取消选中 □ 使用默认值* 复选框，在 折弯半径(B): 文本框中输入数值 0.5，选中 ☑ 折弯止裂口(E) 复选框，并选中 ⊙ 正方形(S) 单选项，取消选中 □ 使用默认值(T)* 复选框，在 深度(D): 文本框中输入值 0.5；单击 确定 按钮。

（6）单击 完成 按钮，完成特征的创建。

Step20. 创建图 11.47 所示的弯边特征 4。

（1）选择命令。单击 主页 功能选项卡 钣金 工具栏中的"弯边"按钮。

（2）定义附着边。选取图 11.48 所示的模型边线为附着边。

图 11.47　弯边特征 4　　　图 11.48　定义附着边

（3）定义弯边类型。在"弯边"命令条中单击"完全宽度"按钮 □；在 距离: 文本框中输入值 3，在 角度: 文本框中输入值 90，单击"内部尺寸标注"按钮 和"外侧折弯"按钮 ；调整弯边侧方向向上，如图 11.47 所示。

（4）定义弯边属性及参数。单击"弯边选项"按钮，取消选中 □ 使用默认值* 复选框，在其 折弯半径(B): 文本框中输入数值 0.5，单击 确定 按钮。

（5）单击 完成 按钮，完成特征的创建。

Step21. 创建图 11.49 所示的弯边特征 5。

（1）选择命令。单击 主页 功能选项卡 钣金 工具栏中的"弯边"按钮。

（2）定义附着边。选取图 11.50 所示的模型边线为附着边。

图 11.49　弯边特征 5　　　图 11.50　定义附着边

（3）定义弯边类型。在"弯边"命令条中单击"完全宽度"按钮 □；在 距离: 文本框中输入值 2，在 角度: 文本框中输入值 90，单击"内部尺寸标注"按钮 和"外侧折弯"按钮 ；调整弯边侧方向向下，如图 11.49 所示。

（4）定义弯边属性及参数。单击"弯边选项"按钮，取消选中 □ 使用默认值* 复选框，在其 折弯半径(B): 文本框中输入数值 0.5，单击 确定 按钮。

（5）单击 完成 按钮，完成特征的创建。

Step22. 创建图 11.51 所示的弯边特征 6。

（1）选择命令。单击 主页 功能选项卡 钣金 工具栏中的"弯边"按钮 。

（2）定义附着边。选取图 11.52 所示的模型边线为附着边。

图 11.51　弯边特征 6　　　　　　　　图 11.52　　定义附着边

（3）定义弯边类型。在"弯边"命令条中单击"从两端"按钮 ，在 距离: 文本框中输入值 3，在 角度: 文本框中输入值 90，单击"内部尺寸标注"按钮 和"材料外侧"按钮 ；调整弯边侧方向向上并单击左键，如图 11.51 所示。

（4）定义弯边尺寸。单击"轮廓步骤"按钮 ，编辑草图尺寸如图 11.53 所示，单击 按钮，退出草绘环境。

图 11.53　编辑草图

（5）定义折弯半径及止裂槽参数。单击"弯边选项"按钮 ，取消选中 □ 使用默认值* 复选框，在其 折弯半径(B): 文本框中输入数值 0.5，选中 ☑ 折弯止裂口(E) 复选框，并选中 ⊙ 正方形(S) 单选项，取消选中 □ 使用默认值(T)* 复选框，在 深度(D): 文本框中输入值 0.5；单击 确定 按钮。

（6）单击 完成 按钮，完成特征的创建。

Step23. 创建图 11.54 所示的弯边特征 7。

（1）选择命令。单击 主页 功能选项卡 钣金 工具栏中的"弯边"按钮 。

（2）定义附着边。选取图 11.55 所示的模型边线为附着边。

图 11.54　弯边特征 7　　　　　　　　图 11.55　　定义附着边

（3）定义弯边类型。在"弯边"命令条中单击"完全宽度"按钮 ；在 距离: 文本框中输入值 3，在 角度: 文本框中输入 90，单击"内部尺寸标注"按钮 ⊓ 和"外侧折弯"按钮 ⓗ；调整弯边侧方向向上，如图 11.54 所示。

（4）定义弯边属性及参数。单击"弯边选项"按钮 ⊟，取消选中 □ 使用默认值* 复选框，在 折弯半径(B): 文本框中输入数值 0.5，单击 确定 按钮。

（5）单击 完成 按钮，完成特征的创建。

Step24. 创建图 11.56 所示的弯边特征 8。

（1）选择命令。单击 主页 功能选项卡 钣金 工具栏中的"弯边"按钮 ⓟ。

（2）定义附着边。选取图 11.57 所示的模型边线为附着边。

图 11.56　弯边特征 8　　　　　图 11.57　　定义附着边

（3）定义弯边类型。在"弯边"命令条中单击"完全宽度"按钮 □；在 距离: 文本框中输入值 2，在 角度: 文本框中输入值 90，单击"内部尺寸标注"按钮 ⊓ 和"外侧折弯"按钮 ⓗ；调整弯边侧方向向下，如图 11.56 所示。

（4）定义弯边属性及参数。单击"弯边选项"按钮 ⊟，取消选中 □ 使用默认值* 复选框，在 折弯半径(B): 文本框中输入数值 0.5，单击 确定 按钮。

（5）单击 完成 按钮，完成特征的创建。

Step25. 创建图 11.58 所示的加强筋特征 1。

（1）选择命令。在 主页 功能选项卡 钣金 工具栏中单击 凹坑 按钮，选择 ⌐ 加强筋 命令。

（2）绘制加强筋截面草图。选取图 11.58 所示的模型表面为草图平面，绘制图 11.59 所示的截面草图。

图 11.58　加强筋特征 1　　　　　图 11.59　　截面草图

（3）定义加强筋属性。在"加强筋"命令条中单击"侧步骤"按钮 ⓑ，定义冲压方向如图 11.60 所示，单击鼠标左键；单击 ⊟ 按钮，在 横截面 区域中选中 ⊙ 圆形(C) 单选项，在 高度(E): 文本框中输入值 1.5，在 半径(R): 文本框中输入值 4.0；在 倒圆 区域中选中 ☑ 包括倒圆(I)

复选框，在 凹模半径(D): 文本框中输入值 0；在 端点条件 区域中选中 ⊙ 成形的(F) 单选项；单击 确定 按钮。

（4）单击 完成 按钮，完成特征的创建。

Step26. 创建图 11.61 所示的法向除料特征 13。

（1）选择命令。在 主页 功能选项卡 钣金 工具栏中单击 打孔 按钮，选择 法向除料 命令。

（2）定义特征的截面草图。

① 选取草图平面。在系统 单击平的面或参考平面。 的提示下，选取俯视图（XY）平面作为草图平面。

图 11.60　定义冲压方向

图 11.61　法向除料特征 13

② 绘制图 11.62 所示的截面草图。

图 11.62　截面草图

③ 单击"主页"功能选项卡中的"关闭草图"按钮 ✓ ，退出草绘环境。

（3）定义法向除料特征属性。在"法向除料"命令条中单击"厚度剪切"按钮 ✓ 和"全部穿透"按钮 ⊟ ，并将移除方向调整至图 11.63 所示的方向。

（4）单击 完成 按钮，完成特征的创建。

Step27. 创建图 11.64 所示的凹坑特征 5。

图 11.63　定义移除方向　　　　　　　　　　图 11.64　凹坑特征 5

（1）选择命令。单击 主页 功能选项卡 钣金 工具栏中的"凹坑"按钮 ▣ 。

（2）绘制凹坑截面。选取图 11.64 所示的模型表面为草图平面，绘制图 11.65 所示的凹坑截面草图。

（3）定义凹坑属性。在"凹坑"命令条中单击 ⬡ 按钮，单击"偏置尺寸"按钮 ⬡ ，在 距离 文本框中输入值 0.5，单击 ⬡ 按钮，在 拔模角(T): 文本框中输入值 60，在 倒圆 区域中选中 ☑ 包括倒圆(I) 复选框，在 凸模半径 文本框中输入值 0.1；在 凹模半径 文本框中输入值 0.1；并选中 ☑ 包含凸模侧拐角半径(A) 复选框，在 半径(R): 文本框中输入值 1.0，单击 确定 按钮；定义其冲压方向为模型内部，如图 11.64 所示，单击"轮廓代表凸模"按钮 ⬡ 。

（4）单击命令条中的 完成 按钮，完成特征的创建。

Step28. 创建图 11.66 所示的凹坑特征 6。

图 11.65　截面草图

图 11.66　凹坑特征 6

（1）选择命令。单击 主页 功能选项卡 钣金 工具栏中的"凹坑"按钮 ▣ 。

（2）绘制截面草图。选取图 11.66 所示的模型表面为草图平面，绘制图 11.67 所示的截面草图。

（3）定义凹坑属性。在"凹坑"命令条中单击 ⬡ 按钮，单击"偏置尺寸"按钮 ⬡ ，在 距离 文本框中输入值 0.5，单击 ⬡ 按钮，在 拔模角(T): 文本框中输入值 60，在 倒圆 区域中选中 ☑ 包括倒圆(I) 复选框，在 凸模半径 文本框中输入值 0.1；在 凹模半径 文本框中输入值 0.1；并选中 ☑ 包含凸模侧拐角半径(A) 复选框，在 半径(R): 文本框中输入值 1.0，单击 确定 按钮；定义其冲压方向为模型内部，如图 11.66 所示，单击"轮廓代表凸模"按钮 ⬡ 。

（4）单击命令条中的 完成 按钮，完成特征的创建。

Step29. 创建图 11.68 所示的法向除料特征 14。

图 11.67　截面草图

图 11.68　法向除料特征 14

（1）选择命令。在 主页 功能选项卡 钣金 工具栏中单击 打孔 ▾ 按钮，选择 ⬡ 法向除料 命令。

（2）定义特征的截面草图。

① 选取草图平面。在系统 单击平的面或参考平面 的提示下，选取俯视图（XY）平面作为草图平面。

② 绘制图 11.69 所示的截面草图。

图 11.69　截面草图

③ 单击"主页"功能选项卡中的"关闭草图"按钮，退出草绘环境。

（3）定义法向除料特征属性。在"法向除料"命令条中单击"厚度剪切"按钮和"全部穿透"按钮，并将移除方向调整至图 11.70 所示的方向。

（4）单击 完成 按钮，完成特征的创建。

Step30. 创建图 11.71 所示的凹坑特征 7。

图 11.70　定义移除方向

图 11.71　凹坑特征 7

（1）选择命令。单击 主页 功能选项卡 钣金 工具栏中的"凹坑"按钮。

（2）绘制截面草图。选取图 11.71 所示的模型表面为草图平面，绘制图 11.72 所示的截面草图。

（3）定义凹坑属性。在"凹坑"命令条中单击 按钮，单击"偏置尺寸"按钮，在 距离 文本框中输入值 5.0，单击 按钮，在 拔模角(T): 文本框中输入值 45，在 倒圆 区域中选中 ☑ 包括倒圆(I) 复选框，在 凸模半径 文本框中输入值 2；在 凹模半径 文本框中输入值 2；并选中 ☑ 包含凸模侧拐角半径(A) 复选框，在 半径(R): 文本框中输入值 1.0，单击 确定 按钮；定义其冲压方向为模型外部，如图 11.71 所示，单击"轮廓代表凸模"按钮。

（4）单击命令条中的 完成 按钮，完成特征的创建。

Step31. 创建图 11.73 所示的凹坑特征 8。

（1）选择命令。单击 主页 功能选项卡 钣金 工具栏中的"凹坑"按钮。

图 11.72　截面草图

图 11.73　凹坑特征 8

（2）绘制截面草图。选取图 11.73 所示的模型表面为草图平面，绘制图 11.74 所示的截面草图。

（3）定义凹坑属性。在"凹坑"命令条中单击 按钮，单击"偏置尺寸"按钮 ，在 距离 文本框中输入值 5.0，单击 按钮，在 拔模角(T): 文本框中输入值 45，在 倒圆 区域中选中 包括倒圆(I) 复选框，在 凸模半径 文本框中输入值 2；在 凹模半径 文本框中输入值 2；并选中 包含凸模侧拐角半径(A) 复选框，在 半径(R): 文本框中输入值 1.0，单击 确定 按钮；定义其冲压方向为模型外部，如图 11.73 所示，单击"轮廓代表凸模"按钮 。

图 11.74　截面草图

（4）单击命令条中的 完成 按钮，完成特征的创建。

Step32. 创建图 11.75 所示的草图特征 1。单击 主页 功能选项卡 草图 工具栏中的"草图"按钮 ；在系统 单击平的面或参考平面。 的提示下，选取图 11.75 所示的模型表面作为草图平面；绘制图 11.76 所示的截面草图；单击"主页"功能选项卡中的"关闭草图"按钮 ，退出草绘环境。

说明：图 11.76 所示的截面草图中的图形是通过参照两个构造圆（同心）进行创建的。

图 11.75　草图特征 1

图 11.76　草图（草绘环境）

Step33. 创建图 11.77 所示的蚀刻特征 1。

（1）选择命令。在 主页 功能选项卡 钣金 工具栏中单击 凹坑 按钮，选择 蚀刻 命令。

（2）定义特征轮廓。选取模型上的草图 1 为蚀刻的轮廓。

（3）单击鼠标右键，完成特征的创建。

图 11.77　蚀刻特征 1

Step34. 保存钣金件模型文件，并命名为 Printer_Back。

实例 12 水 杯 组 件

12.1 概　　述

本实例讲解了一个完整水杯（图 12.1.1）的设计过程，其中包括水杯腔体及水杯手柄两个部分。水杯腔体是通过"旋转"曲面命令加厚后创建出主体部分，之后再进行细节设计。在设计水杯手柄时，应用"卷边"命令来创建手柄边部的弯边。这两处都应是读者需要注意的地方。

水杯腔体

水杯手柄

图 12.1.1　水杯

12.2 水 杯 腔 体

钣金件模型及模型树如图 12.2.1 所示。

图 12.2.1　钣金件模型及模型树

Step1. 新建文件。选择下拉菜单 [图标] ➡ [新建(N)] ➡ [GB 钣金 使用默认模板创建新的钣金文档] 命令。

Step2. 创建图 12.2.2 所示的旋转曲面特征 1。

（1）选择命令。单击 [曲面处理] 功能选项卡 [曲面] 区域中的 [旋转的] 按钮。

（2）定义特征的截面。选取前视图（XZ）平面为草图平面，绘制图 12.2.3 所示的截面草图（定义 Z 轴作为旋转轴）。

（3）定义旋转角度值。在"旋转曲面"命令条中单击 按钮。

（4）单击 完成 按钮，完成旋转曲面的创建。

图 12.2.2　旋转曲面特征 1

图 12.2.3　截面草图

Step3. 切 换 至 零 件 环 境 。 选 择 下 拉 菜 单 🔘 ➡ 🗔 切换到 ➡

🗔 零件 在钣金环境与零件环境之间切换模型 命令，进入零件环境。

Step4. 创建图 12.2.4 所示的加厚特征 1。

（1）选择命令。单击 主页 功能选项卡 实体 区域中的 ❸ 添料 ▾ 中的 ❹ 加厚 命令。

（2）定义加厚曲面。选取图 12.2.5 所示的整个模型曲面为加厚曲面。

图 12.2.4　加厚特征 1

图 12.2.5　定义加厚曲面

（3）定义厚度。在"加厚"命令条的 距离: 文本框中输入值 0.2，并按 Enter 键；定义加厚方向如图 12.2.6 所示并单击鼠标左键。

（4）单击 完成 按钮，完成曲面加厚的创建。

Step5. 切换至钣金环境。选择下拉菜单 🔘 ➡ 🗔 切换到 ➡ 🗔 钣金 在钣金环境与零件环境之间切换模型 命令，进入钣金环境。

Step6. 将实体转换为钣金。

（1）选择命令。选择下拉菜单 🔘 ➡ 🗔 变换为钣金 命令。

（2）定义基本面。选取图 12.2.7 所示的模型表面为基本面。

（3）单击 完成 按钮，完成特征的创建。

Step7. 保存钣金件模型文件，并命名为 cup。

图 12.2.6　定义加厚方向

选取该面

图 12.2.7　定义基本面

12.3　水　杯　手　柄

钣金件模型及模型树如图 12.3.1 所示。

图 12.3.1　钣金件模型及模型树

Step1. 新建文件。选择下拉菜单 ➡ 新建(N) ➡ GB 钣金　使用默认模板创建新的钣金文档 命令。

Step2. 创建图 12.3.2 所示的平板特征 1。

（1）选择命令。单击 主页 功能选项卡 钣金 工具栏中的 "平板" 按钮 。

（2）定义特征的截面草图。

① 选取草图平面。在系统 单击平的面或参考平面。 的提示下，选取俯视图（XY）平面作为草图平面。

② 绘制图 12.3.3 所示的截面草图。

③ 单击 "主页" 功能选项卡中的 "关闭草图" 按钮 ，退出草绘环境。

（3）定义材料厚度及方向。在 "平板" 命令条中单击 "厚度步骤" 按钮 定义材料厚度，在 厚度: 文本框中输入值 0.4，并将材料加厚方向调整至图 12.3.4 所示的方向。

（4）单击命令条中的 完成 按钮，完成特征的创建。

图 12.3.2 平板特征 1　　　图 12.3.3 截面草图　　　图 12.3.4 定义材料方向

Step3. 创建图 12.3.5 所示的弯边特征 1。

（1）选择命令。单击 主页 功能选项卡 钣金 工具栏中的"弯边"按钮 。

（2）定义附着边。选取图 12.3.6 所示的模型边线为附着边。

（3）定义弯边类型。在"弯边"命令条中单击"完全宽度"按钮 ；在 距离: 文本框中输入值 30，在 角度: 文本框中输入值 80，单击"内部尺寸标注"按钮 和"材料内侧"按钮 ；调整弯边侧方向向下，如图 12.3.5 所示。

（4）定义弯边属性及参数。单击"弯边选项"按钮 ，取消选中 使用默认值* 复选框，在 折弯半径(B): 文本框中输入数值 5，单击 确定 按钮。

（5）单击 完成 按钮，完成特征的创建。

图 12.3.5 弯边特征 1　　　图 12.3.6 定义附着边

Step4. 创建图 12.3.7 所示的轮廓弯边特征 1。

（1）选择命令。单击 主页 功能选项卡 钣金 工具栏中的"轮廓弯边"按钮 。

（2）定义特征的截面草图。在系统的提示下，选取图 12.3.8 所示的模型边线为路径；在"轮廓弯边"命令条中的 位置: 文本框中输入值 0，并按 Enter 键，绘制图 12.3.9 所示的截面草图。

（3）定义轮廓弯边的延伸量及方向。在"轮廓弯边"命令条中单击"延伸步骤"按钮 ；单击"到末端"按钮 ，并定义其延伸方向如图 12.3.10 所示，单击鼠标左键。

图 12.3.7 轮廓弯边特征 1　　　图 12.3.8 选取路径

图 12.3.9　截面草图

图 12.3.10　定义延伸方向

（4）单击 完成 按钮，完成特征的创建。

Step5. 创建图 12.3.11 所示的卷边特征 1。

（1）选择命令。在 主页 功能选项卡 钣金 工具栏中单击 轮廓弯边 · 按钮，选择 卷边 命令。

（2）选取线性边。选取图 12.3.12 所示的模型边线为折弯的线性边。

（3）定义卷边类型及属性。在"卷边"命令条中的单击"外侧折弯"按钮 ，单击"卷边选项"按钮 ，在 卷边轮廓 区域中的 卷边类型 (T): 下拉列表中选择 开环 选项；在 ① 折弯半径 1: 文本框中输入值 0.4，在 ⑤ 扫掠角: 文本框中输入值 270，单击 确定 按钮，并按 Enter 键。

（4）单击 完成 按钮，完成特征的创建。

图 12.3.11　卷边特征 1　　　　　　　图 12.3.12　定义附着边

Step6. 创建图 12.3.13 所示的镜像特征 1。

（1）选取要镜像的特征。选取 Step5 创建的卷边特征 1 为镜像源。

（2）选择命令。单击 主页 功能选项卡 阵列 工具栏中的 镜像 按钮。

（3）定义镜像平面。选取前视图（XZ）平面为镜像平面。

（4）单击 完成 按钮，完成特征的创建。

图 12.3.13　镜像特征 1

Step7. 创建图 12.3.14 所示的弯边特征 2。

（1）选择命令。单击 主页 功能选项卡 钣金 工具栏中的"弯边"按钮 ⬀ 。

（2）定义附着边。选取图 12.3.15 所示的边线为附着边。

（3）定义弯边类型。在"弯边"命令条中单击"完全宽度"按钮 ▢；在 距离: 文本框中输入值 6，在 角度: 文本框中输入值 90，单击"内部尺寸标注"按钮 ⟂ 和"材料内侧"按钮 ⬀；调整弯边侧方向向下，如图 12.3.14 所示。

（4）定义弯边属性及参数。单击"弯边选项"按钮 ⬚ ，取消选中 ☐ 使用默认值* 复选框，在 折弯半径(B): 文本框中输入数值 0.2，单击 确定 按钮。

（5）单击 完成 按钮，完成特征的创建。

图 12.3.14　弯边特征 2　　　　　图 12.3.15　定义附着边

Step8. 创建图 12.3.16b 所示的倒角特征 1。

（1）选择命令。单击 主页 功能选项卡 钣金 工具栏中的 ⬚ 倒角 按钮。

（2）定义倒角边线。选取图 12.3.14 所示的四条边线为倒角的边线。

（3）定义倒角属性。在"倒角"命令条中单击 ⬚ 按钮，在 折线: 文本框中输入值 2，单击鼠标右键。

（4）单击 完成 按钮，完成特征的创建。

图 12.3.16　倒角特征 1

Step9. 保存钣金件模型文件，并命名为 handle。

实例 13　电源外壳组件

13.1　实例概述

本实例详细介绍了图 13.1.1 所示的电源外壳组件的设计过程。钣金件 1 和钣金件 2 的设计过程用到了平面、切削拉伸、平整、法兰、折弯、镜像、阵列和成形特征等命令，其中主要难点在成形特征的创建。

a）装配图

钣金件 1　　　　钣金件 2
b）爆炸图

图 13.1.1　电源外壳组件

13.2　钣　金　件　1

钣金件模型及模型树如图 13.2.1 所示。

图 13.2.1　钣金件模型及模型树

Step1. 新建文件。选择下拉菜单 ➡ 新建(N) ➡ GB 钣金 使用默认模板创建新的钣金文档命令。

Step2. 创建图 13.2.2 所示的平板特征 1。

（1）选择命令。单击 主页 功能选项卡 钣金 工具栏中的"平板"按钮 。

（2）定义特征的截面草图。

① 选取草图平面。在系统 单击平的面或参考平面。 的提示下，选取俯视图（XY）平面作为草图平面。

② 绘制图 13.2.3 所示的截面草图。

（3）定义材料厚度及方向。在"平板"命令条中单击"厚度步骤"按钮 定义材料厚度，在 厚度: 文本框中输入值 1.0，并将材料加厚方向调整至图 13.2.4 所示的方向后单击。

（4）单击命令条中的 完成 按钮，完成特征的创建。

图 13.2.2　平板特征 1　　　　图 13.2.3　截面草图　　　　图 13.2.4　定义材料方向

Step3. 创建图 13.2.5 所示的弯边特征 1。

（1）选择命令。单击 主页 功能选项卡 钣金 工具栏中的"弯边"按钮 。

（2）定义附着边。选取图 13.2.6 所示的模型边线为附着边（平板特征 1 中边长为 150 的边线）。

图 13.2.5　弯边特征 1　　　　　　图 13.2.6　定义附着边

（3）定义弯边类型。在"弯边"命令条中单击"完全宽度"按钮 ，在 距离: 文本框中输入值 85，在 角度: 文本框中输入值 90，单击"外部尺寸标注"按钮 和"材料内侧"按钮 ；调整弯边侧方向向上，如图 13.2.5 所示。

（4）定义弯边属性及参数。单击"弯边选项"按钮 ，取消选中 □使用默认值* 复选框，在 折弯半径(B): 文本框中输入数值 0.5，单击 确定 按钮。

（5）单击 完成 按钮，完成特征的创建。

Step4. 创建图 13.2.7 所示的弯边特征 2。

（1）选择命令。单击 主页 功能选项卡 钣金 工具栏中的"弯边"按钮 。

（2）定义附着边。选取图 13.2.8 所示的模型边线为附着边。

（3）定义弯边类型。在"弯边"命令条中单击"中心点"按钮 ，在 距离: 文本框中输入值 10，在 角度: 文本框中输入值 90，单击"外部尺寸标注"按钮 和"材料内侧"按钮 ，调整弯边侧方向向内并单击左键，如图 13.2.7 所示。

（4）定义弯边尺寸。单击"轮廓步骤"按钮，编辑草图尺寸如图 13.2.9 所示，单击 按钮，退出草绘环境。

图 13.2.7　弯边特征 2　　　　　　　　图 13.2.8　定义附着边

图 13.2.9　编辑草图

（5）定义折弯半径及止裂槽参数。单击"弯边选项"按钮，取消选中 □ 使用默认值* 复选框，在 折弯半径(B): 文本框中输入数值 0.5，其他选项采用系统默认设置，单击 确定 按钮。

（6）单击 完成 按钮，完成特征的创建。

Step5. 创建图 13.2.10 所示的弯边特征 3。

（1）选择命令。单击 主页 功能选项卡 钣金 工具栏中的"弯边"按钮。

（2）定义附着边。选取图 13.2.11 所示的模型边线为附着边。

图 13.2.10　弯边特征 3　　　　　　　图 13.2.11　定义附着边

（3）定义弯边类型。在"弯边"命令条中单击"从两端"按钮，在 距离: 文本框中输入值 5，在 角度: 文本框中输入值 90，单击"外部尺寸标注"按钮和"材料内侧"按钮，调整弯边侧方向向内并单击左键，如图 13.2.10 所示。

（4）定义弯边尺寸。单击"轮廓步骤"按钮，编辑草图尺寸如图 13.2.12 所示，单击按钮，退出草绘环境。

图 13.2.12 编辑草图

（5）定义折弯半径及止裂槽参数。单击"弯边选项"按钮 ，取消选中 □使用默认值* 复选框，在 折弯半径(B): 文本框中输入数值 0.5，选中 ☑折弯止裂口(R) 复选框和 ⊙ 圆形(R) 单选项，单击 确定 按钮。

（6）单击 完成 按钮，完成特征的创建。

Step6. 创建图 13.2.13 所示的镜像特征 1。

（1）选取要镜像的特征。选取 Step5 所创建的弯边特征 3 为镜像源。

（2）选择命令。单击 主页 功能选项卡 阵列 工具栏中的 镜像 按钮。

（3）定义镜像平面。选取右视图（YZ）平面为镜像平面。

（4）单击 完成 按钮，完成特征的创建。

Step7. 创建图 13.2.14 所示的镜像特征 2。

（1）选取要镜像的特征。选取 Step3 至 Step6 所创建的特征为镜像源。

（2）选择命令。单击 主页 功能选项卡 阵列 工具栏中的 镜像 按钮。

（3）定义镜像平面。选取前视图（XZ）平面为镜像平面。

（4）单击 完成 按钮，完成特征的创建。

图 13.2.13 镜像特征 1

图 13.2.14 镜像特征 2

Step8. 创建图 13.2.15 所示的弯边特征 9。

（1）选择命令。单击 主页 功能选项卡 钣金 工具栏中的"弯边"按钮 。

（2）定义附着边。选取图 13.2.16 所示的模型边线为附着边。

（3）定义弯边类型。在"弯边"命令条中单击"完全宽度"按钮 ，在 距离: 文本框中输入值 8，在 角度:文本框中输入 90；单击"外部尺寸标注"按钮 和"材料外侧"按钮，调整弯边侧方向向上，如图 13.2.15 所示。

（4）定义弯边属性及参数。单击"弯边选项"按钮，取消选中 □ 使用默认值* 复选框，在 折弯半径(B):文本框中输入数值 0.5，其他选项采用系统默认设置，单击 确定 按钮。

（5）单击 完成 按钮，完成特征的创建。

图 13.2.15　弯边特征 9

图 13.2.16　定义附着边

Step9. 创建图 13.2.17 所示的镜像特征 3。

（1）选取要镜像的特征。选取 Step8 所创建的弯边特征 9 为镜像源。

（2）选择命令。单击 主页 功能选项卡 阵列 工具栏中的 镜像 按钮。

（3）定义镜像平面。选取右视图（YZ）平面为镜像平面。

（4）单击 完成 按钮，完成特征的创建。

Step10. 创建图 13.2.18 所示的法向除料特征 1。

图 13.2.17　镜像特征 3

图 13.2.18　法向除料特征 1

（1）选择命令。在 主页 功能选项卡 钣金 工具栏中单击 打孔 按钮，选择 法向除料 命令。

（2）定义特征的截面草图。

① 选取草图平面。在系统 单击平的面或参考平面. 的提示下，选取图 13.2.18 所示的模型表面为草图平面。

② 绘制图 13.2.19 所示的截面草图。

③ 单击"主页"功能选项卡中的"关闭草图"按钮，退出草绘环境。

（3）定义法向除料特征属性。在"法向除料"命令条中单击"厚度剪切"按钮 和"有限范围"按钮，在 距离:文本框中输入值 2.0，并调整移除方向向内。

（4）单击 完成 按钮，完成特征的创建。

Step11. 创建图 13.2.20 所示的轮廓弯边特征 1。

图 13.2.19　截面草图

图 13.2.20　轮廓弯边特征 1

（1）选择命令。单击 主页 功能选项卡 钣金 工具栏中的"轮廓弯边"按钮 ⏍ 。

（2）定义特征的截面草图。在系统的提示下，选取图 13.2.21 所示的模型边线为路径，在"轮廓弯边"命令条中的 位置: 文本框中输入值 0，并按 Enter 键，绘制图 13.2.22 所示的截面草图。

图 13.2.21　选取路径

图 13.2.22　截面草图

（3）定义轮廓弯边的延伸量及方向。在"轮廓弯边"命令条中单击"延伸步骤"按钮 ⏍ ；单击"到末端"按钮 ⏍ ，并定义其延伸方向如图 13.2.23 所示，单击鼠标左键。

（4）单击 完成 按钮，完成特征的创建。

Step12. 创建图 13.2.24 所示的法向除料特征 2。

图 13.2.23　定义延伸方向

图 13.2.24　法向除料特征 2

（1）选择命令。在 主页 功能选项卡 钣金 工具栏中单击 打孔 按钮，选择 ⏍ 法向除料 命令。

（2）定义特征的截面草图。

① 选取草图平面。在系统 单击平的面或参考平面。 的提示下，选取图 13.2.24 所示的模型表面为草图平面。

② 绘制图 13.2.25 所示的截面草图。

③ 单击"主页"功能选项卡中的"关闭草图"按钮，退出草绘环境。

（3）定义法向除料特征属性。在"法向除料"命令条中单击"厚度剪切"按钮和"全部穿透"按钮，并将移除方向调整至图 13.2.26 所示的方向。

图 13.2.25　截面草图　　　　　　　图 13.2.26　定义移除方向

（4）单击 完成 按钮，完成特征的创建。

Step13. 创建图 13.2.27 所示的镜像特征 4。

（1）选取要镜像的特征。选取 Step11 至 Step12 所创建的特征为镜像源。

（2）选择命令。单击 主页 功能选项卡 阵列 工具栏中的 镜像 按钮。

（3）定义镜像平面。选取右视图（YZ）平面为镜像平面。

（4）单击 完成 按钮，完成特征的创建。

Step14. 创建图 13.2.28 所示的法向除料特征 4。

图 13.2.27　镜像特征 4

图 13.2.28　法向除料特征 4

（1）选择命令。在 主页 功能选项卡 钣金 工具栏中单击 打孔 按钮，选择 法向除料 命令。

（2）定义特征的截面草图。

① 选取草图平面。在系统 单击平的面或参考平面。 的提示下，选取图 13.2.28 所示的模型表面为草图平面。

② 绘制图 13.2.29 所示的截面草图。

③ 单击"主页"功能选项卡中的"关闭草图"按钮，退出草绘环境。

（3）定义法向除料特征属性。在"法向除料"命令条中单击"厚度剪切"按钮和"穿透下一个"按钮，并将移除方向调整至图 13.2.30 所示的方向。

图 13.2.29　截面草图

图 13.2.30　定义移除方向

（4）单击 完成 按钮，完成特征的创建。

Step15. 创建图 13.2.31 所示的法向除料特征 5。

（1）选择命令。在 主页 功能选项卡 钣金 工具栏中单击 打孔 按钮，选择 法向除料 命令。

（2）定义特征的截面草图。

① 选取草图平面。在系统 单击平的面或参考平面。 的提示下，选取图 13.2.31 所示的模型表面为草图平面。

② 绘制图 13.2.32 所示的截面草图。

③ 单击"主页"功能选项卡中的"关闭草图"按钮 ，退出草绘环境。

（3）定义法向除料特征属性。在"法向除料"命令条中单击"厚度剪切"按钮 和"穿透下一个"按钮 ，并将移除方向调整至图 13.2.33 所示的方向。

（4）单击 完成 按钮，完成特征的创建。

图 13.2.31　法向除料特征 5

图 13.2.32　截面草图

Step16. 创建图 13.2.34 所示的阵列特征 1。

图 13.2.33　定义移除方向

图 13.2.34　阵列特征 1

（1）选取要阵列的特征。选取 Step15 所创建的法向除料特征 5 为阵列特征。

（2）选择命令。单击 主页 功能选项卡 阵列 工具栏中的 阵列 按钮。

（3）定义要阵列草图平面。选取图 13.2.34 所示的模型表面为阵列草图平面。

（4）绘制矩形阵列轮廓。单击 特征 区域中的 按钮，绘制图 13.2.35 所示的矩形。

① 定义阵列类型。在"阵列"命令条的 翻转 下拉列表中选择 固定 选项。

② 定义阵列参数。在"阵列"命令条的 X: 文本框中输入阵列个数为 20，输入间距值为 6.5；在"阵列"命令条的 Y: 文本框中输入阵列个数为 1，单击右键确定。

③ 单击 按钮，退出草绘环境。

（5）单击 完成 按钮，完成特征的创建。

Step17. 创建图 13.2.36 所示的法向除料特征 25。

图 13.2.35　绘制矩形阵列轮廓

图 13.2.36　法向除料特征 25

（1）选择命令。在 主页 功能选项卡 钣金 工具栏中单击 打孔 按钮，选择 法向除料 命令。

（2）定义特征的截面草图。

① 选取草图平面。在系统 单击平的面或参考平面。 的提示下，选取图 13.2.36 所示的模型表面为草图平面。

② 绘制图 13.2.37 所示的截面草图。

③ 单击"主页"功能选项卡中的"关闭草图"按钮，退出草绘环境。

（3）定义法向除料特征属性。在"法向除料"命令条中单击"厚度剪切"按钮 和"穿透下一个"按钮，并将移除方向调整至图 13.2.38 所示的方向。

（4）单击 完成 按钮，完成特征的创建。

图 13.2.37　截面草图

图 13.2.38　定义移除方向

Step18. 创建图 13.2.39 所示的法向除料特征 26。

（1）选择命令。在 主页 功能选项卡 钣金 工具栏中单击 打孔 按钮，选择 法向除料 命令。

（2）定义特征的截面草图。

① 选取草图平面。在系统 单击平的面或参考平面 的提示下，选取图 13.2.39 所示的模型表面为草图平面。

② 绘制图 13.2.40 所示的截面草图。

图 13.2.39　法向除料特征 26

图 13.2.40　截面草图

③ 单击"主页"功能选项卡中的"关闭草图"按钮 ，退出草绘环境。

（3）定义法向除料特征属性。在"法向除料"命令条中单击"厚度剪切"按钮 和"穿透下一个"按钮 ，并将移除方向调整至图 13.2.41 所示的方向。

（4）单击 完成 按钮，完成特征的创建。

图 13.2.41　定义移除方向

Step19. 创建图 13.2.42 所示的凹坑特征 1。

（1）选择命令。单击 主页 功能选项卡 钣金 工具栏中的"凹坑"按钮 。

（2）绘制截面草图。选取图 13.2.42 所示的模型表面为草图平面，绘制图 13.2.43 所示的截面草图。

图 13.2.42　凹坑特征 1

图 13.2.43　截面草图

（3）定义凹坑属性。在"凹坑"命令条中单击 ⟨⟨ 按钮，单击"偏置尺寸"按钮 ↺ ，在 [距离] 文本框中输入值 5.0，单击 ⯈ 按钮，在 [拔模角(T):] 文本框中输入值 45，在 [倒圆] 区域中选中 ☑ 包括倒圆(I) 复选框，在 [凸模半径] 文本框中输入值 3.0；在 [凹模半径] 文本框中输入值 1.0；并取消选中 ☐ 包含凸模侧拐角半径(A) 复选框，单击 [确定] 按钮；定义其冲压方向为模型外部，单击"轮廓代表凸模"按钮 ⊔ 。

（4）单击命令条中的 [完成] 按钮，完成特征的创建。

Step20. 创建图 13.2.44 所示的法向除料特征 27。

（1）选择命令。在 [主页] 功能选项卡 [钣金] 工具栏中单击 [打孔] ⯆ 按钮，选择 ▦ [法向除料] 命令。

（2）定义特征的截面草图。

① 选取草图平面。在系统 [单击平的面或参考平面。] 的提示下，选取图 13.2.45 所示的模型表面为草图平面。

图 13.2.44　法向除料特征 27

图 13.2.45　定义草图平面

② 绘制图 13.2.46 所示的截面草图。

③ 单击"主页"功能选项卡中的"关闭草图"按钮 ✔ ，退出草绘环境。

（3）定义法向除料特征属性。在"法向除料"命令条中单击"厚度剪切"按钮 ✐ 和"有限范围"按钮 ▬ ，在 [距离] 文本框中输入值 10，并调整移除方向向内。

（4）单击 [完成] 按钮，完成特征的创建。

图 13.2.46　截面草图

Step21. 创建图 13.2.47 所示的阵列特征 2。

（1）选取要阵列的特征。选取 Step20 所创建的法向除料特征 27 为阵列特征。

（2）选择命令。单击 [主页] 功能选项卡 [阵列] 工具栏中的 ▦ [阵列] 按钮。

（3）定义要阵列草图平面。选取图 13.2.48 所示的模型表面为阵列草图平面。

图 13.2.47　阵列特征 2

图 13.2.48　定义草图平面

（4）绘制圆形阵列轮廓。单击 特征 区域中的 按钮，绘制图 13.2.49 所示的圆并确定阵列方向，单击左键确定（注：在图 13.2.49 所示的绘制的圆轮廓中心与圆 1 同心，起点与圆 2 圆心重合）。

图 13.2.49　绘制环形阵列轮廓

① 定义阵列类型。在"阵列"命令条的 翻转 下拉列表中选择 适合 选项。

② 定义阵列参数。在"阵列"命令条中单击"整圆"按钮 ，在 计数(C) 文本框中输入阵列个数为 4，单击右键。

③ 单击 按钮，退出草绘环境。

（5）单击 完成 按钮，完成特征的创建。

Step22. 创建图 13.2.50 所示的法向除料特征 31。

（1）选择命令。在 主页 功能选项卡 钣金 工具栏中单击 打孔 按钮，选择 法向除料 命令。

（2）定义特征的截面草图。

① 选取草图平面。在系统 单击平的面或参考平面。 的提示下，选取图 13.2.51 所示的模型表面为草图平面。

图 13.2.50　法向除料特征 31

图 13.2.51　定义草图平面

② 绘制图 13.2.52 所示的截面草图。

③ 单击"主页"功能选项卡中的"关闭草图"按钮✅，退出草绘环境。

（3）定义法向除料特征属性。在"法向除料"命令条中单击"厚度剪切"按钮🖉和"穿透下一个"按钮🔲，并将移除方向调整至图 13.2.53 所示的方向。

（4）单击 完成 按钮，完成特征的创建。

图 13.2.52　截面草图

图 13.2.53　定义移除方向

Step23. 创建图 13.2.54 所示的加强筋特征 1。

（1）选择命令。在 主页 功能选项卡 钣金 工具栏中单击 凹坑 按钮，选择 ⌐ 加强筋 命令。

（2）绘制加强筋截面草图。选取图 13.2.55 所示的模型表面为草图平面，绘制图 13.2.56 所示的截面草图。

（3）定义加强筋属性。在"加强筋"命令条中单击"侧步骤"按钮🗗，定义冲压方向如图 13.2.57 所示，单击鼠标左键；单击 🗐 按钮，在 横截面 区域中选中 ◉ V 型 单选项，在 高度(E): 文本框中输入值 3.0，在 宽度(W): 文本框中输入值 10，在 角度(A): 文本框中输入值 35；在 倒圆 区域选中 ☑ 包括倒圆(I) 复选框，在 凸模半径(P): 文本框中输入值 0.5，在 凹模半径(D): 文本框中输入值 1.0；在 端点条件 区域中选中 ◉ 开口的(L) 单选项；单击 确定 按钮。

（4）单击 完成 按钮，完成特征的创建。

图 13.2.54　加强筋特征 1

图 13.2.55　定义草图平面

图 13.2.56　截面草图

图 13.2.57　定义冲压方向

Step24. 创建图 13.2.58 所示的镜像特征 5。

（1）选取要镜像的特征。选取 Step23 所创建的加强筋特征 1 为镜像源。

（2）选择命令。单击 主页 功能选项卡 阵列 工具栏中的 镜像 按钮。

（3）定义镜像平面。选取右视图（YZ）平面为镜像平面。

（4）单击 完成 按钮，完成特征的创建。

图 13.2.58　镜像特征 5

Step25. 创建图 13.2.59 所示的加强筋特征 3。

（1）选择命令。在 主页 功能选项卡 钣金 工具栏中单击 凹坑 按钮，选择 加强筋 命令。

（2）绘制加强筋截面草图。选取图 13.2.60 所示的模型表面为草图平面，绘制图 13.2.61 所示的截面草图。

图 13.2.59　加强筋特征 3　　　　　　　　图 13.2.60　定义草图平面

（3）定义加强筋属性。在"加强筋"命令条中单击"侧步骤"按钮 ，定义冲压方向 如图 13.2.62 所示，单击鼠标左键；单击 按钮，在 横截面 区域中选中 U型 单选项，在 高度(E): 文本框中输入值 3.0，在 宽度(W): 文本框中输入值 10，在 角度(A): 文本框中输入值 35；在 倒圆 区域选中 包括倒圆(I) 复选框，在 凸模半径(F): 文本框中输入值 0.5，在 凹模半径(D): 文本框中输入值 1.0；在 端点条件 区域中选中 开口的(L) 单选项；单击 确定 按钮。

（4）单击 完成 按钮，完成特征的创建。

Step26. 创建图 13.2.63 所示的阵列特征 3。

（1）选取要阵列的特征。选取 Step25 所创建的加强筋特征 3 为阵列特征。

（2）选择命令。单击 主页 功能选项卡 阵列 工具栏中的 阵列 按钮。

（3）定义要阵列草图平面。选取图 13.2.64 所示的模型表面为阵列草图平面。

图 13.2.61　截面草图

图 13.2.62　定义冲压方向

（4）绘制矩形阵列轮廓。单击 特征 区域中的 按钮，绘制图 13.2.65 所示的矩形。

① 定义阵列类型。在"阵列"命令条的 翻转 下拉列表中选择 固定 选项。

② 定义阵列参数。在"阵列"命令条的 X: 文本框中输入阵列个数为 2，输入间距值为 20；在"阵列"命令条的 Y: 文本框中输入阵列个数为 1，单击右键确定。

③ 单击 按钮，退出草绘环境。

（5）单击 完成 按钮，完成特征的创建。

图 13.2.63　阵列特征 3

图 13.2.64　定义草图平面

Step27. 创建图 13.2.66 所示的加强筋特征 5。

图 13.2.65　绘制矩形阵列轮廓

图 13.2.66　加强筋特征 5

（1）选择命令。在 主页 功能选项卡 钣金 工具栏中单击 凹坑 按钮，选择 加强筋 命令。

（2）绘制加强筋截面草图。选取图 13.2.67 所示的模型表面为草图平面，绘制图 13.2.68 所示的截面草图。

（3）定义加强筋属性。在"加强筋"命令条中单击"侧步骤"按钮 ，定义冲压方向如图 13.2.69 所示，单击鼠标左键；单击 🔲 按钮，在 横截面 区域中选中 ⊙ ∪ 型 单选项，在 高度(E): 文本框中输入值 3.0，在 宽度(W): 文本框中输入值 10，在 角度(A): 文本框中输入值 35；在 倒圆 区域中选中 ☑ 包括倒圆(I) 复选框，在 凸模半径(P): 文本框中输入值 0.5，在 凹模半径(D): 文本框中输入值 1.0；在 端点条件 区域中选中 ⊙ 开口的(L) 单选项；单击 ▣确定▣ 按钮。

（4）单击 完成 按钮，完成特征的创建。

图 13.2.67　定义草图平面

图 13.2.68　截面草图

Step28. 创建图 13.2.70 所示的加强筋特征 6。

图 13.2.69　定义冲压方向　　　　　　　图 13.2.70　加强筋特征 6

（1）选择命令。在 主页 功能选项卡 钣金 工具栏中单击 凹坑 按钮，选择 ⌐ 加强筋 命令。

（2）绘制加强筋截面草图。选取图 13.2.71 所示的模型表面为草图平面，绘制图 13.2.72 所示的截面草图。

（3）定义加强筋属性。在"加强筋"命令条中单击"侧步骤"按钮 🔲，定义冲压方向如图 13.2.73 所示，单击鼠标左键；单击 🔲 按钮，在 横截面 区域中选中 ⊙ ∪ 型 单选项，在 高度(E): 文本框中输入值 3.0，在 宽度(W): 文本框中输入值 10，在 角度(A): 文本框中输入值 35；在 倒圆 区域中选中 ☑ 包括倒圆(I) 复选框，在 凸模半径(P): 文本框中输入值 0.5，在 凹模半径(D): 文本框中输入值 1.0；在 端点条件 区域中选中 ⊙ 开口的(L) 单选项；单击 ▣确定▣ 按钮。

（4）单击 完成 按钮，完成特征的创建。

Step29. 创建图 13.2.74 所示的法向除料特征 32。

图 13.2.71　定义草图平面

图 13.2.72　截面草图

图 13.2.73　定义冲压方向

图 13.2.74　法向除料特征 32

（1）选择命令。在 主页 功能选项卡 钣金 工具栏中单击 打孔 按钮，选择 法向除料 命令。

（2）定义特征的截面草图。

① 选取草图平面。在系统 单击平的面或参考平面。 的提示下，选取图 13.2.74 所示的模型表面为草图平面。

② 绘制图 13.2.75 所示的截面草图。

③ 单击"主页"功能选项卡中的"关闭草图"按钮，退出草绘环境。

（3）定义法向除料特征属性。在"法向除料"命令条中单击"厚度剪切"按钮和"穿透下一个"按钮，并将移除方向调整至图 13.2.76 所示的方向。

（4）单击 完成 按钮，完成特征的创建。

图 13.2.75　截面草图

图 13.2.76　定义移除方向

Step30. 保存钣金件模型文件，并命名为 DOWN_COVER。

13.3　钣 金 件 2

钣金件模型及模型树如图 13.3.1 所示。

图 13.3.1　钣金件模型及模型树

Step1. 新建文件。选择下拉菜单 ➡ 新建(N) ➡ GB 钣金 使用默认模板创建新的钣金文档 命令。

Step2. 创建图 13.3.2 所示的平板特征 1。

（1）选择命令。单击 主页 功能选项卡 钣金 工具栏中的"平板"按钮 。

（2）定义特征的截面草图。

① 选取草图平面。在系统 单击平的面或参考平面 的提示下，选取俯视图（XY）平面作为草图平面。

② 绘制图 13.3.3 所示的截面草图。

（3）定义材料厚度及方向。在"平板"命令条中单击"厚度步骤"按钮 定义材料厚度，在 厚度: 文本框中输入值 1.0，并将材料加厚方向调整至图 13.3.4 所示的方向后单击。

（4）单击命令条中的 完成 按钮，完成特征的创建。

图 13.3.2　平板特征 1　　　图 13.3.3　截面草图　　　图 13.3.4　定义材料方向

Step3. 创建图 13.3.5 所示的弯边特征 1。

（1）选择命令。单击 主页 功能选项卡 钣金 工具栏中的"弯边"按钮 。

（2）定义附着边。选取图 13.3.6 所示的模型边线为附着边。

（3）定义弯边类型。在"弯边"命令条中单击"中心点"按钮 ，在 距离: 文本框中输入值 85，在 角度: 文本框中输入值 90，单击"外部尺寸标注"按钮 和"材料内侧"按钮 ，调整弯边侧方向向上并单击左键，如图 13.3.5 所示。

（4）定义弯边尺寸。单击"轮廓步骤"按钮 ，编辑草图尺寸如图 13.3.7 所示，单击 按钮，退出草绘环境。

图 13.3.5　弯边特征 1　　　　　　　　图 13.3.6　定义附着边

（5）定义折弯半径及止裂槽参数。单击"弯边选项"按钮 ，取消选中 □ 使用默认值* 复选框，在 折弯半径(B): 文本框中输入数值 0.5，其他选项采用系统默认设置，单击 确定 按钮。

（6）单击 完成 按钮，完成特征的创建。

Step4. 创建图 13.3.8 所示的折弯特征 1。

图 13.3.7　编辑草图　　　　　　　　图 13.3.8　折弯特征 1

（1）选择命令。单击 主页 功能选项卡 钣金 工具栏中的 折弯 按钮。

（2）绘制折弯线。选取图 13.3.8 所示的模型表面为草图平面，绘制图 13.3.9 所示的折弯线。

图 13.3.9　绘制折弯线　　　　　　　图 13.3.10　定义折弯位置

（3）定义折弯属性及参数。在"折弯"命令条中单击"折弯位置"按钮 ，在 折弯半径: 文本框中输入值 0.5，在 角度: 文本框中输入值 135；单击"从轮廓起"按钮 ，并定义折弯的位置如图 13.3.10 所示的方向后单击；单击"移动侧"按钮 ，并将方向调整至图 13.3.11

所示的位置；单击"折弯方向"按钮 ，并将方向调整至图 13.3.12 所示的方向。

（4）单击 完成 按钮，完成特征的创建。

图 13.3.11　定义移动侧方向　　　　　　　图 13.3.12　定义折弯方向

Step5. 创建图 13.3.13 所示折弯特征 2。

（1）选择命令。单击 主页 功能选项卡 钣金 工具栏中的 折弯 按钮。

（2）绘制折弯线。选取图 13.3.14 所示的模型表面为草图平面，绘制图 13.3.15 所示的折弯线。

放大图

草图平面

图 13.3.13　折弯特征 2　　　　　　　　　图 13.3.14　定义草图平面

（3）定义折弯属性及参数。在"折弯"命令条中单击"折弯位置"按钮 ，在 折弯半径: 文本框中输入值 0.5，在 角度: 文本框中输入值 135；单击"从轮廓起"按钮 ，并定义折弯的位置如图 13.3.16 所示的位置后单击；单击"移动侧"按钮 ，并将方向调整至图 13.3.17 所示的位置；单击"折弯方向"按钮 ，并将方向调整至图 13.3.18 所示的位置。

折弯线

Z

6.5

X

图 13.3.15　绘制折弯线

图 13.3.16　定义折弯位置

图 13.3.17　定义移动侧方向

图 13.3.18　定义折弯方向

（4）单击 完成 按钮，完成特征的创建。

Step6. 创建图 13.3.19b 所示的倒角特征 1。

（1）选择命令。单击 主页 功能选项卡 钣金 工具栏中的 倒角 按钮。

（2）定义倒角边线。选取图 13.3.19a 所示的两条边线为倒角的边线。

（3）定义倒角属性。在"倒角"命令条中单击 按钮，在 折线 文本框中输入值 0.5，
单击鼠标右键。

（4）单击 完成 按钮，完成特征的创建。

图 13.3.19　倒角特征 1

Step7. 创建图 13.3.20 所示的镜像特征 1。

（1）选取要镜像的特征。选取 Step2 至 Step6 所创建的特征为镜像源。

（2）选择命令。单击 主页 功能选项卡 阵列 工具栏中的 镜像 按钮。

（3）定义镜像平面。选取右视图（YZ）平面为镜像平面。

（4）单击 完成 按钮，完成特征的创建。

Step8. 创建图 13.3.21 所示的加强筋特征 1。

图 13.3.20　镜像特征 1

图 13.3.21　加强筋特征 1

（1）选择命令。在 主页 功能选项卡 钣金 工具栏中单击 凹坑 按钮，选择 加强筋 命令。

（2）绘制加强筋截面草图。选取图 13.3.22 所示的模型表面为草图平面，绘制图 13.3.23
所示的截面草图。

（3）定义加强筋属性。在"加强筋"命令条中单击"侧步骤"按钮 ，定义冲压方向
如图 13.3.24 所示，单击鼠标左键；单击 按钮，在 横截面 区域中选中 ⊙ 圆形(C) 单选项，在
高度(E): 文本框中输入值 5.0，在 半径(R): 文本框中输入值 5.0；在 倒圆 区域中选中 ☑ 包括倒圆(I)

复选框，在 凹模半径(I): 文本框中输入值 1.0；在 端点条件 区域中选中 ⊙ 成形的(F) 单选项；单击 确定 按钮。

图 13.3.22　定义草图平面

图 13.3.23　截面草图

（4）单击 完成 按钮，完成特征的创建。

Step9. 创建图 13.3.25 所示的镜像特征 2。

（1）选取要镜像的特征。选取 Step8 所创建的加强筋特征 1 为镜像源。

（2）选择命令。单击 主页 功能选项卡 阵列 工具栏中的 镜像 按钮。

（3）定义镜像平面。选取前视图（XZ）平面为镜像平面。

（4）单击 完成 按钮，完成特征的创建。

图 13.2.24　定义冲压方向

图 13.3.25　镜像特征 2

Step10. 创建图 13.3.26 所示的加强筋特征 3。

（1）选择命令。在 主页 功能选项卡 钣金 工具栏中单击 凹坑 按钮，选择 加强筋 命令。

（2）绘制加强筋截面草图。选取图 13.3.26 所示的模型表面为草图平面，绘制图 13.3.27 所示的截面草图。

图 13.3.26　加强筋特征 3

图 13.3.27　截面草图

（3）定义加强筋属性。在"加强筋"命令条中单击"侧步骤"按钮，定义冲压方向如图 13.3.28 所示，单击鼠标左键；单击 按钮，在 横截面 区域中选中 ⊙ 圆形(C) 单选项，在高度(E):文本框中输入值 5.0,在 半径(R):文本框中输入值 5.0;在 倒圆 区域中选中 ☑ 包括倒圆(I) 复选框,在 凹模半径(D):文本框中输入值 1.0;在 端点条件 区域中选中 ⊙ 成形的(F) 单选项;单击 确定 按钮。

（4）单击 完成 按钮，完成特征的创建。

Step11. 创建图 13.3.29 所示的镜像特征 3。

（1）选取要镜像的特征。选取 Step10 所创建的加强筋特征 3 为镜像源。

（2）选择命令。单击 主页 功能选项卡 阵列 工具栏中的 ⬚ 镜像 按钮。

（3）定义镜像平面。选取前视图（XZ）平面为镜像平面。

（4）单击 完成 按钮，完成特征的创建。

图 13.2.28　定义冲压方向

图 13.3.29　镜像特征 3

Step12. 创建图 13.3.30 所示的镜像特征 4。

（1）选取要镜像的特征。选取 Step10 至 Step11 所创建的特征为镜像源。

（2）选择命令。单击 主页 功能选项卡 阵列 工具栏中的 ⬚ 镜像 按钮。

（3）定义镜像平面。选取右视图（YZ）平面为镜像平面。

（4）单击 完成 按钮，完成特征的创建。

Step13. 创建图 13.3.31 所示的加强筋特征 7。

图 13.3.30　镜像特征 4

图 13.3.31　加强筋特征 7

（1）选择命令。在 主页 功能选项卡 钣金 工具栏中单击 凹坑 按钮，选择 ⌐ 加强筋 命令。

（2）绘制加强筋截面草图。选取图 13.3.31 所示的模型表面为草图平面，绘制图 13.3.32 所示的截面草图。

（3）定义加强筋属性。在"加强筋"命令条中单击"侧步骤"按钮 ⬚，定义冲压方向如图 13.3.33 所示，单击鼠标左键；单击 ▤ 按钮，在 横截面 区域中选中 ⊙ U型 单选项，在 高度(E): 文本框中输入值 1.5，在 宽度(W): 文本框中输入值 3.0，在 角度(A): 文本框中输入值 56；在 倒圆 区域中选中 ☑ 包括倒圆(I) 复选框，在 凸模半径(F): 文本框中输入值 0.5，在 凹模半径(D): 文本框中输入值 1.0；在 端点条件 区域中选中 ⊙ 开口的(L) 单选项；单击 确定 按钮。

（4）单击 完成 按钮，完成特征的创建。

图 13.3.32　截面草图

图 13.3.33　定义冲压方向

Step14. 创建图 13.3.34 所示的阵列特征 1。

（1）选取要阵列的特征。选取 Step13 所创建的加强筋特征 7 为阵列特征。

（2）选择命令。单击 主页 功能选项卡 阵列 工具栏中的 ⚐ 阵列 按钮。

（3）定义要阵列草图平面。选取图 13.3.34 所示的模型表面为阵列草图平面。

（4）绘制矩形阵列轮廓。单击 特征 区域中的 ▨ 按钮，绘制图 13.3.35 所示的矩形。

① 定义阵列类型。在"阵列"命令条的 翻转 下拉列表中选择 固定 选项。

② 定义阵列参数。在"阵列"命令条的 X: 文本框中输入阵列个数为 1；在"阵列"命令条的 Y: 文本框中输入阵列个数为 2，输入间距值为 50，单击右键确定。

③ 单击 ☑ 按钮，退出草绘环境。

（5）单击 完成 按钮，完成特征的创建。

图 13.3.34　阵列特征 1

图 13.3.35　绘制矩形阵列轮廓

Step15. 创建图 13.3.36 所示的镜像特征 5。

（1）选取要镜像的特征。选取 Step13 至 Step14 所创建的特征为镜像源。

（2）选择命令。单击 主页 功能选项卡 阵列 工具栏中的 ⚏ 镜像 按钮。

（3）定义镜像平面。选取前视图（XZ）平面为镜像平面。

（4）单击 完成 按钮，完成特征的创建。

Step16. 创建图 13.3.37 所示的镜像特征 6。

（1）选取要镜像的特征。选取 Step13 至 Step15 所创建的特征为镜像源。

（2）选择命令。单击 主页 功能选项卡 阵列 工具栏中的 镜像 按钮。

（3）定义镜像平面。选取右视图（YZ）平面为镜像平面。

（4）单击 完成 按钮，完成特征的创建。

图 13.3.36 镜像特征 5

图 13.3.37 镜像特征 6

Step17. 创建图 13.3.38 所示的弯边特征 3。

（1）选择命令。单击 主页 功能选项卡 钣金 工具栏中的"弯边"按钮。

（2）定义附着边。选取图 13.3.39 所示的模型边线为附着边。

（3）定义弯边类型。在"弯边"命令条中单击"从端部"按钮，并单击图 13.3.39 所示的附着边的端点 1，在 距离: 文本框中输入值 15，在 角度: 文本框中输入值 90，单击"外部尺寸标注"按钮和"材料外侧"按钮，调整弯边侧方向向上并单击左键，如图 13.3.38 所示。

（4）定义弯边尺寸。单击"轮廓步骤"按钮，编辑草图尺寸如图 13.3.40 所示，单击 按钮，退出草绘环境。

图 13.3.38 弯边特征 3

图 13.3.39 定义附着边

（5）定义折弯半径及止裂槽参数。单击"弯边选项"按钮，取消选中 □ 使用默认值* 复选框，在 折弯半径(B): 文本框中输入数值 0.5，并取消选中 □ 折弯止裂口(E) 复选框，单击 确定 按钮。

（6）单击 完成 按钮，完成特征的创建。

图 13.3.40   编辑草图

Step18. 创建图 13.3.41 所示的法向除料特征 1。

（1）选择命令。在 主页 功能选项卡 钣金 工具栏中单击 打孔 按钮，选择 法向除料 命令。

（2）定义特征的截面草图。

① 选取草图平面。在系统 单击平的面或参考平面。 的提示下，选取图 13.3.41 所示的模型表面为草图平面。

② 绘制图 13.3.42 所示的截面草图。

③ 单击"主页"功能选项卡中的"关闭草图"按钮，退出草绘环境。

（3）定义法向除料特征属性。在"法向除料"命令条中单击"厚度剪切"按钮和"穿透下一个"按钮，并将移除方向调整至图 13.3.43 所示的方向。

（4）单击 完成 按钮，完成特征的创建。

图 13.3.41   法向除料特征 1

图 13.3.42   截面草图

图 13.3.43   定义移除方向

Step19. 保存钣金件模型文件，并命名为 TOP_COVER。

实例 14　文件夹钣金组件

14.1　实例概述

本实例详细讲解了一款文件夹中钣金部分的设计过程。该文件夹由三个零件组成（图 14.1.1），这三个零件在设计过程中应用了折弯、弯边、除料及成形等命令，设计的大概思路是先创建第一个平板钣金，之后再使用折弯、弯边等命令创建出最终模型。钣金件模型如图 14.1.1 所示。

图 14.1.1　钣金件模型

14.2　钣 金 件 1

钣金件模型及模型树如图 14.2.1 所示。

图 14.2.1　钣金件模型及模型树

Step1. 新建文件。选择下拉菜单 ➡ 新建(N) ➡ GB 钣金 使用默认模板创建新的钣金文档。命令。

Step2. 创建图 14.2.2 所示的平板特征 1。

（1）选择命令。单击 主页 功能选项卡 钣金 工具栏中的"平板"按钮 。

（2）定义特征的截面草图。

① 选取草图平面。在系统 单击平的面或参考平面。 的提示下，选取俯视图（XY）平面作为草图平面。

② 绘制图 14.2.3 所示的截面草图。

③ 单击"主页"功能选项卡中的"关闭草图"按钮 ，退出草绘环境。

（3）定义材料厚度及方向。在"平板"命令条中单击"厚度步骤"按钮 定义材料厚度，在 厚度: 文本框中输入值 0.5，并将材料加厚方向调整至图 14.2.4 所示的方向。

（4）单击命令条中的 完成 按钮，完成特征的创建。

图 14.2.2　平板特征 1　　　　图 14.2.3　截面草图　　　　图 14.2.4　定义材料方向

Step3. 创建图 14.2.5b 所示的倒斜角特征 1。

（1）选择命令。在 主页 功能选项卡 钣金 工具栏中单击 倒角 后的小三角，选择 倒斜角 命令。

（2）定义倒斜角类型。在"倒斜角"命令条中单击 按钮，选中 回切相等(E) 单选项，单击 确定 按钮。

（3）定义倒斜角参照。选取图 14.2.5a 所示的两条边线为倒斜角参照边。

（4）定义倒角属性。在 回切: 文本框中输入值 3，单击 按钮。

（5）单击 完成 按钮，完成特征的创建。

a）倒斜角前　　　　　　　　　　　　　　　　　　b）倒斜角后

图 14.2.5　倒斜角特征 1

Step4. 创建图 14.2.6b 所示的倒斜角特征 2。在 主页 功能选项卡 钣金 工具栏中单击 倒角 后的小三角，选择 倒斜角 命令；在"倒斜角"命令条中单击 按钮，选中 回切相等(E) 单选项，单击 确定 按钮；选取图 14.2.6a 所示的两条边线为倒斜角参照边；在 回切: 文本框中输入值 5；单击 按钮，单击 完成 按钮，完成特征的创建。

a）倒斜角前

b）倒斜角后

图 14.2.6　倒斜角特征 2

Step5. 创建图 14.2.7 所示的弯边特征 1。

（1）选择命令。单击 主页 功能选项卡 钣金 工具栏中的 "弯边" 按钮 🔲。

（2）定义附着边。选取图 14.2.8 所示的模型边线为附着边。

（3）定义弯边类型。在 "弯边" 命令条中单击 "完全宽度" 按钮 🔲，在 距离: 文本框中输入值 10，在 角度: 文本框中输入值 90，单击 "外部尺寸标注" 按钮 🔲 和 "材料内侧" 按钮 🔲，调整弯边侧方向向上，如图 14.2.7 所示。

（4）定义弯边尺寸。单击 "轮廓步骤" 按钮 🔲，编辑草图如图 14.2.9 所示，单击 ✅ 按钮，退出草绘环境。

（5）定义折弯半径及止裂槽参数。单击 "弯边选项" 按钮 🔲，取消选中 ☐ 使用默认值* 复选框，在 折弯半径(B): 文本框中输入数值 0.2，其他选项采用系统默认设置，单击 确定 按钮。

（6）单击 完成 按钮，完成特征的创建。

图 14.2.7　弯边特征 1

图 14.2.8　定义附着边

图 14.2.9　编辑草图

Step6. 创建图 14.2.10 所示的加强筋特征 1。

（1）选择命令。在 主页 功能选项卡 钣金 工具栏中单击 凹坑 按钮，选择 🔲 加强筋 命令。

（2）绘制加强筋截面草图。选取图 14.2.10 所示的模型表面为草图平面，绘制图 14.2.11 所示的截面草图。

图 14.2.10　加强筋特征 1　　　　图 14.2.11　截面草图

（3）定义加强筋属性。在"加强筋"命令条中单击"侧步骤"按钮 ，定义冲压方向如图 14.2.12 所示，单击鼠标左键；单击 按钮，在 横截面 区域中选中 ⊙ 圆形(C) 单选项，在 高度(E): 文本框中输入值 0.3，在 半径(R): 文本框中输入值 0.8；在 倒圆 区域中取消选中 □ 包括倒圆(I) 复选框；在 端点条件 区域中选中 ⊙ 成形的(F) 单选项；单击 确定 按钮。

（4）单击 完成 按钮，完成特征的创建。

Step7. 创建图 14.2.13 所示的法向除料特征 1。

图 14.2.12　定义冲压方向　　　　图 14.2.13　法向除料特征 1

（1）选择命令。在 主页 功能选项卡 钣金 工具栏中单击 打孔 按钮，选择 法向除料 命令。

（2）定义特征的截面草图。

① 选取草图平面。在系统 单击平的面或参考平面 的提示下，选取图 14.2.13 所示的模型表面为草图平面。

② 绘制图 14.2.14 所示的截面草图。

③ 单击"主页"功能选项卡中的"关闭草图"按钮 ，退出草绘环境。

（3）定义除料特征属性。在"法向除料"命令条中单击"厚度剪切"按钮 和"全部穿透"按钮 ，并将移除方向调整至图 14.2.15 所示的方向。

（4）单击命令条中的 完成 按钮，完成特征的创建。

图 14.2.14　截面草图

图 14.2.15　定义除料方向

Step8. 创建图 14.2.16 所示的弯边特征 2。

（1）选择命令。单击 主页 功能选项卡 钣金 工具栏中的"弯边"按钮 。

（2）定义附着边。选取图 14.2.17 所示的模型边线为附着边。

（3）定义弯边类型。在"弯边"命令条中单击"完全宽度"按钮 ；在 距离 文本框中输入值 4，在 角度 文本框中输入值 90，单击"外部尺寸标注"按钮 和"外侧折弯"按钮 ；调整弯边侧方向向上，如图 14.2.16 所示。

（4）定义弯边尺寸。单击"轮廓步骤"按钮 ，编辑草图尺寸如图 14.2.18 所示，单击 按钮，退出草绘环境。

（5）定义折弯半径及止裂槽参数。单击"弯边选项"按钮 ，取消选中 使用默认值* 复选框，在 折弯半径(B) 文本框中输入数值 0.2，其他选项采用系统默认设置，单击 确定 按钮。

（6）单击 完成 按钮，完成特征的创建。

图 14.2.16　弯边特征 2　　　图 14.2.17　定义附着边

图 14.2.18　截面草图

Step9. 创建图 14.2.19b 所示的阵列特征 1。

图 14.2.19　阵列特征 1

（1）选取要阵列的特征。选取 Step7 和 Step8 所创建的特征为要阵列的特征。

（2）选择命令。单击 主页 功能选项卡 阵列 工具栏中的 阵列 按钮。

（3）定义要阵列草图平面。选取图 14.2.19 所示的模型表面为阵列草图平面。

（4）绘制矩形阵列轮廓。单击 特征 区域中的 按钮，绘制图 14.2.20 所示的矩形。

图 14.2.20　绘制矩形阵列轮廓

① 定义阵列类型。在"阵列"命令条的 翻转 下拉列表中选择 固定 选项。

② 定义阵列参数。在"阵列"命令条的 X: 文本框中输入阵列个数为 4，输入间距值为 24。在"阵列"命令条的 Y: 文本框中输入阵列个数为 1，单击右键确定。

③ 单击 ✓ 按钮，退出草绘环境。

（5）单击 完成 按钮，完成特征的创建。

Step10. 创建图 14.2.21 所示的折弯特征 1。

（1）选择命令。单击 主页 功能选项卡 钣金 工具栏中的 ✛折弯 按钮。

（2）绘制折弯线。选取图 14.2.21 所示的模型表面为草图平面，绘制图 14.2.22 所示的折弯线。

图 14.2.21　折弯特征 1　　　　　　　　　　图 14.2.22　绘制折弯线

（3）定义折弯属性及参数。在"折弯"命令条中单击"折弯位置"按钮 ⊞ ，在 折弯半径: 文本框中输入值 0.2，在 角度: 文本框中输入值 120；单击"从轮廓起"按钮 ⊟ ，并定义折弯的位置如图 14.2.23 所示的位置后单击；单击"移动侧"按钮 ⬚ ，并将方向调整至图 14.2.24 所示的方向；单击"折弯方向"按钮 ⊬ ，并将方向调整至图 14.2.25 所示的方向。

（4）单击 完成 按钮，完成特征的创建。

图 14.2.23　定义折弯位置　　　图 14.2.24　定义移动侧方向　　　图 14.2.25　定义折弯方向

Step11. 创建图 14.2.26 所示的折弯特征 2。

（1）选择命令。单击 主页 功能选项卡 钣金 工具栏中的 ✛折弯 按钮。

（2）绘制折弯线。选取图 14.2.27 所示的模型表面为草图平面，绘制图 14.2.28 所示的折弯线。

图 14.2.26　折弯特征 2　　　　　　　　图 14.2.27　定义草图平面

（3）定义折弯属性及参数。在"折弯"命令条中单击"折弯位置"按钮 ，在 折弯半径: 文本框中输入值 1.0，在 角度: 文本框中输入值 120；单击"从轮廓起"按钮 ，并定义折弯的位置如图 14.2.29 所示的位置后单击；单击"移动侧"按钮 ，并将方向调整至图 14.2.30 所示的方向；单击"折弯方向"按钮 ，并将方向调整至图 14.2.31 所示的方向。

（4）单击 完成 按钮，完成特征的创建。

图 14.2.28　绘制折弯线　　　　　　图 14.2.29　定义折弯位置

图 14.2.30　定义移动侧方向　　　　　图 14.2.31　定义折弯方向

Step12. 创建图 14.2.32 所示的法向除料特征 5。

（1）选择命令。在 主页 功能选项卡 钣金 工具栏中单击 打孔 按钮，选择 法向除料 命令。

（2）定义特征的截面草图。

① 选取草图平面。在系统 单击平的面或参考平面。 的提示下，选取图 14.2.32 所示的模型表面为草图平面。

② 绘制图 14.2.33 所示的截面草图。

图 14.2.32　法向除料特征 5　　　　　　图 14.2.33　截面草图

③ 单击"主页"功能选项卡中的"关闭草图"按钮 ，退出草绘环境。

（3）定义法向除料特征属性。在"法向除料"命令条中单击"厚度剪切"按钮 和"全部穿透"按钮 ，并将移除方向调整至图 14.2.34 所示的方向。

（4）单击 完成 按钮，完成特征的创建。

Step13. 创建图 14.2.35 所示的法向除料特征 6。

（1）选择命令。在 主页 功能选项卡 钣金 工具栏中单击 打孔 按钮，选择 法向除料 命令。

（2）定义特征的截面草图。

① 选取草图平面。在系统 单击平的面或参考平面。 的提示下，选取图 14.2.35 所示的模型表面为草图平面。

② 绘制图 14.2.36 所示的截面草图。

③ 单击"主页"功能选项卡中的"关闭草图"按钮 ，退出草绘环境。

（3）定义法向除料特征属性。在"法向除料"命令条中单击"厚度剪切"按钮 和"全部穿透"按钮 ，并将移除方向调整至图 14.2.37 所示的方向。

（4）单击 完成 按钮，完成特征的创建。

图 14.2.34　定义移除方向

图 14.2.35　法向除料特征 6

模型表面为草图平面

图 14.2.36　截面草图

图 14.2.37　定义移除方向

Step14. 创建图 14.2.38 所示的法向除料特征 7。

（1）选择命令。在 主页 功能选项卡 钣金 工具栏中单击 打孔 按钮，选择 法向除料 命令。

（2）定义特征的截面草图。

① 选取草图平面。在系统 单击平的面或参考平面。 的提示下，选取图 14.2.38 所示的模型表面为草图平面。

② 绘制图 14.2.39 所示的截面草图。

图 14.2.38   法向除料特征 7

图 14.2.39   截面草图

③ 单击"主页"功能选项卡中的"关闭草图"按钮 ，退出草绘环境。

（3）定义法向除料特征属性。在"法向除料"命令条中单击"厚度剪切"按钮 和"全部穿透"按钮 ，并将移除方向调整至图 14.2.40 所示的方向。

图 14.2.40   定义移除方向

（4）单击 完成 按钮，完成特征的创建。

Step15. 保存钣金件模型文件，命名为 FILE_CLAMP_01。

14.3   钣 金 件 2

钣金件模型及模型树如图 14.3.1 所示。

图 14.3.1   钣金件模型及模型树

Step1. 新建文件。选择下拉菜单 ➡ 新建(N) ➡ GB 钣金 使用默认模板创建新的钣金文档 命令。

Step2. 切换至零件环境 。 选择下拉菜单 ➡ 切换到 ➡ 零件 在钣金环境与零件环境之间切换模型 命令，进入零件环境。

Step3. 创建图 14.3.2 所示的拉伸特征 1。

（1）选择命令。单击 主页 功能选项卡 实体 区域中的"拉伸"按钮 。

（2）定义特征的截面草图。

① 选取草图平面。在系统 的提示下，选取前视图（XZ）平面作为草图平面。

② 绘制图 14.3.3 所示的截面草图。

③ 单击"主页"功能选项卡中的"关闭草图"按钮 ✓，退出草绘环境。

（3）定义拉伸属性。在命令条单击 🔧 按钮定义拉伸深度，在 **距离:** 文本框中输入值 65，并按 Enter 键，单击"对称延伸"按钮 🔧，

（4）单击 **完成** 按钮，完成特征的创建。

图 14.3.2　拉伸特征 1

图 14.3.3　截面草图

Step4. 创建图 14.3.4b 所示的倒圆角特征 1。

（1）选择命令。单击 **主页** 功能选项卡 **实体** 区域中的"倒圆"按钮 🔵。

（2）定义圆角对象。选取图 14.3.4a 所示的两条边线为要圆角的对象。

（3）定义圆角参数。在"倒圆"命令条的 **半径:** 文本框中输入值 1.0，并按 Enter 键，单击鼠标右键。

（4）单击命令条中的 **完成** 按钮，完成特征的创建。

a）倒圆角前

选取这两条边线

b）倒圆角后

图 14.3.4　倒圆角特征 1

Step5. 创建图 14.3.5b 所示的倒圆角特征 2。

（1）选择命令。单击 **主页** 功能选项卡 **实体** 区域中的"倒圆"按钮 🔵。

（2）定义圆角对象。选取图 14.3.5a 所示的两条边线为要圆角的对象。

（3）定义圆角参数。在"倒圆"命令条的 **半径:** 文本框中输入值 1.5，并按 Enter 键，单击鼠标右键。

（4）单击命令条中的 **完成** 按钮，完成特征的创建。

a）倒圆角前

选取此两条边线

b）倒圆角后

图 14.3.5　倒圆角特征 2

Step6. 创建图 14.3.6 所示的除料特征 1。

图 14.3.6　除料特征 1

（1）选择命令。单击 主页 功能选项卡 实体 区域中的"除料"按钮 。

（2）定义特征的截面草图。

① 选取草图平面。在系统 单击平的面或参考平面。 的提示下，选取右视图（YZ）平面为草图平面。

② 绘制图 14.3.7 所示的截面草图。

图 14.3.7　截面草图

（3）定义除料特征属性。在"除料"命令条中单击 按钮定义拉伸深度，在该命令条中单击"穿透下一个"按钮 ，并定义除料方向如图 14.3.8 所示。

（4）单击 完成 按钮，完成特征的创建。

图 14.3.8　定义除料方向

Step7. 创建图 14.3.9b 所示的薄壁特征 1。

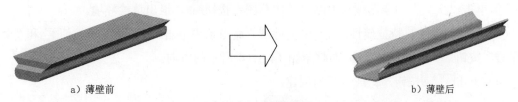

a）薄壁前　　　　　　　　　　　　　　　　　　b）薄壁后

图 14.3.9　薄壁特征 1

（1）选择命令。单击 主页 功能选项卡 实体 区域中的 薄壁 按钮。

（2）定义薄壁厚度。在"薄壁"命令条中的 同一厚度： 文本框中输入值 0.5，并按 Enter 键。

（3）定义移除面。在系统提示下，选取图 14.3.10 所示的七个模型表面为壳体的移除面，单击鼠标右键。

（4）在命令条中单击 预览 按钮显示其结果，并单击 完成 按钮，完成特征的创建。

Step8. 切换至钣金环境。选择下拉菜单 ➡ 切换到 ➡ GB 钣金 使用默认模板创建新的钣金文档 命令，进入钣金环境。

Step9. 将实体转换为钣金。

（1）选择命令。选择下拉菜单 ➡ 变换为钣金 命令。

（2）定义基本面。选取图 14.3.11 所示的模型表面为基本面。

（3）单击 完成 按钮，完成特征的创建。

图 14.3.10　定义移除面　　　　　　图 14.3.11　定义转换的基本面

Step10. 创建图 14.3.12 所示的法向除料特征 1。

（1）选择命令。在 主页 功能选项卡 钣金 工具栏中单击 打孔 按钮，选择 法向除料 命令。

（2）定义特征的截面草图。

① 选取草图平面。在系统 单击平的面或参考平面 的提示下，选取右视图（YZ）平面为草图平面。

② 绘制图 14.3.13 所示的截面草图。

图 14.3.12　法向除料特征 1　　　　　图 14.3.13　截面草图

③ 单击"主页"功能选项卡中的"关闭草图"按钮 ，退出草绘环境。

（3）定义法向除料特征属性。在"法向除料"命令条中单击"厚度剪切"按钮 和"全部穿透"按钮 ，并将移除方向调整至图 14.3.14 所示的方向。

（4）单击 完成 按钮，完成特征的创建。

Step11. 创建图 14.3.15 所示的法向除料特征 2。

（1）选择命令。在 主页 功能选项卡 钣金 工具栏中单击 打孔 按钮，选择 法向除料 命令。

（2）定义特征的截面草图。

图 14.3.14 定义移除方向

图 14.3.15 法向除料特征 2

① 选取草图平面。在系统 的提示下，选取右视图（YZ）平面为草图平面。

② 绘制图 14.3.16 所示的截面草图。

图 14.3.16 截面草图

③ 单击"主页"功能选项卡中的"关闭草图"按钮 ，退出草绘环境。

（3）定义法向除料特征属性。在"法向除料"命令条中单击"厚度剪切"按钮 和"全部穿透"按钮 ，并将移除方向调整至图 14.3.17 所示的方向。

（4）单击 按钮，完成特征的创建。

图 14.3.17 定义移除方向

Step12. 创建倒角特征 1。

（1）选择命令。单击 主页 功能选项卡 钣金 工具栏中的 倒角 按钮。

（2）定义倒角边线。选取图 14.3.18 所示的四条边线为倒角的边线。

（3）定义倒角属性。在"倒角"命令条中单击 按钮，在 折线: 文本框中输入值 1，单击鼠标右键。

（4）单击 按钮，完成特征的创建。

Step13. 创建倒角特征 2。选取图 14.3.19 所示的八条边线为倒角的边线；圆角半径值为 0.5。

图 14.3.18 选取倒角的边线　　　图 14.3.19 选取倒角的边线

Step14. 保存钣金件模型文件，将其命名为 FILE_CLAMP_02。

14.4 钣 金 件 3

钣金件模型及模型树如图 14.4.1 所示。

图 14.4.1 钣金件模型及模型树

Step1. 新建文件。选择下拉菜单 ➡ 新建(N) ➡ GB 钣金 使用默认模板创建新的板金文档 命令。

Step2. 创建图 14.4.2 所示的平板特征 2。

（1）选择命令。单击 主页 功能选项卡 钣金 工具栏中的"平板"按钮 。

（2）定义特征的截面草图。

① 选取草图平面。在系统 单击平的面或参考平面。 的提示下，选取俯视图（XY）平面作为草图平面。

② 绘制图 14.4.3 所示的截面草图。

图 14.4.2 拉伸特征 1　　　　　　　图 14.4.3 截面草图

③ 单击"主页"选项卡中的"关闭草图"按钮 ，退出草绘环境。

（3）定义材料厚度及方向。在"平板"命令条中单击"厚度步骤"按钮 定义材料厚度，在 厚度: 文本框中输入值 0.3，并将材料加厚方向调整至图 14.4.4 所示的方向。

（4）单击命令条中的 完成 按钮，完成特征的创建。

图 14.4.4　定义材料方向

Step3. 创建图 14.4.5b 所示的倒角特征 1。

（1）选择命令。单击 主页 功能选项卡 钣金 工具栏中的 倒角 按钮。

（2）定义倒角边线。选取图 14.4.5a 所示的四条边线为倒角的边线。

（3）定义倒角属性。在"倒角"命令条中单击 按钮，在 折线: 文本框中输入值 1.5，单击鼠标右键。

（4）单击 完成 按钮，完成特征的创建。

选取此四条边线　放大图　放大图

a）倒角前　b）倒角后

图 14.4.5　倒角特征 1

Step4. 创建图 14.4.6 所示的弯边特征 1。

（1）选择命令。单击 主页 功能选项卡 钣金 工具栏中的"弯边"按钮。

（2）定义附着边。选取图 14.4.7 所示的模型边线为附着边。

图 14.4.6　弯边特征 2　　放大图　选取此边线为附着边　图 14.4.7　定义附着边

（3）定义弯边类型。在"弯边"命令条中单击"完全宽度"按钮 ；在 距离: 文本框中输入值 2，在 角度: 文本框中输入值 90，单击"外部尺寸标注"按钮 和"外侧折弯"按钮 ；调整弯边侧方向向上，如图 14.4.6 所示。

（4）定义弯边属性及参数。单击"弯边选项"按钮 ，取消选中 使用默认值* 复选框，

在 折弯半径(B): 文本框中输入 0.2，单击 确定 按钮。

（5）单击 完成 按钮，完成特征的创建。

Step5. 创建图 14.4.8 所示的轮廓弯边特征 1。

（1）选择命令。单击 主页 功能选项卡 钣金 工具栏中的"轮廓弯边"按钮 。

（2）定义特征的截面草图。在系统的提示下，选取图 14.4.9 所示的模型边线为路径，在"轮廓弯边"命令条中的 位置: 文本框中输入值 0，并按 Enter 键，绘制图 14.4.10 所示的截面草图。

图 14.4.8　轮廓弯边特征 1　　　　图 14.4.9　定义附着边

图 14.4.10　截面草图

（3）定义轮廓弯边的延伸量及方向。在"轮廓弯边"命令条中单击"延伸步骤"按钮 ；并单击"链"按钮 ，在 选择: 下拉列表中选择 边 选项，定义轮廓弯边沿着图 14.4.11 所示的一系列边进行延伸，单击鼠标右键。

（4）单击 完成 按钮，完成特征的创建。

图 14.4.11　定义延伸对象

Step6. 创建图 14.4.12 所示的平板特征 3。

（1）选择命令。单击 主页 功能选项卡 钣金 工具栏中的"平板"按钮 。

（2）定义特征的截面草图。

① 选取草图平面。在系统 单击平的面或参考平面。 的提示下，选取图 14.4.12 所示的模型表面为草图平面。

② 绘制图 14.4.13 所示的截面草图。

图 14.4.12　平板特征 3

图 14.4.13　截面草图

③ 单击"主页"功能选项卡中的"关闭草图"按钮，退出草绘环境。

（3）单击命令条中的 完成 按钮，完成特征的创建。

Step7. 创建图 14.4.14 所示的法向除料特征 1。

（1）选择命令。在 主页 功能选项卡 钣金 工具栏中单击 打孔 按钮，选择 法向除料 命令。

（2）定义特征的截面草图。

① 选取草图平面。在系统 单击平的面或参考平面。 的提示下，选取图 14.4.14 所示的模型表面为草图平面。

② 绘制图 14.4.15 所示的截面草图。

图 14.4.14　法向除料特征 1　　　　　　　　图 14.4.15　截面草图

③ 单击"主页"功能选项卡中的"关闭草图"按钮，退出草绘环境。

（3）定义法向除料特征属性。在"法向除料"命令条中单击"厚度剪切"按钮 和"全部穿透"按钮，并将移除方向调整至图 14.4.16 所示的方向。

（4）单击 完成 按钮，完成特征的创建。

Step8. 创建图 14.4.17 所示的法向除料特征 2。

（1）选择命令。在 主页 功能选项卡 钣金 工具栏中单击 打孔 按钮，选择 ▢ 法向除料 命令。

图 14.4.16　定义移除方向　　　　图 14.4.17　法向除料特征 2

（2）定义特征的截面草图。

① 选取草图平面。在系统 单击平的面或参考平面。 的提示下，选取图 14.4.17 所示的模型表面为草图平面。

② 绘制图 14.4.18 所示的截面草图。

图 14.4.18　截面草图

③ 单击"主页"功能选项卡中的"关闭草图"按钮 ✓，退出草绘环境。

（3）定义法向除料特征属性。在"法向除料"命令条中单击"厚度剪切"按钮 ✑ 和"穿透下一个"按钮 ▤，并将移除方向调整至图 14.4.19 所示的方向。

（4）单击 完成 按钮，完成特征的创建。

Step9. 创建图 14.4.20 所示的折弯特征 1。

图 14.4.19　定义移除方向　　　　图 14.4.20　折弯特征 1

（1）选择命令。单击 主页 功能选项卡 钣金 工具栏中的 折弯 按钮。

（2）绘制折弯线。选取图 14.4.21 所示的模型表面为草图平面，绘制图 14.4.22 所示的折弯线。

（3）定义折弯属性及参数。在"折弯"命令条中单击"折弯位置"按钮 ⊞，在 折弯半径 文本框中输入值 0.2，在 角度 文本框中输入值 50；单击"从轮廓起"按钮 ▢，并定义折弯的位置如图 14.4.23 所示的位置后单击；单击"移动侧"按钮 ⧊，并将方向调整至图 14.4.24 所示的方向；单击"折弯方向"按钮 ⊣⊢，并将方向调整至图 14.4.25 所示的方向。

图 14.4.21　定义草图平面　　　　　　　图 14.4.22　绘制折弯线

（4）单击 完成 按钮，完成特征的创建。

图 14.4.23　定义折弯位置　　　　　　　图 14.4.24　定义移动侧方向

图 14.4.25　定义折弯方向

Step10. 创建图 14.4.26 所示的凹坑特征 1.

（1）选择命令。单击 主页 功能选项卡 钣金 工具栏中的"凹坑"按钮 ▣。

（2）绘制截面草图。选取图 14.4.27 所示的模型表面为草图平面，绘制图 14.4.28 所示的截面草图。

图 14.4.26　凹坑特征 1　　　　　　　　图 14.4.27　定义草图平面

图 14.4.28　截面草图

（3）定义凹坑属性。在"凹坑"命令条中单击 按钮，单击"偏置尺寸"按钮，在 `距离:` 文本框中输入值 0.5，单击 按钮，在 `拔模角(T):` 文本框中输入值 15，在 `倒圆` 区域中选中 `☑ 包括倒圆(I)` 复选框，在 `凸模半径` 文本框中输入值 0.5；在 `凹模半径` 文本框中输入值 0.2；并选中 `☑ 包含凸模侧拐角半径(A)` 复选框，在 `半径(R):` 文本框中输入值 1.0，单击 `确定` 按钮；定义其冲压方向向下，如图 14.4.26 所示，单击"轮廓代表凸模"按钮。

（4）单击命令条中的 `完成` 按钮，完成特征的创建。

Step11. 创建图 14.4.29 所示的凹坑特征 2。

（1）选择命令。单击 `主页` 功能选项卡 `钣金` 工具栏中的"凹坑"按钮。

（2）绘制截面草图。选取图 14.4.30 所示的模型表面为草图平面，绘制图 14.4.31 所示的截面草图。

图 14.4.29　凹坑特征 2　　　　　　　　　图 14.4.30　　定义草图平面

图 14.4.31　截面草图

（3）定义凹坑属性。在"凹坑"命令条中单击 按钮，单击"偏置尺寸"按钮，在 `距离:` 文本框中输入值 1.2，单击 按钮，在 `拔模角(T):` 文本框中输入值 30，在 `倒圆` 区域中选中 `☑ 包括倒圆(I)` 复选框，在 `凸模半径` 文本框中输入值 1.0；在 `凹模半径` 文本框中输入值 0.2；并取消选中 `☐ 包含凸模侧拐角半径(A)` 复选框，单击 `确定` 按钮；定义其冲压方向朝模型外部，如图 14.4.29 所示，单击"轮廓代表凸模"按钮。

（4）单击命令条中的 `完成` 按钮，完成特征的创建。

Step12. 创建图 14.4.32 所示的除料特征 1。

（1）选择命令。在 `主页` 功能选项卡 `钣金` 工具栏中单击 `打孔` 按钮，选择 `除料` 命令。

图 14.4.32　除料特征 1

（2）定义特征的截面草图。

① 选取草图平面。在系统 单击平的面或参考平面。 的提示下，选取图 14.4.32 所示的模型表面为草图平面。

② 绘制图 14.4.33 所示的截面草图。

③ 单击"主页"功能选项卡中的"关闭草图"按钮，退出草绘环境。

（3）定义除料特征属性。在"除料"命令条中单击"穿透下一个"按钮，并定义除料方向如图 14.4.34 所示。

图 14.4.33　截面草图

图 14.4.34　定义除料方向

（4）单击命令条中的 完成 按钮，完成特征的创建。

Step13. 保存钣金件模型文件，并命名为 FILE_CLAMP_03。

实例 15　老鼠夹组件

15.1　实 例 概 述

本实例是生活中较为常见的一个钣金件——老鼠夹，其设计过程是通过在一个基础钣金"平板"特征上添加"法向除料"、"弯边"、"折弯"和"倒角"等特征以创建到所需要的形状。在设计过程中合理安排特征的秩序是一个关键点，否则创建不出所需要的形状。

15.2　钣 金 件 1

钣金件模型及模型树如图 15.2.1 所示。

图 15.2.1　钣金件模型及模型树

Step1. 新建文件。选择下拉菜单 ![icon] ➡ ![新建(N)] ➡ ![GB 钣金 使用默认模板创建新的钣金文档] 命令。

Step2. 创建图 15.2.2 所示的平板特征 1。

（1）选择命令。单击 主页 功能选项卡 钣金 工具栏中的"平板"按钮 ![icon]。

（2）定义特征的截面草图。

① 选取草图平面。在系统 单击平的面或参考平面。 的提示下，选取俯视图（XY）平面作为草图平面。

② 绘制图 15.2.3 所示的截面草图。

图 15.2.2　平板特征 1

图 15.2.3　截面草图

（3）定义材料厚度及方向。在"平板"命令条中单击"厚度步骤"按钮 定义材料厚度，在 厚度: 文本框中输入值 0.2，并将材料加厚方向调整至图 15.2.4 所示的方向后单击。

（4）单击命令条中的 完成 按钮，完成特征的创建。

Step3. 创建图 15.2.5 所示的法向除料特征 1。

图 15.2.4　定义材料方向　　　　　　　　图 15.2.5　法向除料特征 1

（1）选择命令。在 主页 功能选项卡 钣金 工具栏中单击 打孔 按钮，选择 法向除料 命令。

（2）定义特征的截面草图。

① 选取草图平面。在系统 单击平的面或参考平面。 的提示下，选取俯视图（XY）平面作为草图平面。

② 绘制图 15.2.6 所示的截面草图。

（3）定义法向除料特征属性。在"法向除料"命令条中单击"厚度剪切"按钮 和"全部穿透"按钮 ，并将移除方向调整至图 15.2.7 所示的方向。

（4）单击 完成 按钮，完成特征的创建。

图 15.2.6　截面草图　　　　　　　　图 15.2.7　定义移除方向

Step4. 创建图 15.2.8 所示的法向除料特征 2。

（1）选择命令。在 主页 功能选项卡 钣金 工具栏中单击 打孔 按钮，选择 法向除料 命令。

（2）定义特征的截面草图。

① 选取草图平面。在系统 单击平的面或参考平面。 的提示下，选取俯视图（XY）平面作为草图平面。

② 绘制图 15.2.9 所示的截面草图。

（3）定义法向除料特征属性。在"法向除料"命令条中单击"厚度剪切"按钮 和"全部穿透"按钮 ，并将移除方向调整至图 15.2.10 所示的方向。

（4）单击 完成 按钮，完成特征的创建。

图 15.2.8　法向除料特征 2

图 15.2.9　截面草图

Step5. 创建图 15.2.11 所示的法向除料特征 3。

图 15.2.10　定义移除方向

图 15.2.11　法向除料特征 3

（1）选择命令。在 主页 功能选项卡 钣金 工具栏中单击 打孔 · 按钮，选择 ▣ 法向除料 命令。

（2）定义特征的截面草图。

① 选取草图平面。在系统 单击平的面或参考平面· 的提示下，选取俯视图（XY）平面作为草图平面。

② 绘制图 15.2.12 所示的截面草图。

（3）定义法向除料特征属性。在"法向除料"命令条中单击"厚度剪切"按钮 ✍ 和"全部穿透"按钮 ▣，并将移除方向调整至图 15.2.13 所示的方向。

（4）单击 完成 按钮，完成特征的创建。

图 15.2.12　截面草图

图 15.2.13　定义移除方向

Step6. 创建图 15.2.14 所示的弯边特征 1。

（1）选择命令。单击 主页 功能选项卡 钣金 工具栏中的"弯边"按钮 ↑。

（2）定义附着边。选取图 15.2.15 所示的模型边线为附着边。

（3）定义弯边类型。在"弯边"命令条中单击"完全宽度"按钮 □；在 距离: 文本框中输入 8.5，在 角度: 文本框中输入值 168，单击"内部尺寸标注"按钮 ⬚ 和"外侧折弯"按钮 ▯，调整弯边侧方向向上并单击左键，如图 15.2.14 所示。

図 15.2.14　弯边特征 1　　　　　　　　図 15.2.15　定义附着边

（4）定义弯边尺寸。单击"轮廓步骤"按钮，编辑草图尺寸如图 15.2.16 所示，单击
按钮，退出草绘环境。

图 15.2.16　编辑草图

（5）定义折弯半径及止裂槽参数。单击"弯边选项"按钮，取消选中 □ 使用默认值* 复
选框，在 折弯半径 (B): 文本框中输入 0.1，单击 确定 按钮。

（6）单击 完成 按钮，完成特征的创建。

Step7. 创建图 15.2.17 所示的弯边特征 2。

（1）选择命令。单击 主页 功能选项卡 钣金 工具栏中的"弯边"按钮 。

（2）定义附着边。选取图 15.2.18 所示的模型边线为附着边。

图 15.2.17　弯边特征 2　　　　　　　　図 15.2.18　定义附着边

（3）定义弯边类型。在"弯边"命令条中单击"完全宽度"按钮 □；在 距离: 文本框中
输入值 6，在 角度: 文本框中输入值 90，单击"外部尺寸标注"按钮 和"外侧折弯"按钮
，调整弯边侧方向向上并单击左键，如图 15.2.17 所示。

（4）定义弯边尺寸。单击"轮廓步骤"按钮，编辑草图尺寸如图 15.2.19 所示，单击
按钮，退出草绘环境。

（5）定义折弯半径及止裂槽参数。单击"弯边选项"按钮，取消选中 □ 使用默认值* 复
选框，在 折弯半径 (B): 文本框中输入 0.1，单击 确定 按钮。

（6）单击 完成 按钮，完成特征的创建。

图 15.2.19　编辑草图

Step8. 创建图 15.2.20 所示的法向除料特征 4。

（1）选择命令。在 主页 功能选项卡 钣金 工具栏中单击 打孔 ▾ 按钮，选择 🖾 法向除料 命令。

（2）定义特征的截面草图。

① 选取草图平面。在系统 单击平的面或参考平面。 的提示下，选取图 15.2.21 所示的模型表面为草图平面。

图 15.2.20　法向除料特征 4

图 15.2.21　定义草图平面

② 绘制图 15.2.22 所示的截面草图。

③ 单击"主页"功能选项卡中的"关闭草图"按钮 ✅ ，退出草绘环境。

（3）定义法向除料特征属性。在"法向除料"命令条中单击"厚度剪切"按钮 ✒ 和"全部穿透"按钮 ▣ ，并将移除方向调整至图 15.2.23 所示的方向。

（4）单击 完成 按钮，完成特征的创建。

图 15.2.22　截面草图

图 15.2.23　定义移除方向

Step9. 创建图 15.2.24b 所示的倒角特征 1。

（1）选择命令。单击 主页 功能选项卡 钣金 工具栏中的 ▭ 倒角 按钮。

（2）定义倒角边线。选取图 15.2.24a 所示的四条边线为倒角的边线。

（3）定义倒角属性。在"倒角"命令条中单击 ⬚ 按钮，在 折线 ▾ 文本框中输入值 1.5，单击鼠标右键。

（4）单击 完成 按钮，完成特征的创建。

图 15.2.24　倒角特征 1

Step10. 创建图 15.2.25b 所示的倒角特征 2。

（1）选择命令。单击 主页 功能选项卡 钣金 工具栏中的 倒角 按钮。

（2）定义倒角边线。选取图 15.2.25a 所示的两条边线为倒角的边线。

（3）定义倒角属性。在"倒角"命令条中单击 按钮，在 折线 文本框中输入值 3.0，单击鼠标右键。

（4）单击 完成 按钮，完成特征的创建。

图 15.2.25　倒角特征 2

Step11. 创建图 15.2.26b 所示的倒角特征 3。

（1）选择命令。单击 主页 功能选项卡 钣金 工具栏中的 倒角 按钮。

（2）定义倒角边线。选取图 15.2.26a 所示的三条边线为倒角的边线。

（3）定义倒角属性。在"倒角"命令条中单击 按钮，在 折线 文本框中输入值 1.0，单击鼠标右键。

（4）单击 完成 按钮，完成特征的创建。

图 15.2.26　倒角特征 3

Step12. 创建图 15.2.27b 所示的倒角特征 4。

（1）选择命令。单击 主页 功能选项卡 钣金 工具栏中的 倒角 按钮。

（2）定义倒角边线。选取图 15.2.27a 所示的三条边线为倒角的边线。

图 15.2.27　倒角特征 4

（3）定义倒角属性。在"倒角"命令条中单击 [☐] 按钮，在 ^{折线:} 文本框中输入值 1.0，单击鼠标右键。

（4）单击 完成 按钮，完成特征的创建。

Step13. 保存钣金件模型文件，并命名为 rattrap_01。

15.3　钣金件 2

钣金件模型及模型树如图 15.3.1 所示。

图 15.3.1　钣金件模型及模型树

Step1. 新建文件。选择下拉菜单 ➡ 新建(N) ➡ 使用默认模板创建新的钣金文档 命令。

Step2. 创建图 15.3.2 所示的平板特征 2。

（1）选择命令。单击 主页 功能选项卡 钣金 工具栏中的"平板"按钮 。

（2）定义特征的截面草图。

① 选取草图平面。在系统 单击平的面或参考平面。 的提示下，选取俯视图（XY）平面作为草图平面。

② 绘制图 15.3.3 所示的截面草图。

图 15.3.2　平板特征 2

图 15.3.3　截面草图

（3）定义材料厚度及方向。在"平板"命令条中单击"厚度步骤"按钮 定义材料厚度，在 厚度: 文本框中输入值 0.2，并将材料加厚方向调整至图 15.3.4 所示的方向后单击。

（4）单击命令条中的 完成 按钮，完成特征的创建。

Step3. 创建图 15.3.5 所示的法向除料特征 1。

图 15.3.4　定义材料方向　　　　　　　　图 15.3.5　法向除料特征 1

（1）选择命令。在 主页 功能选项卡 钣金 工具栏中单击 打孔 按钮，选择 法向除料 命令。

（2）定义特征的截面草图。

① 选取草图平面。在系统 单击平的面或参考平面。 的提示下，选取俯视图（XY）平面作为草图平面。

② 绘制图 15.3.6 所示的截面草图。

（3）定义法向除料特征属性。在"法向除料"命令条中单击"厚度剪切"按钮 和"全部穿透"按钮 ，并将移除方向调整至图 15.3.7 所示的方向。

（4）单击 完成 按钮，完成特征的创建。

图 15.3.6　截面草图

图 15.3.7　定义移除方向

Step4. 创建图 15.3.8 所示的阵列特征 1。

（1）选取要阵列的特征。选取 Step3 所创建的法向除料特征 1 为阵列特征。

（2）选择命令。单击 主页 功能选项卡 阵列 工具栏中的 阵列 按钮。

（3）定义要阵列草图平面。选取俯视图（XY）平面为阵列草图平面。

（4）绘制矩形阵列轮廓。单击 特征 区域中的 按钮，绘制图 15.3.9 所示的矩形。

① 定义阵列类型。在"阵列"命令条的 翻转 下拉列表中选择 固定 选项。

② 定义阵列参数。在"阵列"命令条的 X: 文本框中输入阵列个数为 1；在"阵列"命令条的 Y: 文本框中输入阵列个数为 19，输入间距值为 5，单击右键确定。

③ 定义参考点。在"阵列"命令条中单击"参考点"按钮 ，选取图 15.3.9 所示的实例（中央处第 10 个）为参考点。

④ 单击 按钮，退出草绘环境。

（5）单击 完成 按钮，完成特征的创建。

图 15.3.8　阵列特征 1　　　　　　　　　图 15.3.9　绘制矩形阵列轮廓

Step5. 创建图 15.3.10 所示的法向除料特征 20。

（1）选择命令。在 主页 功能选项卡 钣金 工具栏中单击 打孔 按钮，选择 法向除料 命令。

（2）定义特征的截面草图。

① 选取草图平面。在系统 单击平的面或参考平面。 的提示下，选取俯视图（XY）平面作为草图平面。

② 绘制图 15.3.11 所示的截面草图。

（3）定义法向除料特征属性。在"法向除料"命令条中单击"厚度剪切"按钮 和"全部穿透"按钮 ，并将移除方向调整至图 15.3.12 所示的方向。

（4）单击 完成 按钮，完成特征的创建。

图 15.3.10　法向除料特征 20　　　　　　图 15.3.11　截面草图

Step6. 创建图 15.3.12 所示的折弯特征 1。

（1）选择命令。单击 主页 功能选项卡 钣金 工具栏中的 折弯 按钮。

（2）绘制折弯线。选取图 15.3.12 所示的模型表面草图平面，绘制图 15.3.13 所示的折弯线。

图 15.3.12　折弯特征 1　　　　　　　　图 15.3.13　绘制折弯线

（3）定义折弯属性及参数。在"折弯"命令条中单击"折弯位置"按钮 □，在 折弯半径:
文本框中输入值 0.1，在 角度: 文本框中输入值 90；单击"从轮廓起"按钮 □，并定义折弯
的位置如图 15.3.14 所示的位置后单击；单击"移动侧"按钮 □，并将方向调整至图 15.3.15
所示的方向；单击"折弯方向"按钮 □，并将方向调整至图 15.3.16 所示的方向。

（4）单击 完成 按钮，完成特征的创建。

图 15.3.14　定义折弯位置　　　图 15.3.15　定义移动侧方向　　　图 15.3.16　定义折弯方向

Step7. 创建图 15.3.17 所示的弯边特征 1。

（1）选择命令。单击 主页 功能选项卡 钣金 工具栏中的"弯边"按钮 □。

（2）定义附着边。选取图 15.3.18 所示的模型边线为附着边。

图 15.3.17　弯边特征 1　　　　　　　图 15.3.18　定义附着边

（3）定义弯边类型。在"弯边"命令条中单击"从两端"按钮 □，在 距离: 文本框中输
入值 8，在 角度: 文本框中输入值 90，单击"内部尺寸标注"按钮 □ 和"外侧折弯"按钮 □；
调整弯边侧方向向上并单击左键，如图 15.3.17 所示。

（4）定义弯边尺寸。单击"轮廓步骤"按钮 □，编辑草图尺寸如图 15.3.19 所示，单击
□ 按钮，退出草绘环境。

（5）定义折弯半径及止裂槽参数。单击"弯边选项"按钮 □，取消选中 □ 使用默认值* 复
选框，在 折弯半径(R): 文本框中输入 0.1，单击 确定 按钮。

（6）单击 完成 按钮，完成特征的创建。

图 15.3.19　编辑草图

Step8. 创建图 15.3.20 所示的法向除料特征 21。

图 15.3.20　法向除料特征 21

（1）选择命令。在 主页 功能选项卡 钣金 工具栏中单击 打孔 ⌄ 按钮，选择 ▣ 法向除料 命令。

（2）定义特征的截面草图。

① 选取草图平面。在系统 单击平的面或参考平面。 的提示下，选取图 15.3.20 所示的模型表面为草图平面。

② 绘制图 15.3.21 所示的截面草图。

图 15.3.21　截面草图

③ 单击"主页"功能选项卡中的"关闭草图"按钮 ✔，退出草绘环境。

（3）定义法向除料特征属性。在"法向除料"命令条中单击"厚度剪切"按钮 ↗ 和"穿透下一个"按钮 ▣，并将移除方向调整至图 15.3.22 所示的方向。

（4）单击 完成 按钮，完成特征的创建。

Step9. 创建图 15.3.23 所示的阵列特征 2。

图 15.3.22　定义移除方向　　　　　　图 15.3.23　阵列特征 2

（1）选取要阵列的特征。选取 Step8 所创建的法向除料特征 21 为阵列特征。

（2）选择命令。单击 主页 功能选项卡 阵列 工具栏中的 阵列 按钮。

（3）定义要阵列草图平面。选取图 15.3.23 所示的模型表面为阵列草图平面。

（4）绘制矩形阵列轮廓。单击 特征 区域中的 按钮，绘制图 15.3.24 所示的矩形。

① 定义阵列类型。在"阵列"命令条的 翻转 下拉列表中选择 固定 选项。

② 定义阵列参数。在"阵列"命令条的 X: 文本框中输入阵列个数为 7，输入间距值为 5；在"阵列"命令条的 Y: 文本框中输入阵列个数为 1，单击右键确定。

③ 单击 按钮，退出草绘环境。

（5）单击 完成 按钮，完成特征的创建。

图 15.3.24　绘制矩形阵列轮廓

Step10. 创建图 15.3.25 所示的法向除料特征 28。

图 15.3.25　法向除料特征 28

（1）选择命令。在 主页 功能选项卡 钣金 工具栏中单击 打孔 按钮，选择 法向除料 命令。

（2）定义特征的截面草图。

① 选取草图平面。在系统 单击平的面或参考平面 的提示下，选取图 15.3.25 所示的模型表面为草图平面。

② 绘制图 15.3.26 所示的截面草图。

图 15.3.26　截面草图

③ 单击"主页"功能选项卡中的"关闭草图"按钮 ，退出草绘环境。

（3）定义法向除料特征属性。在"法向除料"命令条中单击"厚度剪切"按钮 和"穿透下一个"按钮 ，并将移除方向调整至图 15.3.27 所示的方向。

（4）单击 完成 按钮，完成特征的创建。

图 15.3.27 定义移除方向

Step11. 创建图 15.3.28 所示的镜像特征 1。

a）镜像前   b）镜像后

图 15.3.28 镜像特征 1

（1）选取要镜像的特征。选取 Step7 至 Step10 所创建的特征为镜像源。

（2）选择命令。单击 主页 功能选项卡 阵列 工具栏中的 镜像 按钮。

（3）定义镜像平面。选取前视图（XZ）平面为镜像平面。

（4）单击 完成 按钮，完成特征的创建。

Step12. 创建图 15.3.29 所示的法向除料特征 37。

（1）选择命令。在 主页 功能选项卡 钣金 工具栏中单击 打孔 按钮，选择 法向除料 命令。

（2）定义特征的截面草图。

① 选取草图平面。在系统 单击平的面或参考平面。 的提示下，选取俯视图（XY）平面作为草图平面。

② 绘制图 15.3.30 所示的截面草图。

图 15.3.29 法向除料特征 37

图 15.3.30 截面草图

（3）定义法向除料特征属性。在"法向除料"命令条中单击"厚度剪切"按钮 和"全部穿透"按钮 ，并将移除方向调整至图 15.3.31 所示的方向。

（4）单击 完成 按钮，完成特征的创建。

Step13. 创建图 15.3.32 所示的折弯特征 1。

图 15.3.31 定义移除方向

选取此表面为草图平面

图 15.3.32 折弯特征 2

（1）选择命令。单击 主页 功能选项卡 钣金 工具栏中的 折弯 按钮。

（2）绘制折弯线。选取图 15.3.32 所示的模型表面为草图平面，绘制图 15.3.33 所示的折弯线。

（3）定义折弯属性及参数。在"折弯"命令条中单击"折弯位置"按钮，在 折弯半径:文本框中输入值 0.1，在 角度: 文本框中输入值 90；单击"从轮廓起"按钮，并定义折弯的位置如图 15.3.34 所示的位置后单击；单击"移动侧"按钮，并将方向调整至图 15.3.35 所示的方向；单击"折弯方向"按钮，并将方向调整至图 15.3.36 所示的方向。

（4）单击 完成 按钮，完成特征的创建。

图 15.3.33 绘制折弯线

图 15.3.34 定义折弯位置

图 15.3.35 定义移动侧方向

图 15.3.36 定义折弯方向

Step14. 创建图 15.3.37 所示的法向除料特征 38。

（1）选择命令。在 主页 功能选项卡 钣金 工具栏中单击 打孔 按钮，选择 法向除料 命令。

（2）定义特征的截面草图。

① 选取草图平面。在系统 单击平的面或参考平面. 的提示下，选取俯视图（XY）平面作为草图平面。

② 绘制图 15.3.38 所示的截面草图。

（3）定义法向除料特征属性。在"法向除料"命令条中单击"厚度剪切"按钮 和"全部穿透"按钮，并将移除方向调整至图 15.3.39 所示的方向。

（4）单击 完成 按钮，完成特征的创建。

图 15.3.37　法向除料特征

图 15.3.38　截面草图

Step15. 创建图 15.3.40 所示的弯边特征 3。

图 15.3.39　定义移除方向

图 15.3.40　弯边特征 3

（1）选择命令。单击 主页 功能选项卡 钣金 工具栏中的 "弯边" 按钮 ⬚ 。

（2）定义附着边。选取图 15.3.41 所示的模型边线为附着边。

（3）定义弯边类型。在 "弯边" 命令条中单击 "完全宽度" 按钮 ▭ ；在 距离 文本框中输入值 10，在 角度 文本框中输入值 90，单击 "外部尺寸标注" 按钮 ⬚ 和 "外侧折弯" 按钮 ⬚ ，调整弯边侧方向向上并单击左键，如图 15.3.40 所示。

（4）定义弯边尺寸。单击 "轮廓步骤" 按钮 ⬚ ，编辑草图尺寸如图 15.3.42 所示，单击 ☑ 按钮，退出草绘环境。

图 15.3.41　定义附着边　　　　　图 15.3.42　编辑草图

（5）定义折弯半径及止裂槽参数。单击 "弯边选项" 按钮 ⬚ ，取消选中 ☐ 使用默认值* 复选框，在 折弯半径(B): 文本框中输入 0.1，单击 确定 按钮。

（6）单击 完成 按钮，完成特征的创建。

Step16. 创建图 15.3.43 所示的法向除料特征 39。

（1）选择命令。在 主页 功能选项卡 钣金 工具栏中单击 打孔 按钮，选择 ⬚ 法向除料 命令。

（2）定义特征的截面草图。

① 选取草图平面。在系统 单击平的面或参考平面。 的提示下，选取图 15.3.43 所示的模型表面为草图平面。

② 绘制图 15.3.44 所示的截面草图。

图 15.3.43　法向除料特征 39

图 15.3.44　截面草图

（3）定义法向除料特征属性。在"法向除料"命令条中单击"厚度剪切"按钮 ✐ 和"全部穿透"按钮 ⊟，并将移除方向调整至图 15.3.45 所示的方向。

（4）单击 完成 按钮，完成特征的创建。

图 15.3.45　定义移除方向

Step17. 创建图 15.3.46 所示的镜像特征 2。

（1）选取要镜像的特征。选取 Step15 和 Step16 所创建的特征为镜像源。

（2）选择命令。单击 主页 功能选项卡 阵列 工具栏中的 ◫ 镜像 按钮。

（3）定义镜像平面。选取前视图（XZ）平面为镜像平面。

（4）单击 完成 按钮，完成特征的创建。

a）镜像前　　　　　　　　　　　　　　　b）镜像后

图 15.3.46　镜像特征 2

Step18. 创建图 15.3.47 所示的法向除料特征 41。

（1）选择命令。在 主页 功能选项卡 钣金 工具栏中单击 打孔 按钮，选择 ▣ 法向除料 命令。

（2）定义特征的截面草图。

① 选取草图平面。在系统 单击平的面或参考平面。 的提示下，选取俯视图（XY）平面作为草图平面。

② 绘制图 15.3.48 所示的截面草图。

（3）定义法向除料特征属性。在"法向除料"命令条中单击"厚度剪切"按钮 ✐ 和"全部穿透"按钮 ⊟，并将移除方向调整至图 15.3.49 所示的方向。

（4）单击 完成 按钮，完成特征的创建。

图 15.3.47　法向除料特征 41

图 15.3.48　截面草图

Step19. 创建图 15.3.50 所示的弯边特征 5。

图 15.3.49　定义移除方向

图 15.3.50　弯边特征 5

（1）选择命令。单击 主页 功能选项卡 钣金 工具栏中的"弯边"按钮 🔲。

（2）定义附着边。选取图 15.3.51 所示的模型边线为附着边。

（3）定义弯边类型。在"弯边"命令条中单击"完全宽度"按钮 🔲；在 距离: 文本框中输入值 10，在 角度: 文本框中输入值 90，单击"外部尺寸标注"按钮 🔲 和"外侧折弯"按钮 🔲，调整弯边侧方向向上并单击左键，如图 15.3.50 所示。

（4）定义弯边尺寸。单击"轮廓步骤"按钮 🔲，编辑草图尺寸如图 15.3.52 所示，单击 🔲 按钮，退出草绘环境。

图 15.3.51　定义附着边　　　　　　　图 15.3.52　编辑草图

（5）定义折弯半径及止裂槽参数。单击"弯边选项"按钮 🔲，取消选中 □ 使用默认值* 复选框，在 折弯半径(B): 文本框中输入数值 0.1，单击 确定 按钮。

（6）单击 完成 按钮，完成特征的创建。

Step20. 创建图 15.3.53 所示的法向除料特征 42。

（1）选择命令。在 主页 功能选项卡 钣金 工具栏中单击 打孔 按钮，选择 🔲 法向除料 命令。

（2）定义特征的截面草图。

① 选取草图平面。在系统 单击平的面或参考平面. 的提示下，选取图 15.3.53 所示的模型表面为草图平面。

② 绘制图 15.3.54 所示的截面草图。

图 15.3.53 法向除料特征 3   图 15.3.54 截面草图

（3）定义法向除料特征属性。在"法向除料"命令条中单击"厚度剪切"按钮 ◢ 和"全部穿透"按钮 ▣ ，并将移除方向调整至图 15.3.55 所示的方向。

（4）单击 完成 按钮，完成特征的创建。

图 15.3.55 定义移除方向

Step21. 创建图 15.3.56 所示的镜像特征 3。

（1）选取要镜像的特征。选取 Step19 和 Step20 所创建的特征为镜像源。

（2）选择命令。单击 主页 功能选项卡 阵列 工具栏中的 镜像 按钮。

（3）定义镜像平面。选取前视图（XZ）平面为镜像平面。

（4）单击 完成 按钮，完成特征的创建。

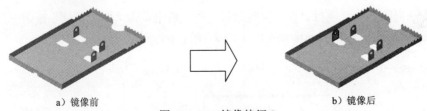

a）镜像前   b）镜像后

图 15.3.56 镜像特征 3

Step22. 创建图 15.3.57 所示的法向除料特征 44。

（1）选择命令。在 主页 功能选项卡 钣金 工具栏中单击 打孔 按钮，选择 ▢ 法向除料 命令。

（2）定义特征的截面草图。

① 选取草图平面。在系统 单击平的面或参考平面。 的提示下，选取俯视图（XY）平面作为草图平面。

② 绘制图 15.3.58 所示的截面草图。

（3）定义法向除料特征属性。在"除料"命令条中单击"厚度剪切"按钮 ◢ 和"全部穿透"按钮 ▣ ，并将移除方向调整至图 15.3.59 所示的方向。

（4）单击 完成 按钮，完成特征的创建。

图 15.3.57 法向除料特征 44

图 15.3.58 截面草图

Step23. 创建图 15.3.60 所示的法向除料特征 45。

图 15.3.59 定义移除方向

图 15.3.60 法向除料特征 45

（1）选择命令。在 主页 功能选项卡 钣金 工具栏中单击 打孔 按钮，选择 法向除料 命令。

（2）定义特征的截面草图。

① 选取草图平面。在系统 单击平的面或参考平面。 的提示下，选取俯视图（XY）平面作为草图平面。

② 绘制图 15.3.61 所示的截面草图。

（3）定义法向除料特征属性。在"法向除料"命令条中单击"厚度剪切"按钮 和"全部穿透"按钮 ，并将移除方向调整至图 15.3.62 所示的方向。

（4）单击 完成 按钮，完成特征的创建。

图 15.3.61 截面草图

图 15.3.62 定义移除方向

Step24. 创建图 15.3.63b 所示的倒角特征 1。

（1）选择命令。单击 主页 功能选项卡 钣金 工具栏中的 倒角 按钮。

（2）定义倒角边线。选取图 15.3.63a 所示的四条边线为倒角的边线。

（3）定义倒角属性。在"倒角"命令条中单击 按钮，在 折线: 文本框中输入值 0.5，单击鼠标右键。

（4）单击 完成 按钮，完成特征的创建。

图 15.3.63　倒角特征 1

Step25. 创建图 15.3.64b 所示的倒角特征 2。

（1）选择命令。单击 主页 功能选项卡 钣金 工具栏中的 倒角 按钮。

（2）定义倒角边线。选取图 15.3.64a 所示的四条边线为倒角的边线。

（3）定义倒角属性。在"倒角"命令条中单击 按钮，在 折线: 文本框中输入值 0.5，单击鼠标右键。

（4）单击 完成 按钮，完成特征的创建。

图 15.3.64　倒角特征 2

Step26. 创建图 15.3.65b 所示的倒角特征 3。

（1）选择命令。单击 主页 功能选项卡 钣金 工具栏中的 倒角 按钮。

（2）定义倒角边线。选取图 15.3.65a 所示的六条边线为倒角的边线。

（3）定义倒角属性。在"倒角"命令条中单击 按钮，在 折线: 文本框中输入值 0.5，单击鼠标右键。

（4）单击 完成 按钮，完成特征的创建。

图 15.3.65　倒角特征 3

Step27. 创建图 15.3.66b 所示的倒角特征 4。

（1）选择命令。单击 主页 功能选项卡 钣金 工具栏中的 倒角 按钮。

（2）定义倒角边线。选取图 15.3.66a 所示的两条边线为倒角的边线。

（3）定义倒角属性。在"倒角"命令条中单击 🔲 按钮，在 折线： 文本框中输入值 0.5，单击鼠标右键。

（4）单击 完成 按钮，完成特征的创建。

图 15.3.66　倒角特征 4

Step28. 保存钣金件模型文件，并命名为 rattrap_02。

实例 16 订书机组件

16.1 实例概述

本实例介绍了图 16.1.1 所示的订书机组件的整个设计过程。该模型包括图 16.1.1b 所示的六个钣金件，本章对每个钣金件的设计过程都作了详细的讲解。每个钣金件的设计思路是先创建钣金件的大致形状，然后再使用折弯、成型特征等命令创建出最终模型，其中部分钣金件是通过实体转换的方法创建的，这种方法值得借鉴。订书机的最终模型如图 16.1.1a 所示。

a）组装图   b）爆炸图

图 16.1.1 订书机组件

16.2 钣金件 1

钣金件模型及模型树如图 16.2.1 所示。

图 16.2.1 钣金件模型及模型树

Step1. 新建文件。选择下拉菜单 ➡ 新建(N) ➡ **GB 钣金** 使用默认模板创建新的钣金文档 命令。

Step2. 创建图 16.2.2 所示的平板特征 1。

（1）选择命令。单击 主页 功能选项卡 钣金 工具栏中的"平板"按钮 。

（2）定义特征的截面草图。

① 选取草图平面。在系统 单击平的面或参考平面。 的提示下，选取俯视图（XZ）平面作为草图平面。

② 绘制图 16.2.3 所示的截面草图。

图 16.2.2　平板特征 1　　　　　　　　　　　图 16.2.3　截面草图

③ 单击"主页"功能选项卡中的"关闭草图"按钮 ，退出草绘环境。

（3）定义材料厚度及方向。在"平板"命令条中单击"厚度步骤"按钮 定义材料厚度，在 厚度: 文本框中输入值 0.8，并将材料加厚方向调整至图 16.2.4 所示的方向。

（4）单击命令条中的 完成 按钮，完成特征的创建。

图 16.2.4　定义材料方向

Step3. 创建图 16.2.5 所示的轮廓弯边特征 1。

（1）选择命令。单击 主页 功能选项卡 钣金 工具栏中的"轮廓弯边"按钮 。

（2）定义特征的截面草图。在系统的提示下，选取图 16.2.6 所示的模型边线为路径；在"轮廓弯边"命令条中的 位置: 文本框中输入值 0，并按 Enter 键；绘制图 16.2.7 所示的截面草图。

（3）轮廓弯边的延伸量及方向。在"轮廓弯边"命令条中单击"延伸步骤"按钮 ；并单击"链"按钮 ，定义轮廓弯边沿着图 16.2.8 所示的边链进行延伸，单击鼠标右键。

（4）定义轮廓弯边参数。单击"轮廓弯边选项"按钮 ，取消选中 □ 使用默认值* 复选框，在 折弯半径(B): 文本框中输入数值 2.0，单击 确定 按钮。

（5）单击 完成 按钮，完成特征的创建。

图 16.2.5　轮廓弯边特征 1　　　　　　　　图 16.2.6　选取路径

图 16.2.7　截面草图　　　　　　　　　图 16.2.8　定义延伸对象

Step4. 创建图 16.2.9 所示的镜像体特征 1。

（1）选择命令。在 主页 功能选项卡 阵列 工具栏中单击 镜像 按钮，选择 镜像复制零件 命令。

a）镜像前　　　　　　　　　　　b）镜像后

图 16.2.9　镜像体特征 1

（2）定义镜像体。选取绘图区中的模型实体为镜像体。

（3）定义镜像平面。选取图 16.2.10 所示的模型表面为镜像平面。

（4）单击 完成 按钮，单击 取消 按钮，完成特征的创建。

Step5. 创建图 16.2.11 所示的法向除料特征 1。

图 16.2.10　定义镜像平面　　　　　　　图 16.2.11　法向除料特征 1

（1）选择命令。在 主页 功能选项卡 钣金 工具栏中单击 打孔 按钮，选择 🗋 法向除料 命令。

（2）定义特征的截面草图。

① 选取草图平面。在系统 单击平的面或参考平面。 的提示下，选取图 16.2.11 所示的模型表面为草图平面。

② 绘制图 16.2.12 所示的截面草图。

③ 单击"主页"功能选项卡中的"关闭草图"按钮 ✓，退出草绘环境。

（3）定义法向除料特征属性。在"法向除料"命令条中单击"厚度剪切"按钮 🖉 和"全部穿透"按钮 ⊟，并将移除方向调整至图 16.2.13 所示的方向。

（4）单击 完成 按钮，完成特征的创建。

图 16.2.12　截面草图

图 16.2.13　定义移除方向

Step6. 创建图 16.2.14 所示的法向除料特征 2。

（1）选择命令。在 主页 功能选项卡 钣金 工具栏中单击 打孔 按钮，选择 🗋 法向除料 命令。

（2）定义特征的截面草图。

① 选取草图平面。在系统 单击平的面或参考平面。 的提示下，选取图 16.2.14 所示的模型表面为草图平面。

② 绘制图 16.2.15 所示的截面草图。

图 16.2.14　法向除料特征 2

图 16.2.15　截面草图

③ 单击"主页"功能选项卡中的"关闭草图"按钮 ✓，退出草绘环境。

（3）定义法向除料特征属性。在"法向除料"命令条中单击"厚度剪切"按钮 🖉 和"全部穿透"按钮 ⊟，并将移除方向调整至图 16.2.16 所示的方向。

（4）单击 完成 按钮，完成特征的创建。

图 16.2.16　定义移除方向

Step7. 创建图 16.2.17b 所示的倒斜角特征 1。

（1）选择命令。在 主页 功能选项卡 钣金 工具栏中单击 倒角 后的小三角，选择 倒斜角 命令。

（2）定义倒斜角类型。在"倒斜角"命令条中单击 按钮，选中 ⊙ 回切相等 (E) 单选项，单击 确定 按钮。

（3）定义倒斜角参照。选取图 16.2.17a 所示的边线为倒斜角参照边。

（4）定义倒角属性。在该命令条中的 回切: 文本框中输入值 0.5，单击鼠标右键。

（5）单击 完成 按钮，完成特征的创建。

图 16.2.17　倒斜角特征 1

Step8. 保存钣金件模型文件，并命名为 STAPLE_01。

16.3　钣　金　件　2

钣金件模型及模型树如图 16.2.1 所示。

图 16.3.1　钣金件模型及模型树

Step1. 新建文件。选择下拉菜单 ➡ 新建(N) ➡ GB 钣金 使用默认模板创建新的钣金文档 命令。

Step2. 创建图 16.3.2 所示的平板特征 1。

（1）选择命令。单击 主页 功能选项卡 钣金 工具栏中的"平板"按钮 。

（2）定义特征的截面草图。

① 选取草图平面。在系统 单击平的面或参考平面。 的提示下，选取俯视图（XY）平面作为草图平面。

② 绘制图 16.3.3 所示的截面草图。

③ 单击"主页"功能选项卡中的"关闭草图"按钮 ，退出草绘环境。

（3）定义材料厚度及方向。在"平板"命令条中单击"厚度步骤"按钮 定义材料厚度，在 厚度: 文本框中输入值 0.6，并将材料加厚方向调整至图 16.3.4 所示的方向。

（4）单击命令条中的 完成 按钮，完成特征的创建。

图 16.3.2　平板特征 1

图 16.3.3　截面草图

Step3. 创建图 16.3.5 所示的法向除料特征 1。

图 16.3.4　定义材料方向

图 16.3.5　法向除料特征 1

（1）选择命令。在 主页 功能选项卡 钣金 工具栏中单击 打孔 按钮，选择 法向除料 命令。

（2）定义特征的截面草图。

① 选取草图平面。在系统 单击平的面或参考平面。 的提示下，选取图 16.3.5 所示的模型表面为草图平面。

② 绘制图 16.3.6 所示的截面草图。

③ 单击"主页"功能选项卡中的"关闭草图"按钮 ，退出草绘环境。

（3）定义法向除料特征属性。在"法向除料"命令条中单击"厚度剪切"按钮 和"全部穿透"按钮 ，并将移除方向调整至图 16.3.7 所示的方向。

图 16.3.6　截面草图

图 16.3.7　定义移除方向

（4）单击 完成 按钮，完成特征的创建。

Step4. 创建图 16.3.8 所示的镜像特征 1。

（1）选取要镜像的特征。选取 Step3 所创建的法向除料特征 1 为镜像源。

（2）选择命令。单击 主页 功能选项卡 阵列 工具栏中的 镜像 按钮。

（3）定义镜像平面。选取前视图（XZ）平面作为镜像平面。

（4）单击 完成 按钮，完成特征的创建。

Step5. 创建图 16.3.9 所示的法向除料特征 3。

图 16.3.8 镜像特征 1

图 16.3.9 法向除料特征 3

（1）选择命令。在 主页 功能选项卡 钣金 工具栏中单击 打孔 按钮，选择 法向除料 命令。

（2）定义特征的截面草图。

① 选取草图平面。在系统 单击平的面或参考平面。 的提示下，选取图 16.3.9 所示的模型表面为草图平面。

② 绘制图 16.3.10 所示的截面草图。

③ 单击"主页"功能选项卡中的"关闭草图"按钮 ，退出草绘环境。

（3）定义法向除料特征属性。在"法向除料"命令条中单击"厚度剪切"按钮 和"全部穿透"按钮 ，并将移除方向调整至图 16.3.11 所示的方向。

（4）单击 完成 按钮，完成特征的创建。

图 16.3.10 截面草图

图 16.3.11 定义移除方向

Step6. 创建图 16.3.12 所示的镜像特征 2。

（1）选取要镜像的特征。选取 Step5 所创建的法向除料特征 3 为镜像源。

（2）选择命令。单击 主页 功能选项卡 阵列 工具栏中的 镜像 按钮。

（3）定义镜像平面。选取前视图（XZ）平面作为镜像平面。

（4）单击 完成 按钮，完成特征的创建。

Step7. 创建图 16.3.13 所示的法向除料特征 5。

图 16.3.12　镜像特征 2

图 16.3.13　法向除料特征 5

（1）选择命令。在 主页 功能选项卡 钣金 工具栏中单击 打孔 按钮，选择 法向除料 命令。

（2）定义特征的截面草图。

① 选取草图平面。在系统 单击平的面或参考平面。 的提示下，选取图 16.3.13 所示的模型表面为草图平面。

② 绘制图 16.3.14 所示的截面草图。

③ 单击"主页"功能选项卡中的"关闭草图"按钮 ，退出草绘环境。

（3）定义法向除料特征属性。在"法向除料"命令条中单击"厚度剪切"按钮 和"全部穿透"按钮 ，并将移除方向调整至图 16.3.15 所示的方向。

（4）单击 完成 按钮，完成特征的创建。

图 16.3.14　截面草图

图 16.3.15　定义移除方向

Step8. 创建图 16.3.16 所示的折弯特征 1。

（1）选择命令。单击 主页 功能选项卡 钣金 工具栏中的 折弯 按钮。

（2）绘制折弯线。选取图 16.3.16 所示的模型表面为草图平面，绘制图 16.3.17 所示的折弯线。

（3）定义折弯属性及参数。在"折弯"命令条中单击"折弯位置"按钮 ，在 折弯半径: 文本框中输入值 3，在 角度: 文本框中输入值 90；并单击"材料内部"按钮 ；单击"移动侧"按钮 ，并将方向调整至图 16.3.18 所示的方向；单击"折弯方向"按钮 ，并将方向调整至图 16.3.19 所示的方向。

（4）单击 完成 按钮，完成特征的创建。

图 16.3.16　折弯特征 1

图 16.3.17　绘制折弯线

图 16.3.18　定义移动侧方向

图 16.3.19　定义折弯方向

Step9. 创建图 16.3.20 所示的镜像特征 3。

（1）选取要镜像的特征。选取 Step8 所创建的折弯特征 1 为镜像源。

（2）选择命令。单击 主页 功能选项卡 阵列 工具栏中的 ◁▷ 镜像 按钮。

（3）定义镜像平面。选取前视图（XZ）平面作为镜像平面。

（4）单击 完成 按钮，完成特征的创建。

图 16.3.20　镜像特征 3

Step10. 创建图 16.3.21 所示的凹坑特征 1。

图 16.3.21　凹坑特征 1

（1）选择命令。单击 主页 功能选项卡 钣金 工具栏中的"凹坑"按钮 □。

（2）绘制截面草图。选取图 16.3.21 所示的模型表面为草图平面，绘制图 16.3.22 所示的截面草图。

（3）定义凹坑属性。在"凹坑"命令条中单击 ⊗ 按钮，单击"偏置尺寸"按钮 ⅊，在 距离 文本框中输入值 0.5，单击 ▤ 按钮，在 按模角(I): 文本框中输入值 45，在 倒圆 区域中取消选中 □ 包括倒圆(L) 复选框，并取消选中 □ 包含凸模侧拐角半径(A) 复选框，单击 确定 按钮；定义其冲压方向指向模型内部，单击"轮廓代表凸模"按钮 ⊔。

（4）单击命令条中的 完成 按钮，完成特征的创建。

图 16.3.22 截面草图

Step11. 创建图 16.3.23 所示的镜像特征 4。

（1）选取要镜像的特征。选取 Step10 所创建的凹坑特征 1 为镜像源。

（2）选择命令。单击 主页 功能选项卡 阵列 工具栏中的 镜像 按钮。

（3）定义镜像平面。选取前视图（XZ）平面作为镜像平面。

（4）单击 完成 按钮，完成特征的创建。

图 16.3.23 镜像特征 4

Step12. 保存钣金件模型文件，并命名为 STAPLE_02。

16.4 钣 金 件 3

钣金件模型及模型树如图 16.4.1 所示。

图 16.4.1 钣金件模型及模型树

Step1. 新建文件。选择下拉菜单 ![图标] ➡️ ![新建(N)] ➡️ ![GB 钣金 使用默认模板创建新的钣金文档] 命令。

Step2. 切换至零件环境。选择下拉菜单 ![图标] ➡️ ![切换到] ➡️

![零件 在钣金环境与零件环境之间切换模型] 命令，进入零件环境。

Step3. 创建图 16.4.2 所示的拉伸特征 1。

（1）选择命令。单击 ![主页] 功能选项卡 ![实体] 区域中的"拉伸"按钮 ![图标]。

（2）定义特征的截面草图。

① 选取草图平面。在系统 ![单击平的面或参考平面。] 的提示下，选取前视图（XZ）平面作为草图平面。

② 绘制图 16.4.3 所示的截面草图。

（3）定义拉伸属性。在"拉伸"命令条中单击 ![图标] 按钮定义拉伸深度，在 ![距离:] 文本框中输入值 15，并按 Enter 键，单击"对称延伸"按钮 ![图标]。

（4）单击 ![完成] 按钮，完成特征的创建。

图 16.4.2　拉伸特征 1　　　　　　　　　图 16.4.3　截面草图

Step4. 创建图 16.4.4b 所示的倒圆角特征 1。

（1）选择命令。单击 ![主页] 功能选项卡 ![实体] 区域中的"倒圆"按钮 ![图标]。

（2）定义圆角对象。选取图 16.4.4a 所示的边线为要圆角的对象。

（3）定义圆角参数。在"倒圆角"命令条的 ![半径:] 文本框中输入值 1.2，单击鼠标右键。

（4）单击命令条中的 ![完成] 按钮，完成特征的创建。

a）倒圆前　　　　　　　　　　　　　　　　b）倒圆后

图 16.4.4　倒圆角特征 1

Step5. 创建图 16.4.5b 所示的薄壁特征 1。

（1）选择命令。单击 ![主页] 功能选项卡 ![实体] 区域中的 ![薄壁] 按钮。

（2）定义薄壁厚度。在"薄壁"命令条中 ![同一厚度:] 文本框中输入值 1.0，并按 Enter 键。

（3）定义移除面。在系统提示下，选取图 16.4.6 所示的模型表面为要移除的面，单击鼠标右键。

（4）在命令条中单击 预览 按钮显示其结果，并单击 完成 按钮，完成特征的创建。

a）薄壁前　　　　　　　　　　b）薄壁后

图 16.4.5　薄壁特征 1

选取加亮的十三个模型
表面为壳体的移除面

图 16.4.6　定义移除面

Step6. 切换至钣金环境。选择下拉菜单 ⊙ ➡ 切换到 ➡ 钣金 在钣金环境与零件环境之间切换模型。命令，进入钣金环境。

Step7. 将实体转换为钣金。

（1）选择命令。选择下拉菜单 ⊙ ➡ 变换为钣金 命令。

（2）定义基本面。选取图 16.4.7 所示的模型表面为基本面。

（3）单击 完成 按钮，完成将实体转换为钣金的操作。

基本面

图 16.4.7　定义基本面

Step8. 创建图 16.4.8b 所示的法向除料特征 1。

（1）选择命令。在 主页 功能选项卡 钣金 工具栏中单击 打孔 按钮，选择 法向除料 命令。

（2）定义特征的截面草图。

① 选取草图平面。在系统 单击平的面或参考平面。 的提示下，选取前视图（XZ）平面作为草图平面。

② 绘制图 16.4.9 所示的截面草图。

③ 单击"主页"功能选项卡中的"关闭草图"按钮，退出草绘环境。

（3）定义法向除料特征属性。在"除料"命令条中单击"厚度剪切"按钮 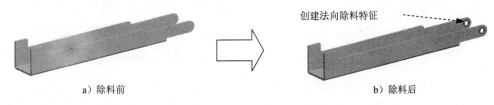 和"全部穿透"按钮 ，并将移除方向调整至图 16.4.10 所示的方向。

（4）单击 完成 按钮，完成特征的创建。

创建法向除料特征

a）除料前　　　　　　　　　　　　　b）除料后

图 16.4.8　法向除料特征 1

图 16.4.9　截面草图　　　　　　　　图 16.4.10　定义移除方向

Step9. 创建图 16.4.11b 所示的法向除料特征 2。

（1）选择命令。在 主页 功能选项卡 钣金 工具栏中单击 打孔 按钮，选择 法向除料 命令。

（2）定义特征的截面草图。

① 选取草图平面。在系统 单击平的面或参考平面。 的提示下，选取图 16.4.12 所示的模型表面为草图平面。

② 绘制图 16.4.13 所示的截面草图。

③ 单击"主页"功能选项卡中的"关闭草图"按钮 ，退出草绘环境。

（3）定义法向除料特征属性。在"法向除料"命令条中单击"厚度剪切"按钮 和"全部穿透"按钮 ，并将移除方向调整至图 16.4.14 所示的方向。

（4）单击 完成 按钮，完成特征的创建。

创建法向除料特征 2

a）除料前　　　　　　　　　　　　　b）除料后

图 16.4.11　法向除料特征 2

图 16.4.12　定义草图平面　　　　　　图 16.4.13　截面草图

Step10. 创建图 16.4.15 所示的法向除料特征 3。

（1）选择命令。在 主页 功能选项卡 钣金 工具栏中单击 打孔 按钮，选择 法向除料 命令。

（2）定义特征的截面草图。

① 选取草图平面。在系统 单击平的面或参考平面。 的提示下，选取前视图（XZ）平面作为草图平面。

② 绘制图 16.4.16 所示的截面草图。

③ 单击"主页"功能选项卡中的"关闭草图"按钮，退出草绘环境。

（3）定义法向除料特征属性。在"法向除料"命令条中单击"厚度剪切"按钮 和"全部穿透"按钮，并将移除方向调整至图 16.4.17 所示的方向。

（4）单击 完成 按钮，完成特征的创建。

图 16.4.14　定义移除方向　　　　　　图 16.4.15　法向除料特征 3

图 16.4.16　截面草图

Step11. 创建图 16.4.18 所示的弯边特征 1。

（1）选择命令。单击 主页 功能选项卡 钣金 工具栏中的"弯边"按钮。

（2）定义附着边。选取图 16.4.19 所示的模型边线为附着边。

（3）定义弯边类型。在"弯边"命令条中单击"中心点"按钮，在 距离: 文本框中输入值 5，在 角度: 文本框中输入值 90，单击"外部尺寸标注"按钮 和"材料外侧"按钮，调整弯边侧方向向下并单击左键，如图 16.4.18 所示。

（4）定义弯边尺寸。单击"轮廓步骤"按钮 ，编辑草图尺寸如图 16.4.20 所示，单击 按钮，退出草绘环境。

（5）定义折弯半径及止裂槽参数。单击"弯边选项"按钮 ，取消选中 □ 折弯止裂口(E) 复选框，其他参数采用系统默认设置值，单击 确定 按钮。

（6）单击 完成 按钮，完成特征的创建。

图 16.4.17　定义移除方向　　　　　　　　图 16.4.18　弯边特征 1

图 16.4.19　定义附着边　　　　　　　　图 16.4.20　截面草图

Step12. 创建图 16.4.21 所示的法向除料特征 4。

图 16.4.21　法向除料特征 4

（1）选择命令。在 主页 功能选项卡 钣金 工具栏中单击 打孔 按钮，选择 法向除料 命令。

（2）定义特征的截面草图。

① 选取草图平面。在系统 单击平的面或参考平面。 的提示下，选取俯视图（**XY**）平面作为草图平面。

② 绘制图 16.4.22 所示的截面草图。

③ 单击"主页"功能选项卡中的"关闭草图"按钮 ，退出草绘环境。

图 16.4.22　截面草图

（3）定义法向除料特征属性。在"法向除料"命令条中单击"厚度剪切"按钮 和"有限范围"按钮 ，在 距离：文本框中输入值 1.2，并调整移除方向向内并单击左键，如图 16.4.21 所示。

（4）单击 完成 按钮，完成特征的创建。

Step13. 创建图 16.4.23 所示的弯边特征 2。

（1）选择命令。单击 主页 功能选项卡 钣金 工具栏中的"弯边"按钮 。

（2）定义附着边。选取图 16.4.24 所示的模型边线为附着边。

图 16.4.23　弯边特征 2　　　　图 16.4.24　定义附着边

（3）定义弯边类型。在"弯边"命令条中单击"中心点"按钮 ，在 距离：文本框中输入值 5，在 角度：文本框中输入值 90，单击"外部尺寸标注"按钮 和"材料外侧"按钮 ，调整弯边侧方向向下并单击左键，如图 16.4.23 所示。

（4）定义弯边尺寸。单击"轮廓步骤"按钮 ，编辑草图尺寸如图 16.4.25 所示，单击 按钮，退出草绘环境。

图 16.4.25　截面草图

（5）定义折弯半径及止裂槽参数。单击"弯边选项"按钮 ，取消选中 □ 折弯止裂口 (E) 复选框，其他参数采用系统默认设置值，单击 确定 按钮。

（6）单击 完成 按钮，完成特征的创建。

Step14. 创建图 16.4.26 所示的弯边特征 3。

（1）选择命令。单击 主页 功能选项卡 钣金 工具栏中的 "弯边" 按钮 🔲 。

（2）定义附着边。选取图选取图 16.4.27 所示的模型边线为附着边。

图 16.4.26　弯边特征 3　　　　　　　　　图 16.4.27　定义附着边

（3）定义弯边类型。在 "弯边" 命令条中单击 "完全宽度" 按钮 🔲 ，在 距离: 文本框中
输入值 7，在 角度: 文本框中输入值 90，单击 "外部尺寸标注" 按钮 🔲 和 "外侧折弯" 按钮
🔲 ，调整弯边侧方向向内并单击左键，如图 16.4.26 所示。

（4）定义弯边尺寸。单击 "轮廓步骤" 按钮 🔲 ，编辑草图尺寸如图 16.4.28 所示，单击
🔲 按钮，退出草绘环境。

（5）单击 完成 按钮，完成特征的创建。

Step15. 创建图 16.4.29 所示的镜像特征 1。

（1）选取要镜像的特征。选取 Step14 所创建的弯边特征 3 为镜像源。

（2）选择命令。单击 主页 功能选项卡 阵列 工具栏中的 🔲 镜像 按钮。

（3）定义镜像平面。选取前视图（XZ）平面为镜像平面。

（4）单击 完成 按钮，完成特征的创建。

图 16.4.28　截面草图　　　　　　　　　　图 16.4.29　镜像特征 1

Step16. 保存钣金件模型文件，并命名为 STAPLE_03。

16.5　钣 金 件 4

钣金件模型及模型树如图 16.5.1 所示。

Step1. 新建文件。选择下拉菜单 🔲 ➡ 新建(N) ➡ 🔲 GB 钣金 使用默认模板创建新的钣金文档 命令。

Step2. 切换至零件环境。选择下拉菜单 🔲 ➡ 🔲 切换到 ➡ 🔲 零件 在钣金环境与零件环境之间切换模型
命令，进入零件环境。

图 16.5.1 钣金件模型及模型树

Step3. 创建图 16.5.2 所示的拉伸特征 1。

（1）选择命令。单击 主页 功能选项卡 实体 区域中的"拉伸"按钮 。

（2）定义特征的截面草图。

① 选取草图平面。在系统 单击平的面或参考平面。 的提示下，选取前视图（XZ）平面作为草图平面。

② 绘制图 16.5.3 所示的截面草图。

③ 单击"主页"功能选项卡中的"关闭草图"按钮 ，退出草绘环境。

（3）定义拉伸属性。在"拉伸"命令条中单击 按钮定义拉伸深度，单击"对称延伸"按钮 ，在 距离: 文本框中输入值 34，并按 Enter 键。

（4）单击 完成 按钮，完成特征的创建。

图 16.5.2 拉伸特征 1　　　　　　　　图 16.5.3 截面草图

Step4. 创建图 16.5.4 所示的除料特征 1。

（1）选择命令。单击 主页 功能选项卡 实体 区域中的"除料"按钮 。

（2）定义特征的截面草图。

① 选取草图平面。在系统 单击平的面或参考平面。 的提示下，选取俯视图（XY）平面为草图平面。

② 绘制图 16.5.5 所示的截面草图。

图 16.5.4 除料特征 1

图 16.5.5 截面草图

③ 单击"主页"功能选项卡中的"关闭草图"按钮 ，退出草绘环境。

（3）定义除料特征属性。在"除料"命令条中单击 按钮定义除料深度，在该命令条单击的"全部穿透"按钮 ，并定义除料方向如图 16.5.6 所示。

（4）单击 完成 按钮，完成特征的创建。

图 16.5.6　定义移除方向

Step5. 创建图 16.5.7b 所示的倒圆角特征 1。

（1）选择命令。单击 主页 功能选项卡 实体 区域中的"倒圆"按钮 。

（2）定义圆角对象。选取图 16.5.7a 所示的边线为要倒圆角的对象。

（3）定义圆角参数。在"倒圆角"命令条 半径: 文本框中输入 4.0，并按 Enter 键，单击鼠标右键。

（4）单击命令条中的 完成 按钮，完成特征的创建。

选取此边线

a）倒圆角前　　　　　　　　　　　　　　　　　　　b）倒圆角后

图 16.5.7　倒圆角特征 1

Step6. 创建图 16.5.8b 所示的倒圆角特征 1。

（1）选择命令。单击 主页 功能选项卡 实体 区域中的"倒圆"按钮 。

（2）定义圆角对象。选取图 16.5.8a 所示的边线为要倒圆角的对象。

（3）定义圆角参数。在"倒圆角"命令条的 半径: 文本框中输入值 1.0，并按 Enter 键，单击鼠标右键。

（4）单击命令条中的 完成 按钮，完成特征的创建。

选取此边线

a）倒圆角前　　　　　　　　　　　　　　　　　　　b）倒圆角后

图 16.5.8　倒圆角特征 2

Step7. 创建图 16.5.9b 所示的薄壁特征 1。

（1）选择命令。单击 主页 功能选项卡 实体 区域中的 薄壁 按钮。

（2）定义薄壁厚度。在"薄壁"命令条中 同一厚度: 文本框中输入值 0.6，并按 Enter 键。

（3）定义移除面。在系统提示下，选取图 16.5.9a 所示的模型表面为要移除的面，并单击右键。

（4）在命令条中单击 预览 按钮显示其结果，并单击 完成 按钮，完成特征的创建。

选取此面为要移除的面

a）薄壁前　　　　　　　　　　　　　　b）薄壁后

图 16.5.9　薄壁特征 1

Step8. 切换至钣金环境。选择下拉菜单 🔵 ➡ 🪟 切换到 ➡ 🪟 钣金 在钣金环境与零件环境之间切换模型 命令，进入钣金环境。

Step9. 将实体转换为钣金。

（1）选择命令。选择下拉菜单 🔵 ➡ 🪟 变换为钣金 命令。

（2）定义基本面。选取图 16.5.10 所示的模型表面为基本面。

（3）单击 完成 按钮，完成特征的创建。

基本面

图 16.5.10　定义基本面

Step10. 创建图 16.5.11 所示的凹坑特征 1。

（1）选择命令。单击 主页 功能选项卡 钣金 工具栏中的"凹坑"按钮 □ 。

（2）绘制截面草图。选取图 16.5.11 所示的模型表面为草图平面，绘制图 16.5.12 所示的截面草图。

（3）定义凹坑属性。在"凹坑"命令条中单击 ⬡ 按钮，单击"偏置尺寸"按钮 🔃 ，在 距离: 文本框中输入值 1.0，单击 ▤ 按钮，在 拔模角(T): 文本框中输入值 10，在 倒圆 区域中选中 ☑ 包括倒圆(I) 复选框，在 凸模半径 文本框中输入值 1；在 凹模半径 文本框中输入值 0.2；并选中 ☑ 包含凸模侧拐角半径(A) 复选框，在 半径(R): 文本框中输入值 1.5，单击 确定 按钮；定义其冲压方向为模型内部，单击"轮廓代表凸模"按钮 🔄 。

（4）单击命令条中的 完成 按钮，完成特征的创建。

图 16.5.11　凹坑特征 1

图 16.5.12　截面草图

Step11. 创建图 16.5.13 所示的凹坑特征 2。

（1）选择命令。单击 主页 功能选项卡 钣金 工具栏中的"凹坑"按钮 ▢ 。

（2）绘制截面草图。选取图 16.5.13 所示的模型表面为草图平面，绘制图 16.5.14 所示的截面草图。

（3）定义凹坑属性。在"凹坑"命令条中单击 ⊗ 按钮，单击"偏置尺寸"按钮 ⊔ ，在 距离: 文本框中输入值 1.0，单击 ▦ 按钮，在 拔模角(T): 文本框中输入值 10，在 倒圆 区域中选中 ☑ 包括倒圆(I) 复选框，在 凸模半径 文本框中输入值 1；在 凹模半径 文本框中输入值 0.2；并选中 ☑ 包含凸模侧拐角半径(A) 复选框，在 半径(R): 文本框中输入值 1.5，单击 确定 按钮；定义其冲压方向为模型内部，单击"轮廓代表凸模"按钮 ⊔ 。

（4）单击命令条中的 完成 按钮，完成特征的创建。

图 16.5.13　凹坑特征 2

图 16.5.14　截面草图

Step12. 创建图 16.5.15 所示的法向除料特征 1。

（1）选择命令。在 主页 功能选项卡 钣金 工具栏中单击 打孔 按钮，选择 ▣ 法向除料 命令。

（2）定义特征的截面草图。

① 选取草图平面。在系统 单击平的面或参考平面。 的提示下，选取图 16.5.16 所示的模型表面为草图平面。

② 绘制图 16.5.17 所示的截面草图。

③ 单击"主页"功能选项卡中的"关闭草图"按钮 ☑ ，退出草绘环境。

（3）定义法向除料特征属性。在"法向除料"命令条中单击"厚度剪切"按钮 ⊿ 和"全部穿透"按钮 ⊟ ，并将移除方向调整至图 16.5.18 所示的方向。

（4）单击 完成 按钮，完成特征的创建。

图 16.5.15　法向除料特征 1　　　　　　图 16.5.16　定义草图平面

图 16.5.17　截面草图

Step13. 创建图 16.5.19 所示的法向除料特征 2。

图 16.5.18　定义移除方向　　　　　　图 16.5.19　法向除料特征 2

（1）选择命令。在 主页 功能选项卡 钣金 工具栏中单击 打孔 按钮，选择 法向除料 命令。

（2）定义特征的截面草图。

① 选取草图平面。在系统 单击平的面或参考平面。 的提示下，选取图 16.5.20 所示的模型表面为草图平面。

② 绘制图 16.5.21 所示的截面草图。

图 16.5.20　定义草图平面　　　　　　图 16.5.21　截面草图

③ 单击"主页"功能选项卡中的"关闭草图"按钮，退出草绘环境。

（3）定义法向除料特征属性。在"法向除料"命令条中单击"厚度剪切"按钮 和"全部穿透"按钮，并将移除方向调整至图 16.5.22 所示的方向。

（4）单击 完成 按钮，完成特征的创建。

图 16.5.22　定义移除方向

Step14. 保存钣金件模型文件，并命名为 STAPLE_04。

16.6　钣 金 件 5

钣金件模型及模型树如图 16.6.1 所示。

图 16.6.1　钣金件模型及模型树

Step1. 新建文件。选择下拉菜单 ➡ 新建(N) ➡ 命令。

Step2. 创建图 16.6.2 所示的平板特征 2。

（1）选择命令。单击 主页 功能选项卡 钣金 工具栏中的"平板"按钮 。

（2）定义特征的截面草图。

① 选取草图平面。在系统 单击平的面或参考平面。 的提示下，选取俯视图（XY）平面作为草图平面。

② 绘制图 16.6.3 所示的截面草图。

图 16.6.2　平板特征 2

图 16.6.3　截面草图

③ 单击"主页"功能选项卡中的"关闭草图"按钮 ，退出草绘环境。

（3）定义材料厚度及方向。在"平板"命令条中单击"厚度步骤"按钮 定义材料厚度，在 厚度: 文本框中输入值 0.5，并将材料加厚方向调整至图 16.6.4 所示的方向。

（4）单击命令条中的 完成 按钮，完成特征的创建。

Step3. 创建图 16.6.5 所示的法向除料特征 1。

图 16.6.4　定义材料方向

图 16.6.5　法向除料特征 1

（1）选择命令。在 主页 功能选项卡 钣金 工具栏中单击 打孔 按钮，选择 法向除料 命令。

（2）定义特征的截面草图。

① 选取草图平面。在系统 单击平的面或参考平面。 的提示下，选取图 16.6.5 所示的模型表面为草图平面。

② 绘制图 16.6.6 所示的截面草图。

③ 单击"主页"功能选项卡中的"关闭草图"按钮，退出草绘环境。

（3）定义法向除料特征属性。在"法向除料"命令条中单击"厚度剪切"按钮 和"全部穿透"按钮，并将移除方向调整至图 16.6.7 所示的方向。

（4）单击 完成 按钮，完成特征的创建。

图 16.6.6　截面草图

图 16.6.7　定义移除方向

Step4. 创建图 16.6.8 所示的折弯特征 1。

（1）选择命令。单击 主页 功能选项卡 钣金 工具栏中的 折弯 按钮。

（2）绘制折弯线。选取图 16.6.8 所示的模型表面为草图平面，绘制图 16.6.9 所示的折弯线。

图 16.6.8　折弯特征 1

图 16.6.9　绘制折弯线

（3）定义折弯属性及参数。在"折弯"命令条中单击"折弯位置"按钮 🔄，在 折弯半径: 文本框中输入值 0.2，在 角度: 文本框中输入值 90；单击"从轮廓起"按钮 🔄，并定义折弯的位置如图 16.6.10 所示的位置后单击；单击"移动侧"按钮 🔄，并将方向调整至图 16.6.11 所示的方向；单击"折弯方向"按钮 🔄，并将方向调整至图 16.6.12 所示的方向。

图 16.6.10　定义折弯位置

图 16.6.11　定义移动侧方向

图 16.6.12　定义折弯方向

（4）单击 完成 按钮，完成特征的创建。

Step5. 创建图 16.6.13b 所示的法向除料特征 2。

（1）选择命令。在 主页 功能选项卡 钣金 工具栏中单击 打孔 按钮，选择 🔲 法向除料 命令。

（2）定义特征的截面草图。

① 选取草图平面。在系统 单击平的面或参考平面。 的提示下，选取图 16.6.13 所示的模型表面为草图平面。

② 绘制图 16.6.14 所示的截面草图。

③ 单击"主页"功能选项卡中的"关闭草图"按钮 ✅，退出草绘环境。

（3）定义法向除料特征属性。在"法向除料"命令条中单击"厚度剪切"按钮 🔄 和"全部穿透"按钮 🔳，并将移除方向调整至图 16.6.15 所示的方向。

（4）单击 完成 按钮，完成特征的创建。

Step6. 保存钣金件模型文件，并命名为 STAPLE_06。

选取此表面为草图平面
创建此法向除料特征
a）除料前
b）除料后
图 16.6.13　法向除料特征 2

Ø 6
图 16.6.14　截面草图
图 16.6.15　定义移除方向

16.7　钣 金 件 6

钣金件模型及模型树如图 16.7.1 所示。

图 16.7.1　钣金件模型及模型树

Step1. 新建文件。选择下拉菜单 ![icon] ➡ ![新建(N)] ➡ ![GB 钣金 使用默认模板创建新的钣金文档] 命令。

Step2. 切换至零件环境。选择下拉菜单 ![icon] ➡ ![切换到] ➡ ![零件 在钣金环境与零件环境之间切换模型] 命令，进入零件环境。

Step3. 创建图 16.7.2 所示的拉伸特征 1。

（1）选择命令。单击 ![主页] 功能选项卡 ![实体] 区域中的"拉伸"按钮 ![icon]。

（2）定义特征的截面草图。

① 选取草图平面。在系统 ![单击平的面或参考平面。] 的提示下，选取前视图（XZ）平面作为草图平面。

② 绘制图 16.7.3 所示的截面草图。

③ 单击"主页"功能选项卡中的"关闭草图"按钮 ![icon]，退出草绘环境。

（3）定义拉伸属性。在"拉伸"命令条中单击 ![icon] 按钮定义拉伸深度，在 ![距离:] 文本框中输入值 12，并按 Enter 键，单击"对称延伸"按钮 ![icon]。

（4）单击 ![完成] 按钮，完成特征的创建。

![拉伸特征1模型图]

图 16.7.2　拉伸特征 1

图 16.7.3　截面草图

Step4. 创建倒圆角特征 1。

（1）选择命令。单击 主页 功能选项卡 实体 区域中的"倒圆"按钮 。

（2）定义圆角对象。选取图 16.7.4 所示的两条边线为要圆角的对象。

（3）定义圆角参数。在"倒圆角"命令条的 半径: 文本框中输入值 1.0，并按 Enter 键，单击鼠标右键。

（4）单击命令条中的 完成 按钮，完成特征的创建。

图 16.7.4 定义倒圆角对象

Step5. 创建图 16.7.5 所示的薄壁特征 1。

（1）选择命令。单击 主页 功能选项卡 实体 区域中的 薄壁 按钮。

（2）定义薄壁厚度。在"薄壁"命令条中的 同一厚度: 文本框中输入值 0.8，并按 Enter 键。

（3）定义移除面。在系统提示下，选取图 16.7.6 所示的十三个模型表面为要移除的面，选取完成后单击鼠标右键。

（4）在命令条中单击 预览 按钮显示其结果，并单击 完成 按钮，完成特征的创建。

图 16.7.5 薄壁特征 1

图 16.7.6 定义移除面

Step6. 切换至钣金环境。选择下拉菜单 ➡ 切换到 ➡ GB 钣金 使用默认模板创建新的钣金文档 命令，进入钣金环境。

Step7. 将实体转换为钣金。

（1）选择命令。选择下拉菜单 ➡ 变换为钣金 命令。

（2）定义基本面。选取图 16.7.7 所示的模型表面为基本面。

（3）单击 完成 按钮，完成将实体转换为钣金的操作。

图 16.7.7 定义基本面

Step8. 创建图 16.7.8 所示的法向除料特征 1。

图 16.7.8　法向除料特征 1

（1）选择命令。在 主页 功能选项卡 钣金 工具栏中单击 打孔 按钮，选择 法向除料 命令。

（2）定义特征的截面草图。

① 选取草图平面。在系统 单击平的面或参考平面 的提示下，选取图 16.7.8 所示的模型表面为草图平面。

② 绘制图 16.7.9 所示的截面草图。

图 16.7.9　截面草图

③ 单击"主页"功能选项卡中的"关闭草图"按钮，退出草绘环境。

（3）定义法向除料特征属性。在"法向除料"命令条中单击"厚度剪切"按钮 和"全部穿透"按钮，并将移除方向调整至图 16.7.10 所示的方向。

（4）单击 完成 按钮，完成特征的创建。

图 16.7.10　定义移除方向

Step9. 创建图 16.7.11 所示的法向除料特征 2。

图 16.7.11　法向除料特征 2

（1）选择命令。在 主页 功能选项卡 钣金 工具栏中单击 打孔 按钮，选择 法向除料 命令。

（2）定义特征的截面草图。

① 选取草图平面。在系统 单击平的面或参考平面。 的提示下，选取图 16.7.11 所示的模型表面为草图平面。

② 绘制图 16.7.12 所示的截面草图。

③ 单击"主页"功能选项卡中的"关闭草图"按钮，退出草绘环境。

图 16.7.12　截面草图

（3）定义法向除料特征属性。在"法向除料"命令条中单击"厚度剪切"按钮和"全部穿透"按钮，并将移除方向调整至图 16.7.13 所示的方向。

（4）单击 完成 按钮，完成特征的创建。

图 16.7.13　定义移除方向

Step10. 创建图 16.7.14 所示的平板特征 1。

图 16.7.14　平板特征 1

（1）选择命令。单击 主页 功能选项卡 钣金 工具栏中的"平板"按钮。

（2）定义特征的截面草图。

① 选取草图平面。在系统 单击平的面或参考平面。 的提示下，选取图 16.7.14 所示的模型表面为草图平面。

② 绘制图 16.7.15 所示的截面草图。

③ 单击"主页"功能选项卡中的"关闭草图"按钮，退出草绘环境。

（3）单击命令条中的 完成 按钮，完成特征的创建。

图 16.7.15　截面草图

Step11. 创建倒角特征 1。

（1）选择命令。单击 主页 功能选项卡 钣金 工具栏中的 ⬜ 倒角 按钮。

（2）定义倒角边线。选取图 16.7.16 所示的两条边线为倒角的边线。

（3）定义倒角属性。在"倒角"命令条中单击 按钮，在 折线: 文本框中输入值 0.5，单击鼠标右键。

（4）单击 完成 按钮，完成特征的创建。

图 16.7.16　定义倒角边线

Step12. 保存钣金件模型文件，并命名为 STAPLE_06。

实例 17 镇流器外壳组件

17.1 实 例 概 述

本实例详细介绍了图 17.1.1 所示的镇流器外壳的设计过程。在创建钣金件 2 时，应注意在钣金壁上连续两个折弯特征的应用，通过这两个折弯特征创建出可以与钣金件 1 进行配合的形状，此处的创建思想值得借鉴。

a）装配图   b）分解图

图 17.1.1 镇流器外壳组件

17.2 钣 金 件 1

钣金件模型及模型树如图 17.2.1 所示。

图 17.2.1 钣金件模型及模型树

Step1. 新建文件。选择下拉菜单 ⊙ ➡ 📄 新建(N) ➡ 📑 GB 钣金 使用默认模板创建新的钣金文档 命令。

Step2. 创建图 17.2.2 所示的平板特征 1。

（1）选择命令。单击 主页 功能选项卡 钣金 工具栏中的"平板"按钮 ◻ 。

（2）定义特征的截面草图。

① 选取草图平面。在系统 单击平的面或参考平面。 的提示下，选取俯视图（XY）平面作为草图平面。

② 绘制图 17.2.3 所示的截面草图。

（3）定义材料厚度及方向。在"平板"命令条中单击"厚度步骤"按钮 ◻ 定义材料厚度，在 厚度: 文本框中输入值 0.5，并将材料加厚方向调整至图 17.2.4 所示的方向后单击。

（4）单击命令条中的 完成 按钮，完成特征的创建。

图 17.2.2　平板特征 1

图 17.2.3　截面草图

Step3. 创建图 17.2.5 所示的法向除料特征 1。

图 17.2.4　定义材料方向

图 17.2.5　法向除料特征 1

（1）选择命令。在 主页 功能选项卡 钣金 工具栏中单击 打孔 按钮，选择 ◻ 法向除料 命令。

（2）定义特征的截面草图。

① 选取草图平面。在系统 单击平的面或参考平面。 的提示下，选取俯视图（XY）平面作为草图平面。

② 绘制图 17.2.6 所示的截面草图。

图 17.2.6　除料截面草图

（3）定义法向除料特征属性。在"法向除料"命令条中单击"厚度剪切"按钮 ◻ 和"全部穿透"按钮 ◻ ，并将移除方向调整至图 17.2.7 所示的方向。

（4）单击 完成 按钮，完成特征的创建。

Step4. 创建图 17.2.8 所示的折弯特征 1。

图 17.2.7 定义移除方向

图 17.2.8 折弯特征 1

（1）选择命令。单击 主页 功能选项卡 钣金 工具栏中的 折弯 按钮。

（2）绘制折弯线。选取图 17.2.8 所示的模型表面为草图平面，绘制图 17.2.9 所示的折弯线。

（3）定义折弯属性及参数。在"折弯"命令条中单击"折弯位置"按钮，在 折弯半径 文本框中输入 0.5，在 角度 文本框中输入值 90；单击"从轮廓起"按钮，并定义折弯的位置如图 17.2.10 所示的位置后单击；单击"移动侧"按钮，并将方向调整至图 17.2.11 所示的方向；单击"折弯方向"按钮，并将方向调整至图 17.2.12 所示的方向。

（4）单击 完成 按钮，完成特征的创建。

图 17.2.9 绘制折弯线

图 17.2.10 定义折弯位置

图 17.2.11 定义移动侧方向

图 17.2.12 定义折弯方向

Step5. 创建图 17.2.13 所示的镜像特征 1。

（1）选取要镜像的特征。选取 Step4 所创建的折弯特征 1 为镜像源。

（2）选择命令。单击 主页 功能选项卡 阵列 工具栏中的 镜像 按钮。

（3）定义镜像平面。选取右视图（YZ）平面为镜像平面。

（4）单击 完成 按钮，完成特征的创建。

图 17.2.13 镜像特征 1

Step6. 创建图 17.2.14 所示的弯边特征 1。

（1）选择命令。单击 主页 功能选项卡 钣金 工具栏中的"弯边"按钮 。

（2）定义附着边。选取 17.2.15 所示的模型边线为附着边。

（3）定义弯边类型。在"弯边"命令条中单击"完全宽度"按钮 □；在 距离: 文本框中输入值 8，在 角度: 文本框中输入值 90，单击"内部尺寸标注"按钮 和"材料内侧"按钮 ；调整弯边侧方向向上，如图 17.2.14 所示。

图 17.2.14　弯边特征 1

图 17.2.15　选取附着边

（4）定义弯边属性及参数。单击"弯边选项"按钮 ，取消选中 □ 使用默认值* 复选框，在其 折弯半径 (B): 文本框中输入数值 0.5，单击 确定 按钮。

（5）单击 完成 按钮，完成特征的创建。

Step7. 创建图 17.2.16 所示的镜像特征 2。

（1）选取要镜像的特征。选取 Step6 所创建的弯边特征 1 为镜像源。

（2）选择命令。单击 主页 功能选项卡 阵列 工具栏中的 镜像 按钮。

（3）定义镜像平面。选取前视图（XZ）平面为镜像平面。

（4）单击 完成 按钮，完成特征的创建。

图 17.2.16　镜像特征 2

Step8. 创建图 17.2.17 所示的法向除料特征 2。

（1）选择命令。在 主页 功能选项卡 钣金 工具栏中单击 打孔 按钮，选择 法向除料 命令。

（2）定义特征的截面草图。

① 选取草图平面。在系统 单击平的面或参考平面。 的提示下，选取图 17.2.18 所示的模型表面为草图平面。

② 绘制图 17.2.19 所示的截面草图。

③ 单击"主页"功能选项卡中的"关闭草图"按钮 ，退出草绘环境。

（3）定义法向除料特征属性。在"法向除料"命令条中单击"厚度剪切"按钮 和"全部穿透"按钮 ，并将移除方向调整至图 17.2.20 所示的方向。

（4）单击 完成 按钮，完成特征的创建。

图 17.2.17　法向除料特征 2

图 17.2.18　定义草图平面

图 17.2.19　截面草图

图 17.2.20　定义移除方向

Step9. 创建图 17.2.21 所示的法向除料特征 3。

（1）选择命令。在 主页 功能选项卡 钣金 工具栏中单击 打孔 按钮，选择 法向除料 命令。

（2）定义特征的截面草图。

① 选取草图平面。在系统 单击平的面或参考平面。 的提示下，选取图 17.2.22 所示的模型表面为草图平面。

图 17.2.21　法向除料特征 3

图 17.2.22　定义草图平面

② 绘制图 17.2.23 所示的截面草图。

③ 单击"主页"功能选项卡中的"关闭草图"按钮 ，退出草绘环境。

（3）定义法向除料特征属性。在"法向除料"命令条中单击"厚度剪切"按钮 和"穿透下一个"按钮 ，并将移除方向调整至图 17.2.24 所示的方向。

图 17.2.23　截面草图

图 17.2.24　定义移除方向

（4）单击 完成 按钮，完成特征的创建。

Step10. 创建图 17.2.25 所示的法向除料特征 4。

（1）选择命令。在 主页 功能选项卡 钣金 工具栏中单击 打孔 按钮，选择 法向除料 命令。

（2）定义特征的截面草图。

① 选取草图平面。在系统 单击平的面或参考平面。 的提示下，选取图 17.2.26 所示的模型表面为草图平面。

图 17.2.25　法向除料特征 4

图 17.2.26　定义草图平面

② 绘制图 17.2.27 所示的截面草图。

③ 单击"主页"功能选项卡中的"关闭草图"按钮 ，退出草绘环境。

（3）定义法向除料特征属性。在"法向除料"命令条中单击"厚度剪切"按钮 和"全部穿透"按钮 ，并将移除方向调整至图 17.2.28 所示的方向。

（4）单击 完成 按钮，完成特征的创建。

图 17.2.27　截面草图

图 17.2.28　定义移除方向

Step11. 创建图 17.2.29 所示的百叶窗特征 1。

（1）选择命令。在 主页 功能选项卡 钣金 工具栏中单击 凹坑 按钮，选择 百叶窗 命令。

（2）绘制百叶窗截面草图。选取图 17.2.30 所示的模型表面为草图平面，绘制图 17.2.31 所示的截面草图。

图 17.2.29　百叶窗特征 1

图 17.2.30　定义草图平面

（3）定义百叶窗属性。在"百叶窗"命令条中单击"深度设置"按钮 ，在 距离 文本框中输入值 2.5，并按 Enter 键；定义深度方向如图 17.2.32 所示，单击鼠标左键；在"百叶窗"命令条中单击"高度步骤"按钮 ，单击"偏置尺寸"按钮 ，在 距离: 文本框中输入值 1.5，并按 Enter 键；单击 按钮，选中 ⊙ 端部开口百叶窗(L) 单选项，在 倒圆 区域中选中 ☑ 包括倒圆(I) 复选框，在 凹模半径 文本框中输入值 0.5，单击 确定 按钮；定义其冲压方向朝内，如图 17.2.33 所示，单击鼠标左键。

（4）单击命令条中的 完成 按钮，完成特征的创建。

图 17.2.31　百截面草图

图 17.2.32　定义轮廓深度方向

Step12. 创建图 17.2.34 所示的镜像特征 3。

（1）选取要镜像的特征。选取 Step11 所创建的百叶窗特征 1 为镜像源。

（2）选择命令。单击 主页 功能选项卡 阵列 工具栏中的 镜像 按钮。

（3）定义镜像平面。选取右视图（YZ）平面为镜像平面。

（4）单击 完成 按钮，完成特征的创建。

图 17.2.33　定义轮廓高度方向

图 17.2.34　镜像特征 3

Step13. 创建图 17.2.35 所示的镜像特征 4。

（1）选取要镜像的特征。选取 Step11 和 Step12 所创建的特征为镜像源。

（2）选择命令。单击 主页 功能选项卡 阵列 工具栏中的 镜像 按钮。

（3）定义镜像平面。选取右视图（XZ）平面为镜像平面。

（4）单击 完成 按钮，完成特征的创建。

Step14. 保存钣金件模型文件，并命名 rectifier_top_shell。

a）镜像前　　　　　　　　　　　　　　　　　b）镜像后

图 17.2.35　镜像特征 4

17.3　钣 金 件 2

钣金件模型及模型树如图 17.3.1 所示。

图 17.3.1　钣金件模型及模型树

Step1. 新建文件。选择下拉菜单 [图标] → [新建(N)] → [GB 钣金 使用默认模板创建新的钣金文档] 命令。

Step2. 创建图 17.3.2 所示的平板特征 1。

（1）选择命令。单击 [主页] 功能选项卡 [钣金] 工具栏中的"平板"按钮 [图标] 。

（2）定义特征的截面草图。

① 选取草图平面。在系统 [单击平的面或参考平面。] 的提示下，选取俯视图（XY）平面作为草图平面。

② 绘制图 17.3.3 所示的截面草图。

（3）定义材料厚度及方向。在"平板"命令条中单击"厚度步骤"按钮 [图标] 定义材料厚度，在 [厚度:] 文本框中输入值 1.0，并将材料加厚方向调整至图 17.3.4 所示的方向后单击。

（4）单击命令条中的 [完成] 按钮，完成特征的创建。

图 17.3.2　平板特征 1　　　　图 17.3.3　截面草图　　　　图 17.3.4　材料加厚方向

Step3. 创建图 17.3.5 所示的弯边特征 1。

（1）选择命令。单击 [主页] 功能选项卡 [钣金] 工具栏中的"弯边"按钮 [图标] 。

（2）定义附着边。选取图 17.3.6 所示的模型边线为附着边。

（3）定义弯边类型。在"弯边"命令条中单击"完全宽度"按钮 [图标] ；在 [距离:] 文本框中输入值 25，在 [角度:] 文本框中输入值 90；单击"内部尺寸标注"按钮 [图标] 和"材料内侧"按

钮 ；调整弯边侧方向向上，如图 17.3.5 所示。

（4）定义弯边属性及参数。单击"弯边选项"按钮 ，取消选中 使用默认值* 复选框，在 折弯半径(B): 文本框中输入数值 0.2，单击 确定 按钮。

（5）单击 完成 按钮，完成特征的创建。

图 17.3.5　弯边特征 1　　　　　　　　图 17.3.6　选取附着边

Step4. 创建图 17.3.7 所示的镜像特征 1。

（1）选取要镜像的特征。选取 Step3 所创建的弯边特征 1 为镜像源。

（2）选择命令。单击 主页 功能选项卡 阵列 工具栏中的 镜像 按钮。

（3）定义镜像平面。选取前视图（XZ）平面为镜像平面。

（4）单击 完成 按钮，完成特征的创建。

Step5. 创建图 17.3.8 所示的法向除料特征 1。

图 17.3.7　镜像特征 1　　　　　　　　图 17.3.8　法向除料特征 1

（1）选择命令。在 主页 功能选项卡 钣金 工具栏中单击 打孔 按钮，选择 法向除料 命令。

（2）定义特征的截面草图。

① 选取草图平面。在系统 单击平的面或参考平面. 的提示下，选取图 17.3.9 所示的模型表面为草图平面。

② 绘制图 17.3.10 所示的截面草图。

图 17.3.9　定义草图平面　　　　　　　图 17.3.10　截面草图

③ 单击"主页"功能选项卡中的"关闭草图"按钮 ✓，退出草绘环境。

（3）定义法向除料特征属性。在"法向除料"命令条中单击"厚度剪切"按钮 ✗ 和"全部穿透"按钮 ▭，并将移除方向调整至图 17.3.11 所示的方向。

（4）单击 完成 按钮，完成特征的创建。

Step6. 创建图 17.3.12 所示的镜像特征 2。

（1）选取要镜像的特征。选取 Step5 所创建的法向除料特征 1 为镜像源。

（2）选择命令。单击 主页 功能选项卡 阵列 工具栏中的 ◐◑ 镜像 按钮。

（3）定义镜像平面。选取右视图（YZ）平面为镜像平面。

（4）单击 完成 按钮，完成特征的创建。

图 17.3.11　定义移除方向

图 17.3.12　镜像特征 2

Step7. 创建图 17.3.13 所示的折弯特征 1。

（1）选择命令。单击 主页 功能选项卡 钣金 工具栏中的 ⊕ 折弯 按钮。

（2）绘制折弯线。选取图 17.3.14 所示的模型表面为草图平面，绘制图 17.3.15 所示的折弯线。

图 17.3.13　折弯特征 1

图 17.3.14　定义草图平面

（3）定义折弯属性及参数。在"折弯"命令条中单击"折弯位置"按钮 ⊞，在 折弯半径: 文本框中输入值 0.2，在 角度: 文本框中输入值 135；单击"从轮廓起"按钮 ▣，并定义折弯的位置如图 17.3.16 所示的位置后单击；单击"移动侧"按钮 ⧉，并将方向调整至图 17.3.17 所示的方向；单击"折弯方向"按钮 ⊞，并将方向调整至图 17.3.18 所示的方向。

图 17.3.15　绘制折弯线

图 17.3.16　定义折弯位置

图 17.3.17　定义移动侧方向

图 17.3.18　定义折弯方向

（4）单击 完成 按钮，完成特征的创建。

Step8. 创建图 17.3.19 所示的折弯特征 2。

（1）选择命令。单击 主页 功能选项卡 钣金 工具栏中的 折弯 按钮。

（2）绘制折弯线。选取图 17.3.20 所示的模型表面为草图平面，绘制图 17.3.21 所示的折弯线。

（3）定义折弯属性及参数。在"折弯"命令条中单击"折弯位置"按钮，在 折弯半径: 文本框中输入值 0.5，在 角度 文本框中输入值 135；单击"从轮廓起"按钮，并定义折弯的位置如图 17.3.22 所示的位置后单击；单击"移动侧"按钮，并将方向调整至图 17.3.23 所示的方向；单击"折弯方向"按钮，并将方向调整至图 17.3.24 所示的方向。

（4）单击 完成 按钮，完成特征的创建。

图 17.3.19　折弯特征 2

图 17.3.20　定义草图平面

图 17.3.21　绘制折弯线

图 17.3.22　定义折弯位置

图 17.3.23　定义移动侧方向

图 17.3.24　定义折弯方向

Step9. 创建图 17.3.25 所示的镜像特征 3。

（1）选取要镜像的特征。选取 Step7 和 Step8 所创建的折弯特征为镜像源。

（2）选择命令。单击 主页 功能选项卡 阵列 工具栏中的 镜像 按钮。

（3）定义镜像平面。选取前视图（XZ）平面为镜像平面。

（4）单击 完成 按钮，完成特征的创建。

Step10. 创建图 17.3.26 所示的法向除料特征 3。

图 17.3.25　镜像特征 3

图 17.3.26　法向除料特征 3

（1）选择命令。在 主页 功能选项卡 钣金 工具栏中单击 打孔 按钮，选择 法向除料 命令。

（2）定义特征的截面草图。

① 选取草图平面。在系统 单击平的面或参考平面。 的提示下，选取图 17.3.27 所示的模型表面为草图平面。

② 绘制图 17.3.28 所示的截面草图。

图 17.3.27　定义草图平面

图 17.3.28　除料截面草图

③ 单击"主页"功能选项卡中的"关闭草图"按钮，退出草绘环境。

（3）定义法向除料特征属性。在"法向除料"命令条中单击"厚度剪切"按钮 和"全部穿透"按钮，并将移除方向调整至图 17.3.29 所示的方向。

（4）单击 完成 按钮，完成特征的创建。

Step11. 创建图 17.3.30 所示的法向除料特征 4。

图 17.3.29　定义移除方向

图 17.3.30　法向除料特征 4

（1）选择命令。在 主页 功能选项卡 钣金 工具栏中单击 打孔 按钮，选择 法向除料 命令。

（2）定义特征的截面草图。

① 选取草图平面。在系统 单击平的面或参考平面。 的提示下，选取图 17.3.31 所示的模型表面为草图平面。

② 绘制图 17.3.32 所示的截面草图。

图 17.3.31　定义草图平面

图 17.3.32　除料截面草图

③ 单击"主页"功能选项卡中的"关闭草图"按钮 ，退出草绘环境。

（3）定义法向除料特征属性。在"法向除料"命令条中单击"厚度剪切"按钮 和"全部穿透"按钮 ，并将移除方向调整至图 17.3.33 所示的方向。

（4）单击 完成 按钮，完成特征的创建。

Step12. 创建图 17.3.34 所示的镜像特征 4。

（1）选取要镜像的特征。选取 Step11 所创建的法向除料特征 4 为镜像源。

（2）选择命令。单击 主页 功能选项卡 阵列 工具栏中的 镜像 按钮。

（3）定义镜像平面。选取右视图（YZ）平面为镜像平面。

（4）单击 完成 按钮，完成特征的创建。

图 17.3.33　定义移除方向

图 17.3.34　镜像特征 4

Step13. 创建图 17.3.35 所示的法向除料特征 6。

（1）选择命令。在 主页 功能选项卡 钣金 工具栏中单击 打孔 按钮，选择 法向除料 命令。

（2）定义特征的截面草图。

① 选取草图平面。在系统 单击平的面或参考平面。 的提示下，选取图 17.3.36 所示的模型表面为草图平面。

② 绘制图 17.3.37 所示的截面草图。

图 17.3.35　法向除料特征 6　　　　　　图 17.3.36　定义草图平面

图 17.3.37　截面草图

③ 单击"主页"功能选项卡中的"关闭草图"按钮 ，退出草绘环境。

（3）定义法向除料特征属性。在"法向除料"命令条中单击"厚度剪切"按钮 和"全部穿透"按钮 ，并将移除方向调整至图 17.3.38 所示的方向。

图 17.3.38　定义移除方向

（4）单击 完成 按钮，完成特征的创建。

Step14. 创建图 17.3.39 所示的镜像特征 5。

（1）选取要镜像的特征。选取 Step13 所创建的法向除料特征 6 为镜像源。

（2）选择命令。单击 主页 功能选项卡 阵列 工具栏中的 镜像 按钮。

（3）定义镜像平面。选取右视图（YZ）平面为镜像平面。

（4）单击 完成 按钮，完成特征的创建。

a）镜像前　　　　　　　　　　　　　　　b）镜像后

图 17.3.39　镜像特征 5

Step15. 创建图 17.3.40 所示的镜像特征 6。

（1）选取要镜像的特征。选取 Step13 和 Step14 所创建的特征为镜像源。

（2）选择命令。单击 主页 功能选项卡 阵列 工具栏中的 镜像 按钮。

（3）定义镜像平面。选取前视图（XZ）平面为镜像平面。

（4）单击 完成 按钮，完成特征的创建。

a）镜像前　　　　　　　　　　　　　　b）镜像后

图 17.3.40　镜像特征 6

Step16. 创建图 17.3.41 所示的弯边特征 3。

（1）选择命令。单击 主页 功能选项卡 钣金 工具栏中的"弯边"按钮。

（2）定义附着边。选取图 17.3.42 所示的模型边线为附着边。

（3）定义弯边类型。在"弯边"命令条中单击"完全宽度"按钮；在 距离: 文本框中输入值 6，在 角度: 文本框中输入值 90；单击"内部尺寸标注"按钮和"材料内侧"按钮；调整弯边侧方向向上，如图 17.3.41 所示。

（4）定义弯边属性及参数。单击"弯边选项"按钮，取消选中 使用默认值* 复选框，在 折弯半径(B): 文本框中输入数值 0.2；选中 折弯止裂口(E) 复选框，并选中 圆形(R) 单选项，取消选中 使用默认值(I)* 复选框，在 深度(D): 文本框中输入值 0.1；取消选中 使用默认值(L)* 复选框，在 宽度(H): 文本框中输入值 0.1；单击 确定 按钮。

（5）单击 完成 按钮，完成特征的创建。

图 17.3.41　弯边特征 3　　　　　　　　图 17.3.42　选取附着边

Step17. 创建图 17.3.43 所示的弯边特征 4。

（1）选择命令。单击 主页 功能选项卡 钣金 工具栏中的"弯边"按钮。

（2）定义附着边。选取图 17.3.44 所示的模型边线为附着边。

（3）定义弯边类型。在"弯边"命令条中单击"中心点"按钮 ⊞；在 距离: 文本框中输入值 5，在 角度: 文本框中输入值 90；单击"内部尺寸标注"按钮 ⊺⊺ 和"外侧折弯"按钮 ⟆；调整弯边侧方向如图 17.3.43 所示。

图 17.3.43　弯边特征 4　　　　　　　　　　图 17.3.44　选取附着边

（4）定义弯边尺寸。单击"轮廓步骤"按钮 ⬚，编辑草图尺寸如图 17.3.45 所示，单击 ✓ 按钮，退出草绘环境。

图 17.3.45　截面草图

（5）定义折弯半径及止裂槽参数。单击"弯边选项"按钮 ▤，取消选中 ☐ 使用默认值* 复选框，在 折弯半径(R) 文本框中输入数值 0.2，并取消选中 ☐ 折弯止裂口(E) 复选框，单击 确定 按钮。

（6）单击 完成 按钮，完成特征的创建。

Step18. 创建图 17.3.46 所示的镜像特征 7。

（1）选取要镜像的特征。选取 Step16 和 Step17 所创建的特征为镜像源。

（2）选择命令。单击 主页 功能选项卡 阵列 工具栏中的 ⫴ 镜像 按钮。

（3）定义镜像平面。选取前视图（XZ）平面为镜像平面。

（4）单击 完成 按钮，完成特征的创建。

Step19. 创建图 17.3.47 所示的镜像特征 8。

图 17.3.46　镜像特征 7

图 17.3.47　镜像特征 8

（1）选取要镜像的特征。选取 Step16 至 Step18 所创建的特征为镜像源。

（2）选择命令。单击 主页 功能选项卡 阵列 工具栏中的 镜像 按钮。

（3）定义镜像平面。选取右视图（YZ）平面为镜像平面。

（4）单击 完成 按钮，完成特征的创建。

Step20. 保存钣金件模型文件，并命名为 rectifier_down_shell。

实例 18　打孔机组件

18.1　实 例 概 述

本实例详细介绍了图 18.1.1 所示的打孔机的设计过程。钣金件 1、钣金件 2 和钣金件 3 的设计过程比较简单，其中用到了平板、法向除料、弯边、折弯、镜像体、阵列、凹坑、变换和零件特征等命令。

a）装配图

b）爆炸图

图 18.1.1　打孔机

18.2　钣 金 件 1

钣金件模型及模型树如图 18.2.1 所示。

图 18.2.1　钣金件模型及模型树

Step1. 新建文件。选择下拉菜单 ➡ 新建(N) ➡ GB 板金 使用默认模板创建新的钣金文档 命令。

Step2. 切换至零件环境。选择下拉菜单 ➡ 切换到 ➡
零件 在钣金环境与零件环境之间切换模型 命令，进入零件环境。

Step3. 创建图 18.2.2 所示的拉伸特征 1。

（1）选择命令。单击 主页 功能选项卡 实体 区域中的"拉伸"按钮 。

（2）定义特征的截面草图。

① 选取草图平面。在系统 单击平的面或参考平面. 的提示下，选取俯视图（XY）平面作为草图平面。

② 绘制图 18.2.3 所示的截面草图。

图 18.2.2 拉伸特征 1

图 18.2.3 截面草图

③ 单击"主页"功能选项卡中的"关闭草图"按钮，退出草绘环境。

（3）定义拉伸属性。在"拉伸"命令条单击 按钮定义拉伸深度，在 距离: 文本框中输入值 8.0，并按 Enter 键，单击"对称延伸"按钮。

（4）单击 完成 按钮，完成特征的创建。

Step4. 创建图 18.2.4 所示的除料特征 1。

（1）选择命令。单击 主页 功能选项卡 实体 区域中的"除料"按钮。

（2）定义特征的截面草图。

① 选取草图平面。在系统 单击平的面或参考平面. 的提示下，选取右视图（YZ）平面为草图平面。

② 绘制图 18.2.5 所示的截面草图。

③ 单击"主页"功能选项卡中的"关闭草图"按钮，退出草绘环境。

（3）定义除料特征属性。在"除料"命令条中单击 按钮定义除料深度，在该命令条中单击"全部穿透"按钮，并定义除料方向如图 18.2.6 所示。

（4）单击 完成 按钮，完成特征的创建。

图 18.2.4 除料特征 1

图 18.2.5 截面草图

图 18.2.6 定义移除方向

Step5. 创建图 18.2.7b 所示的倒圆角特征 1。

（1）选择命令。单击 主页 功能选项卡 实体 区域中的"倒圆"按钮。

（2）定义圆角对象。选取图 18.2.7a 所示的四条边线为要圆角的对象。

（3）定义圆角参数。在"倒圆"命令条的 半径: 文本框中输入值 4.0，并按 Enter 键，单击鼠标右键。

（4）单击命令条中的 完成 按钮，完成特征的创建。

a）倒圆前　　　　　选取这四条边线　　　　　b）倒圆后

图 18.2.7　倒圆角特征 1

Step6. 创建拔模特征 1。

（1）选择命令。单击 主页 功能选项卡 实体 区域中的"拔模"按钮 。

（2）定义拔模类型。单击 按钮，选择拔模类型为 ⊙ 从平面(F)；单击 确定 按钮，完成拔模类型的设置。

（3）定义参考面。在系统的提示下，选取图 18.2.8 所示的模型表面为拔模参考面。

（4）定义拔模面。在系统的提示下，选取图 18.2.8 所示的模型表面为需要拔模的面。

（5）定义拔模属性。在"拔模"命令条的 拔模角度: 文本框中输入值 5.0，单击鼠标右键，然后单击 下一步 按钮。

（6）定义拔模方向。移动鼠标将拔模方向调整至图 18.2.9 所示的方向后单击。

（7）单击命令条中的 完成 按钮，完成特征的创建。

选取此模型表面为参考面

选取此模型侧面为拔模面

图 18.2.8　选取拔模面和参考面　　　　　图 18.2.9　拔模方向

Step7. 创建拔模特征 2。

（1）选择命令。单击 主页 功能选项卡 实体 区域中的"拔模"按钮 。

（2）定义拔模类型。单击 按钮，选择拔模类型为 ⊙ 从平面(F)；单击 确定 按钮，完成拔模类型的设置。

（3）定义参考面。在系统的提示下，选取图 18.2.10 所示的模型表面为拔模参考面。

（4）定义拔模面。在系统的提示下，选取图 18.2.10 所示的模型表面为需要拔模的面。

（5）定义拔模属性。在"拔模"命令条的 拔模角度: 文本框中输入值 5.0，单击鼠标右键，然后单击 下一步 按钮。

（6）定义拔模方向。移动鼠标将拔模方向调整至图 18.2.11 所示的方向后单击。

（7）单击命令条中的 完成 按钮，完成特征的创建。

Step8. 创建图 18.2.12b 所示的倒圆角特征 2。

（1）选择命令。单击 主页 功能选项卡 实体 区域中的"倒圆"按钮 。

（2）定义圆角对象。选取图 18.2.12a 所示的边线为要倒圆角的对象。

（3）定义圆角参数。在"倒圆"命令条的 半径: 文本框中输入值 2.0，并按 Enter 键，单击鼠标右键。

（4）单击命令条中的 完成 按钮，完成特征的创建。

图 18.2.10　选取拔模面和参考面　　　　图 18.2.11　拔模方向

a）倒圆前　　　　b）倒圆后

图 18.2.12　倒圆角特征 2

Step9. 创建图 18.2.13b 所示的倒圆角特征 3。

（1）选择命令。单击 主页 功能选项卡 实体 区域中的"倒圆"按钮 。

（2）定义圆角对象。选取图 18.2.13a 所示的两条边线为要圆角的对象。

（3）定义圆角参数。在"倒圆"命令条的 半径: 文本框中输入值 2.0，并按 Enter 键，单击鼠标右键。

（4）单击命令条中的 完成 按钮，完成特征的创建。

a）倒圆前　　　　b）倒圆后

图 18.2.13　倒圆角特征 3

Step10. 创建图 18.2.14b 所示的倒圆角特征 4。

（1）选择命令。单击 主页 功能选项卡 实体 区域中的"倒圆"按钮 。

（2）定义圆角对象。选取图 18.2.23a 所示的边链为要圆角的对象。

（3）定义圆角参数。在"倒圆"命令条的 半径: 文本框中输入值 2.0，并按 Enter 键，单击鼠标右键。

（4）单击命令条中的 完成 按钮，完成特征的创建。

a）倒圆前　　　　b）倒圆后

图 18.2.14　倒圆角特征 4

Step11. 创建图 18.2.15b 所示的薄壁特征 1。

（1）选择命令。单击 主页 功能选项卡 实体 区域中的 薄壁 按钮。

（2）定义薄壁厚度。在"薄壁"命令条中的 同一厚度: 文本框中输入值 1.0，并按 Enter 键。

（3）定义移除面。在系统提示下，选择图 18.2.15a 所示的模型表面为要移除的面，单击鼠标右键。

（4）在命令条中单击 预览 按钮显示其结果，并单击 完成 按钮，完成特征的创建。

a）薄壁前（实体零件）　　　　　　　　　　b）薄壁后（钣金件）

图 18.2.15　薄壁特征 1

Step12. 切换至钣金环境。选择下拉菜单 [图标] ➡ [切换到] ➡ [图标] 钣金 在钣金环境与零件环境之间切换模型 命令，进入钣金环境。

Step13. 将实体转换为钣金。

（1）选择命令。选择下拉菜单 [图标] ➡ [图标] 变换为钣金 命令。

（2）定义基本面。选取图 18.2.16 所示的模型表面为基本面。

（3）单击 完成 按钮，完成将实体转换为钣金的操作。

Step14. 创建图 18.2.17 所示的凹坑特征 1。

图 18.2.16　定义转换的基本面

创建此凹坑特征 1

图 18.2.17　凹坑特征 1

（1）选择命令。单击 主页 功能选项卡 钣金 工具栏中的"凹坑"按钮 [图标]。

（2）绘制截面草图。选取图 18.2.18 所示的模型表面为草图平面，绘制图 18.2.19 所示的截面草图。

图 18.2.18　定义草图平面　　　　　　　　图 18.2.19　截面草图

（3）定义凹坑属性。在"凹坑"命令条中单击 [图标] 按钮，单击"偏置尺寸"按钮 [图标]，在距离:文本框中输入值 1.5，单击 ▦ 按钮，在 拔模角(T): 文本框中输入值 5，在 倒圆 区域中选中 ☑包括倒圆(I) 复选框，在 凸模半径 文本框中输入值 0.4；在 凹模半径 文本框中输入值 0.2；并选中 ☑包含凸模侧拐角半径(A) 复选框，在 半径(R): 文本框中输入值 0.5，单击 确定 按钮；定义其冲压方向为模型外部，如图 18.2.17 所示，单击 "轮廓代表凸模" 按钮 ⊔ 。

（4）单击命令条中的 完成 按钮，完成特征的创建。

Step15. 创建图 18.2.20 所示的法向除料特征 1。

（1）选择命令。在 主页 功能选项卡 钣金 工具栏中单击 打孔 按钮，选择 ▯ 法向除料 命令。

（2）定义特征的截面草图。

① 选取草图平面。在系统 单击平的面或参考平面。 的提示下，选取图 18.2.21 所示的模型表面为草图平面。

② 绘制图图 18.2.22 所示的截面草图。

③ 单击 "主页" 功能选项卡中的 "关闭草图" 按钮 ☑ ，退出草绘环境。

（3）定义法向除料特征属性。在 "法向除料" 命令条中单击 "厚度剪切" 按钮 ▱ 和 "全部穿透" 按钮 ▭ ，并将移除方向调整至图 18.2.23 所示的方向。

（4）单击 完成 按钮，完成特征的创建。

图 18.2.20　法向除料特征 1

图 18.2.21　草图平面

图 18.2.22　截面草图

图 18.2.23　定义移除方向

Step16. 保存钣金件模型文件，并命名为 BASE。

18.3　钣 金 件 2

钣金件模型及模型树如图 18.3.1 所示。

图 18.3.1　钣金件模型及模型树

Step1. 新建文件。选择下拉菜单 ⚙ ➡ 📄 新建(N) ➡ 🟦 ^{GB 板金} 使用默认模板创建新的钣金文档。命令。

Step2. 创建图 18.3.2 所示的平板特征 1。

（1）选择命令。单击 主页 功能选项卡 钣金 工具栏中的 "平板" 按钮▱。

（2）定义特征的截面草图。

① 选取草图平面。在系统 单击平的面或参考平面。的提示下，选取俯视图（XY）平面作为草图平面。

② 绘制图 18.3.3 所示的截面草图。

图 18.3.2　平板特征 1

图 18.3.3　截面草图

③ 单击 "主页" 功能选项卡中的 "关闭草图" 按钮✓，退出草绘环境。

（3）定义材料厚度及方向。在 "平板" 命令条中单击 "厚度步骤" 按钮⬚定义材料厚度，在 厚度: 文本框中输入值 0.2，并将材料加厚方向调整至图 18.3.4 所示的方向。

（4）单击命令条中的 完成 按钮，完成特征的创建。

图 18.3.4　定义材料方向

Step3. 创建图 18.3.5 所示的折弯特征 1。

（1）选择命令。单击 主页 功能选项卡 钣金 工具栏中的 ⁺ 折弯 按钮。

（2）绘制折弯线。选取图 18.3.5 所示的模型表面为草图平面，绘制图 18.3.6 所示的折弯线。

（3）定义折弯属性及参数。在"折弯"命令条中单击"折弯位置"按钮![icon]，在 折弯半径: 文本框中输入值 0.1，在 角度: 文本框中输入值 90；单击"材料外部"按钮![icon]；单击"移动侧"按钮![icon]，并将方向调整至图 18.3.7 所示的方向；单击"折弯方向"按钮![icon]，并将方向调整至图 18.3.8 所示的方向。

（4）单击 完成 按钮，完成特征的创建。

图 18.3.5　折弯特征 1

图 18.3.6　绘制折弯线

图 18.3.7　定义移动方向

图 18.3.8　定义折弯方向

Step4. 创建图 18.3.9 所示的弯边特征 1。

（1）选择命令。单击 主页 功能选项卡 钣金 工具栏中的"弯边"按钮![icon]。

（2）定义附着边。选取图 18.3.10 所示的模型边线为附着边。

（3）定义弯边类型。在"弯边"命令条中单击"完全宽度"按钮![icon]，在 距离: 文本框中输入值 15，在 角度: 文本框中输入值 90，单击"外部尺寸标注"按钮![icon]和"材料内侧"按钮![icon]，调整弯边侧方向向内并单击左键，如图 18.3.9 所示。

（4）定义弯边属性及参数。各选项采用系统默认设置。

（5）单击 完成 按钮，完成特征的创建。

图 18.3.9　弯边特征 1

图 18.3.10　定义附着边

Step5. 创建图 18.3.11 所示的弯边特征 2。

（1）选择命令。单击 主页 功能选项卡 钣金 工具栏中的"弯边"按钮![icon]。

图 18.3.11 弯边特征 2

选取此边线为附着边

放大图

图 18.3.12 定义附着边

（2）定义附着边。选取图 18.3.12 所示的模型边线为附着边。

（3）定义弯边类型。在"弯边"命令条中单击"从两端"按钮 [X]，在 距离: 文本框中输入值 3，在 角度: 文本框中输入值 120，单击"外部尺寸标注"按钮 [X] 和"外侧折弯"按钮 [X]，调整弯边侧方向向下并单击左键，如图 18.3.11 所示。

（4）定义弯边尺寸。单击"轮廓步骤"按钮 [X]，编辑草图尺寸如图 18.3.13 所示，单击 [X] 按钮，退出草绘环境。

图 18.3.13 编辑草图

（5）定义折弯半径及止裂槽参数。单击"弯边选项"按钮 [X]，取消选中 □ 折弯止裂口 (R) 复选框，单击 确定 按钮。

（6）单击 完成 按钮，完成特征的创建。

Step6. 创建图 18.3.14 所示的弯边特征 3。

（1）选择命令。单击 主页 功能选项卡 钣金 工具栏中的"弯边"按钮 [X]。

（2）定义附着边。选取图 18.3.15 所示的模型边线为附着边。

（3）定义弯边类型。在"弯边"命令条中单击"完全宽度"按钮 [X]，在 距离: 文本框中输入值 15，在 角度: 文本框中输入值 90，单击"外部尺寸标注"按钮 [X] 和"材料内侧"按钮 [X]，调整弯边侧方向向下并单击左键，如图 18.3.14 所示。

（4）定义弯边属性及参数。单击"弯边选项"按钮 [X]，取消选中 □ 折弯止裂口 (R) 复选框，单击 确定 按钮。

（5）单击 完成 按钮，完成特征的创建。

图 18.3.14　弯边特征 3

图 18.3.15　定义附着边

Step7. 创建图 18.3.16 所示的法向除料特征 1。

（1）选择命令。在 主页 功能选项卡 钣金 工具栏中单击 打孔 按钮，选择 法向除料 命令。

（2）定义特征的截面草图。

① 选取草图平面。在系统 单击平的面或参考平面。 的提示下，选取图 18.3.17 所示的模型表面为草图平面。

② 绘制图 18.3.18 所示的截面草图。

③ 单击"主页"功能选项卡中的"关闭草图"按钮，退出草绘环境。

（3）定义法向除料特征属性。在"法向除料"命令条中单击"厚度剪切"按钮 和"全部穿透"按钮，并将移除方向调整至图 18.3.19 所示的方向。

（4）单击 完成 按钮，完成特征的创建。

图 18.3.16　法向除料特征 1

图 18.3.17　定义草图平面

图 18.3.18　截面草图

图 18.3.19　定义移除方向

Step8. 创建图 18.3.20 所示的凹坑特征 1。

（1）选择命令。单击 主页 功能选项卡 钣金 工具栏中的"凹坑"按钮。

（2）绘制截面草图。选取图 18.3.20 所示的模型表面为草图平面，绘制图 18.3.21 所示的截面草图。

图 18.3.20 凹坑特征 1

图 18.3.21 截面草图

（3）定义凹坑属性。在"凹坑"命令条中单击 ⬚ 按钮，单击"偏置尺寸"按钮 ⬚，在 距离 文本框中输入值 1.5，单击 ⬚ 按钮，在 拔模角 (T): 文本框中输入值 10.0，在 倒圆 区域中选中 ☑ 包括倒圆(I) 复选框，在 凸模半径 文本框中输入值 0.5；在 凹模半径 文本框中输入值 0.2；单击 确定 按钮；定义其冲压方向为模型内部，单击"轮廓代表凸模"按钮 ⬚。

（4）单击命令条中的 完成 按钮，完成特征的创建。

Step9. 创建图 18.3.22 所示的阵列特征 1。

（1）选取要阵列的特征。选取 Step8 所创建的凹坑特征 1 为阵列特征。

（2）选择命令。单击 主页 功能选项卡 阵列 工具栏中的 ⬚ 阵列 按钮。

（3）定义要阵列草图平面。选取图 18.3.22 所示的模型表面为阵列草图平面。

（4）绘制矩形阵列轮廓。单击 特征 区域中的 ⬚ 按钮，绘制图 18.3.23 所示的矩形。

① 定义阵列类型。在"阵列"命令条的 翻转 下拉列表中选择 固定 。

② 定义阵列参数。在"阵列"命令条的 X: 文本框中输入阵列个数为 1；在"阵列"命令条的 Y: 文本框中输入阵列个数为 2，输入间距值为 15，单击右键确定。

③ 单击 ☑ 按钮，退出草绘环境。

（5）单击 完成 按钮，完成特征的创建。

图 18.3.22 阵列特征 1

图 18.3.23 绘制矩形阵列轮廓

Step10. 创建图 18.3.24 所示的法向除料特征 1。

（1）选择命令。在 主页 功能选项卡 钣金 工具栏中单击 打孔 按钮，选择 ⬚ 法向除料 命令。

（2）定义特征的截面草图。

① 选取草图平面。在系统 单击平的面或参考平面。 的提示下，选取图 18.3.24 所示的模型表面为草图平面。

② 绘制图 18.3.25 所示的截面草图。

图 18.3.24　法向除料特征 2

图 18.3.25　截面草图

③ 单击"主页"功能选项卡中的"关闭草图"按钮，退出草绘环境。

（3）定义法向除料特征属性。在"法向除料"命令条中单击"厚度剪切"按钮和"全部穿透"按钮，并将移除方向调整至图 18.3.26 所示的方向。

（4）单击按钮，完成特征的创建。

Step11. 创建图 18.3.27 所示的镜像体特征 1。

（1）选择命令。在功能选项卡工具栏中单击按钮，选择命令。

（2）定义镜像体。选取绘图区中的实体模型为镜像体。

（3）定义镜像平面。选取右视图（YZ）平面为镜像平面。

（4）单击按钮，完成特征的创建。

图 18.3.26　定义移除方向

图 18.3.27　镜像体特征 1

Step12. 创建图 18.3.28b 所示倒角特征 1。

（1）选择命令。单击功能选项卡工具栏中的按钮。

（2）定义倒角边线。选取图 18.3.28a 所示的边线为倒角的边线。

（3）定义倒角属性。在"倒角"命令条中单击按钮，在文本框中输入值 3.0，单击鼠标右键两次。

（4）单击按钮，完成特征的创建。

Step13. 创建图 18.3.29b 所示的倒角特征 2。

（1）选择命令。单击功能选项卡工具栏中的按钮。

（2）定义倒角边线。选取图 18.3.29a 所示的边线为倒角的边线。

（3）定义倒角属性。在"倒角"命令条中单击 ⌐ 按钮，在 折线 文本框中输入值 2.0。

图 18.3.28　倒角特征 1　　　　　　　图 18.3.29　倒角特征 2

Step14. 保存钣金件模型文件，并命名为 BRACKET。

18.4　钣 金 件 3

钣金件模型及模型树如图 18.4.1 所示。

图 18.4.1　钣金件模型及模型树

Step1. 新建文件。选择下拉菜单 ➡ 新建(N) ➡ GB 钣金 使用默认模板创建新的钣金文档。命令。

Step2. 切换至零件环境。选择下拉菜单 ➡ 切换到 ➡
零件 在钣金环境与零件环境之间切换模型。命令，进入零件环境。

Step3. 创建图 18.4.2 所示的拉伸特征 1。

（1）选择命令。单击 主页 功能选项卡 实体 区域中的"拉伸"按钮 。

（2）定义特征的截面草图。

① 选取草图平面。在系统 单击平面的面或参考平面。 的提示下，选取前视图（XZ）平面作为草图平面。

② 绘制图 18.4.3 所示的截面草图。

③ 单击"主页"功能选项卡中的"关闭草图"按钮 ，退出草绘环境。

（3）定义拉伸属性。在"拉伸"命令条单击 按钮定义拉伸深度，在 ^{距离} 文本框中输入值 110.0，并按 Enter 键，单击"对称延伸"按钮 。

（4）单击 完成 按钮，完成特征的创建。

图 18.4.2　拉伸特征 1

图 18.4.3　截面草图

Step4. 创建图 18.4.4b 所示的倒圆角特征 1。

（1）选择命令。单击 主页 功能选项卡 实体 区域中的"倒圆"按钮 🔘。

（2）定义圆角对象。选取图 18.4.4b 所示的两条边线为要倒圆角的对象。

（3）定义圆角参数。在"倒圆角"命令条的 ^{半径} 文本框中输入 5.0，并按 Enter 键，单击鼠标右键。

（4）单击命令条中的 完成 按钮，完成特征的创建。

　　a）倒圆角前　　　　　　　　　　　　　　　　　　b）倒圆角后

图 18.4.4　倒圆角特征 1

Step5. 创建图 18.4.5b 所示的倒圆角特征 2。

（1）选择命令。单击 主页 功能选项卡 实体 区域中的"倒圆"按钮 🔘。

（2）定义圆角对象。选取图 18.4.5a 所示的边线为要倒圆角的对象。

（3）定义圆角参数。在"倒圆"命令条的 ^{半径} 文本框中输入值 2.0，并按 Enter 键，单击鼠标右键。

（4）单击命令条中的 完成 按钮，完成特征的创建。

　　a）倒圆角前　　　　　　　　　　　　　　　　　　b）倒圆角后

图 18.4.5　倒圆角特征 2

Step6. 创建图 18.4.6b 所示的薄壁特征 1。

（1）选择命令。单击 主页 功能选项卡 实体 区域中的 薄壁 按钮。

（2）定义薄壁厚度。在"薄壁"命令条中的^{同一厚度}文本框中输入值 1.0，并按 Enter 键。

（3）定义移除面。在该命令条中的 选择: 下拉列表选择 单一 选项；并选取图 18.4.6a 所示的模型表面为要移除的面，单击鼠标右键。

（4）在命令条中单击 预览 按钮显示其结果，并单击 完成 按钮，完成特征的创建。

壳体的移除面

a）薄壁前　　　　　　　　　　　b）薄壁后

图 18.4.6　薄壁特征 1

Step7. 切换至钣金环境。选择下拉菜单 🔻 ➡ 📥 切换到 ➡ 🗂 钣金 在钣金环境与零件环境之间切换模型 命令，进入钣金环境。

Step8. 将实体转换为钣金。

（1）选择命令。选择下拉菜单 🔻 ➡ 🗑 变换为钣金 命令。

（2）定义基本面。选取图 18.4.7 所示的模型表面为基本面。

（3）单击 完成 按钮，完成将实体转换为钣金的操作。

Step9. 创建图 18.4.8 所示的除料特征 1。

选取此面为基本面

图 18.4.7　定义转换的基本面　　　　　图 18.4.8　除料特征 1

（1）选择命令。在 主页 功能选项卡 钣金 工具栏中单击 打孔 按钮，选择 🔲 除料 命令。

（2）定义特征的截面草图。

① 选取草图平面。在系统 单击平的面或参考平面。 的提示下，选取前视图（XZ）平面作为草图平面。

② 绘制图 18.4.9 所示的截面草图。

③ 单击"主页"功能选项卡中的"关闭草图"按钮 ✔，退出草绘环境。

（3）定义除料特征属性。在"除料"命令条中单击 🔖 按钮定义延伸深度，在该命令条中单击"全部穿透"按钮 ▣，并定义除料方向如图 18.4.10 所示。

图 18.4.9　截面草图　　　　　　　图 18.4.10　定义移除方向

（4）单击 完成 按钮，完成特征的创建。

Step10. 创建图 18.4.11 所示的法向除料特征 1。

（1）选择命令。在 主页 功能选项卡 钣金 工具栏中单击 打孔 按钮，选择 法向除料 命令。

（2）定义特征的截面草图。

① 选取草图平面。在系统 单击平的面或参考平面。 的提示下，选取图 18.4.12 所示的模型表面为草图平面。

② 绘制图 18.4.13 所示的截面草图。

③ 单击"主页"功能选项卡中的"关闭草图"按钮 ，退出草绘环境。

（3）定义法向除料特征属性。在"法向除料"命令条中单击"厚度剪切"按钮 和"全部穿透"按钮 ，并将移除方向调整至图 18.4.14 所示的方向。

（4）单击 完成 按钮，完成特征的创建。

图 18.4.11　法向除料特征 1

图 18.4.12　定义草图平面

图 18.4.13　截面草图

图 18.4.14　定义移除方向

Step11. 创建图 18.4.15 所示的卷边特征 1。

（1）选择命令。在 主页 功能选项卡 钣金 工具栏中单击 轮廓弯边 按钮，选择 卷边 命令。

（2）选取卷边。选取图 18.4.16 所示的模型边线为折弯的附着边。

（3）定义卷边类型及属性。在"卷边"命令条中的单击"材料外侧"按钮 ，单击"卷边选项"按钮 ，在 卷边轮廓 区域中的 卷边类型 (T): 下拉列表中选择 闭环 选项；在 ① 折弯半径 1: 文本框中输入值 0.5，在 ② 弯边长度 1: 文本框中输入值 3，单击 确定 按钮，并单击鼠标右键。

图 18.4.15　卷边特征 1

图 18.4.16　定义附着边

（4）单击 完成 按钮，完成特征的创建。

Step12. 创建图 18.4.17 所示的法向除料特征 2。

（1）选择命令。在 主页 功能选项卡 钣金 工具栏中单击 打孔 按钮，选择 法向除料 命令。

（2）定义特征的截面草图。

① 选取草图平面。在系统 单击平的面或参考平面 的提示下，选取前视图（XZ）平面作为草图平面。

② 绘制图 18.4.18 所示的截面草图。

③ 单击"主页"功能选项卡中的"关闭草图"按钮 ，退出草绘环境。

图 18.4.17　法向除料特征 2

图 18.4.18　截面草图

（3）定义法向除料特征属性。在"法向除料"命令条中单击"厚度剪切"按钮 和"全部穿透"按钮 ，并将移除方向调整至图 18.4.19 所示的方向。

（4）单击 完成 按钮，完成特征的创建。

图 18.4.19　定义移除方向

Step13. 保存钣金件模型文件，并命名为 HAND。

实例 19   电脑机箱的自顶向下设计

19.1   实 例 概 述

本实例详细讲解了采用自顶向下（Top_Down Design）设计方法创建图 19.1.1 所示的电脑机箱的整个设计过程，其设计过程是先确定机箱内部主板、电源等各组件的尺寸，再将其组装成装配体，然后根据该装配体建立一个骨架模型，通过该骨架模型将设计意图传递给机箱的各个钣金件后，再对钣金件进行细节设计。

骨架模型是根据装配体内各元件之间的关系而创建的一种特殊的零件模型，或者说它是一个装配体的 3D 布局，是自顶向下设计（Top_Down Design）的一个强有力的工具。

当机箱完成后，机箱内部的主板、电源等组件的尺寸发生了变化，则机箱的尺寸也自动随之更改。这种自顶向下的设计方法可以加快产品更新换代的速度，极大地缩短新产品的上市时间。当然，自顶向下的设计方法也非常适用于系列化的产品设计。

a) 方位 1   b) 方位 2   c) 方位 3

图 19.1.1   电脑机箱

19.2   准备机箱的原始文件

机箱设计的原始数据文件是指机箱内部的组件，主要包括主板、电源和光驱三个组件，这三个组件基本上可以用来控制机箱的总体尺寸，通常是由上游设计部门提供。本书将主板、电源和光驱三个组件简化为三个简单的零件模型并进行装配（图 19.2.1）。读者可按本节的操作步骤完成机箱的原始文件的创建，也可跳过本节的学习，在设计机箱时直接调用机箱的原始文件，主板模型如图 19.2.2 所示。

图 19.2.1　机箱的原始文件

图 19.2.2　主板模型

19.2.1　创建机箱内部零件

Task1. 创建图 19.2.2 所示的主板模型

Step1. 新建文件。选择下拉菜单 ⊙ ➡ 🗋 新建(N) ➡ 🗋 GB 零件 使用默认模板创建新的零件文档。命令。

Step2. 创建图 19.2.3 所示的拉伸特征 1。

（1）选择命令。单击 主页 功能选项卡 实体 区域中的"拉伸"按钮 ▱ 。

① 选取草图平面。在系统 单击平的面或参考平面。 的提示下，选取俯视图（XY）平面作为草图平面。

② 绘制图 19.2.4 所示的截面草图。

③ 单击"主页"功能选项卡中的"关闭草图"按钮 ✓ ，退出草绘环境。

（3）定义拉伸属性。在命令条单击 ▣ 按钮定义拉伸深度，在 距离: 文本框中输入值 3，并按 Enter 键，定义延伸方向如图 19.2.5 所示。

（4）单击 完成 按钮，完成特征的创建。

图 19.2.3　拉伸特征 1

图 19.2.4　截面草图

Step3. 创建图 19.2.6 所示的孔特征 1。

图 19.2.5　定义延伸方向

图 19.2.6　孔特征 1

（1）选择命令。单击 主页 功能选项卡 钣金 工具栏中的"打孔"按钮 ▱ 。

（2）定义孔的参数。单击 按钮，在 类型(Y): 下拉列表中选择 简单孔 选项，在 单位(U): 下拉列表中选择 毫米 选项，在 直径(I): 下拉列表中输入值 10，在 延伸 区域中选择延伸类型为 ⊟ （全部穿透），单击 确定 按钮，完成孔参数的设置。

（3）定义孔的放置面。选取图 19.2.6 所示的模型表面为孔的放置面，在模型表面单击完成孔的放置。

（4）编辑孔的定位。在草图环境中对其添加几何尺寸约束，如图 19.2.7 所示。

（5）定义孔的延伸方向。定义孔延伸方向如图 19.2.8 所示并单击。

（6）单击 完成 按钮，完成特征的创建。

图 19.2.7　添加几何尺寸约束

图 19.2.8　定义延伸方向

Step4. 创建图 19.2.9 所示的孔特征 2。单击 主页 功能选项卡 钣金 工具栏中的"打孔"按钮 ；单击 按钮，在 类型(Y): 下拉列表中选择 简单孔 选项，在 单位(U): 下拉列表中选择 毫米 选项，在 直径(I): 下拉列表中输入值 10，在 延伸 区域选择延伸类型为 ⊟ （全部穿透），单击 确定 按钮，选取图 19.2.9 所示的模型表面为孔的放置面，在草图环境中对其添加几何尺寸约束，如图 19.2.10 所示；定义孔延伸方向如图 19.2.11 所示并单击，单击 完成 按钮，完成孔特征 2 的创建。

图 19.2.9　孔特征 2

图 19.2.10　添加几何尺寸约束

Step5. 创建图 19.2.12 所示的镜像特征 1。

图 19.2.11　定义延伸方向

图 19.2.12　镜像特征 1

（1）选取要镜像的特征。选取 Step3 至 Step4 所创建的孔特征为镜像源。

（2）选择命令。单击 主页 功能选项卡 阵列 区域中的 镜像 按钮。

（3）定义镜像平面。选取右视图（YZ）平面为镜像平面。

（4）单击 完成 按钮，完成特征的创建。

Step6. 创建图 19.2.13 所示的孔特征 5。单击 主页 功能选项卡 钣金 工具栏中的"打孔"按钮 ；单击 按钮，在 类型(Y): 下拉列表中选择 简单孔 选项，在 单位(U): 下拉列表中选择 毫米 选项，在 直径(I): 下拉列表中输入值 10，在 延伸 区域中选择延伸类型为 （全部穿透），单击 确定 按钮，选取图 19.2.13 所示的模型表面为孔的放置面，在草图环境中对其添加几何尺寸约束，如图 19.2.14 所示；定义孔延伸方向如图 19.2.15 所示并单击，单击 完成 按钮，完成孔特征 5 的创建。

图 19.2.13　孔特征 5

图 19.2.14　添加几何尺寸约束

Step7. 创建图 19.2.16 所示的镜像特征 2。选取 Step6 所创建的孔特征为镜像源；单击 主页 功能选项卡 阵列 区域中的 镜像 按钮；选取前视图（XZ）平面为镜像平面；单击 完成 按钮，完成镜像特征 2 的创建。

图 19.2.15　定义延伸方向

图 19.2.16　镜像特征 2

Step8. 保存零件模型文件，并命名为 MOTHERBOARD。

Task2. 创建图 19.2.17 所示的电源模型

Step1. 新建文件。选择下拉菜单 ➡ 新建(N) ➡ GB 零件 使用默认模板创建新的零件文档。命令。

Step2. 创建图 19.2.17 所示的拉伸特征 1。

（1）选择命令。单击 主页 功能选项卡 实体 区域中的"拉伸"按钮 。

① 选取草图平面。在系统 单击平的面或参考平面。 的提示下，选取俯视图（XY）平面作为草图平面。

② 绘制图 19.2.18 所示的截面草图。

③ 单击"主页"功能选项卡中的"关闭草图"按钮 ，退出草绘环境。

（3）定义拉伸属性。在"拉伸"命令条单击 按钮定义拉伸深度，在 距离:文本框中输入值 85，并按 Enter 键，定义延伸方向如图 19.2.19 所示。

（4）单击 完成 按钮，完成特征的创建。

图 19.2.17　电源模型（拉伸特征）

图 19.2.18　截面草图

图 19.2.19　定义延伸方向

Step3. 保存零件模型文件，并命名为 POWER_SUPPLY。

Task3.　创建图 19.2.20 所示的光驱模型

Step1. 新建文件。选择下拉菜单 ➡ 新建(N) ➡ GB 零件 使用默认模板创建新的零件文档。命令。

Step2. 创建拉伸特征 1。

（1）选择命令。单击 主页 功能选项卡 实体 区域中的"拉伸"按钮 。

① 选取草图平面。在系统 单击平的面或参考平面。的提示下，选取俯视图（XY）平面作为草图平面。

② 绘制图 19.2.21 所示的截面草图。

③ 单击"主页"功能选项卡中的"关闭草图"按钮 ，退出草绘环境。

（2）定义拉伸属性。在"拉伸"命令条单击 按钮定义拉伸深度，在 距离:文本框中输入值 40，并按 Enter 键，定义延伸方向如图 19.2.22 所示。

（3）单击 完成 按钮，完成特征的创建。

图 19.2.20　光驱模型（拉伸特征）

图 19.2.21　截面草图

图 19.2.22　定义延伸方向

Step3. 保存零件模型文件，并命名为 CD_DRIVER。

19.2.2　组装机箱内部零件

Task1.　新建一个装配文件,组装图 19.2.23 所示的主板模型

Step1. 选择下拉菜单 命令,新建一个装配文件。

Step2. 单击路径查找器中的"零件库"按钮 。在"零件库"对话框中的下拉列表中设定装配的工作路径为 D:\SEST4.6\work\ch19。

图 19.2.23　组装主板模型

Step3. 在"零件库"对话框中选中 MOTHERBOARD 零件。按住鼠标左键将其拖动至绘图区域,在图形区合适的位置处松开鼠标左键,即可把零件放置到默认位置。

Task2.　组装图 19.2.24 所示的电源模型

Step1. 在"零件库"对话框中选中 POWER_SUPPLY 零件,按住鼠标左键将其拖动至绘图区域,此时系统弹出装配命令条,按 Esc 退出该工具条。

Step2. 定义第一个装配约束(贴合约束)。

(1)单击 相关 区域中的 命令(或单击"配合"工具条中的关系类型按钮,在弹出的快捷命令中选择关系类型为 贴合);并在"偏移类型"按钮 后的文本框中输入-6.0。

(2)分别选取两个零件上要配合的面(图 19.2.25)。

图 19.2.24　组装电源模型

这两个零件表面贴合,并输入偏移值-6.0

图 19.2.25　元件装配的第一个约束

Step3. 定义第二个装配约束(面对齐约束)。

(1)单击 相关 区域中的 命令(或单击"配合"工具条中的关系类型按钮,在弹出的快捷命令中选择关系类型为 平面对齐);并在"偏移类型"按钮 后的文本框中输入-15.0。

(2)分别选取两个零件上要配合的面(图 19.2.26)。

Step4. 定义第三个装配约束(贴合约束)。

（1）单击 相关 区域中的 ⊪ 命令(或单击"配合"工具条中的关系类型按钮，在系统弹出的快捷命令中选择关系类型为 ⊪ 贴合)；并在"偏移类型"按钮 ⊟ 后的文本框中输入值30。

（2）分别选取两个零件上要配合的面（图19.2.27）。

说明：读者在添加约束时，可能和上述的方位不太一致，可参照录像操作。

图 19.2.26　元件装配的第二个约束　　　　图 19.2.27　元件装配的第三个约束

Task3．组装图 19.2.28 所示的光驱模型

Step1．在"零件库"对话框中选中 CD_DRIVER 零件，按住鼠标左键将其拖动至绘图区域，此时系统弹出装配命令条。

Step2．定义第一个装配约束（贴合约束）。

（1）单击 相关 区域中的 ⊪ 命令(或单击"配合"工具条中的关系类型按钮，在系统弹出的快捷命令中选择关系类型为 ⊪ 贴合)；并在"偏移类型"按钮 ⊟ 后的文本框中输入值10。

（2）分别选取两个零件上要配合的面（图19.2.29）。

图 19.2.28　组装光驱模型

图 19.2.29　元件装配的第一个约束

Step3．定义第二个装配约束（面对齐约束）。

（1）单击 相关 区域中的 ⊪ 命令（或单击"配合"工具条中的关系类型按钮，在弹出的快捷命令中选择关系类型为 ⊪ 平面对齐)；并在"偏移类型"按钮 ⊟ 后的文本框中输入值15。

（2）分别选取两个零件上要配合的面（图19.2.30）。

Step4．定义第三个装配约束（贴合约束）。

（1）单击 相关 区域中的 ⊪ 命令(或单击"配合"工具条中的关系类型按钮，在系统弹

出的快捷命令中选择关系类型为)。

（2）分别选取两个零件上要配合的面（图 19.2.31）。

这两个零件表面对齐，
并输入偏移值 15

图 19.2.30   元件装配的第二个约束

这两个零件
表面贴合

图 19.2.31   元件装配的第三个约束

Step5. 保存装配模型文件，并命名为 orign。

19.3   构建机箱的总体骨架

机箱总体骨架的创建在整个机箱的设计过程中是非常重要的，只有通过骨架文件才能把原始文件的数据传递给机箱的每个零件。机箱的总体骨架如图 19.3.1 所示。

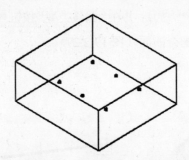

图 19.3.1   构建机箱的总体骨架

19.3.1   新建机箱总体装配文件

Step1. 选择下拉菜单 ⚙ ➡ 📄 新建(N) ➡ 🗔 GB 装配 使用默认模板创建新的装配文档 命令，新建一个装配文件。

Step2. 保存装配模型文件，并命名为 computer_case。

19.3.2   导入原始文件

Step1. 单击路径查找器中的"零件库"按钮 🔲。在"零件库"对话框中的下拉列表中设定装配的工作路径为 D:\SEST4.6\work\ch19。

Step2. 在"零件库"对话框中选中 origin 装配件。按住鼠标左键将其拖动至绘图区域，在图形区合适的位置处松开鼠标左键，即可把零件放置到默认位置。

19.3.3　创建骨架模型

Task1．在装配体中创建骨架模型

在 主页 功能选项卡 装配 区域中单击"原位创建零件"按钮 ，系统弹出的"原位创建零件"对话框，在 模板(T): 下拉列表中选择 gb part.par 选项；在 新文件名(N): 文本框中输入 COMPUTER_CASE_SKEL；在 新文件位置 区域中选中 ● 与当前装配相同(S): 单选项；然后单击 创建和编辑 按钮。

Task2．复制原始文件

Step1. 对 POWER_SUPPLY 零件进行曲面的复制（图 19.3.2）。

选取此模型表面

图 19.3.2　零件间副本 1

（1）选择命令。在 主页 功能选项卡 剪贴板 区域中单击 按钮，选择 零件间复制 命令；系统弹出"零件间复制"命令条。

（2）定义要复制的零件。在系统的提示下，在模型树中选择 POWER_SUPPLY 零件。

（3）定义要复制的面。选取图 19.3.2 所示的模型表面，单击右键。

（4）单击 完成 按钮，完成零件间的复制的创建。

Step2. 用同样的方法分别对 CD_DRIVER 和 MOTHERBOARD 零件进行曲面的复制（图 19.3.3），详细操作参见 Step1。

放大图

图 19.3.3　零件间副本

注意：在图 19.3.3 所示的曲面复制中，包含对六个孔位面进行复制。

Task3. 建立机箱骨架轮廓

Step1. 创建图 19.3.4 所示的平面特征 4。

（1）选择命令。在 主页 功能选项卡 平面 区域中单击 ▢ 按钮，选择 ▢ 平行 命令。

（2）定义参考平面。选取图 19.3.5 所示的模型表面为参考平面。

（3）定义偏移距离。在"平面"命令条中的 距离: 文本框中输入值 10，并定义特征的方向向外，如图 19.3.4 所示，单击鼠标左键，完成特征的创建。

图 19.3.4　平面特征 4　　　　　　　图 19.3.5　定义参考平面

Step2. 创建图 19.3.6 所示的平面特征 5。

（1）选择命令。在 主页 功能选项卡 平面 区域中单击 ▢ 按钮，选择 ▢ 平行 命令。

（2）定义参考平面。选取图 19.3.7 所示的模型表面为参考平面。

（3）定义偏移距离。在"平面"命令条中的 距离: 文本框中输入值 15，并定义特征的方向向外，如图 19.3.6 所示，单击鼠标左键，完成特征的创建。

图 19.3.6　平面特征 6　　　　　　　图 19.3.7　定义参考平面

Step3. 创建图 19.3.8 所示的拉伸特征 1。

（1）选择命令。在 主页 功能选项卡单击"实体"按钮，选择"拉伸"按钮 。

（2）定义特征的截面草图。

① 选取草图平面。在系统 单击平的面或参考平面。 的提示下，选取平面 4 作为草图平面。

② 绘制图 19.3.9 所示的截面草图。

③ 单击"主页"功能选项卡中的"关闭草图"按钮 ，退出草绘环境。

（3）定义拉伸属性。在"拉伸"命令条中单击 ![]按钮定义拉伸深度，在该命令条中单击"起始/终止范围"按钮![]，选择"平面 4"为起始面，选择"平面 5"为终止面。

（4）单击 完成 按钮，完成特征的创建。

图 19.3.8　拉伸特征 1

图 19.3.9　截面草图

Step4. 创建图 19.3.10 所示的除料特征 1（用于定义孔的位置）。

（1）选择命令。在 主页 功能选项卡单击"实体"按钮![]，选择"除料"按钮![]。

（2）定义特征的截面草图。

① 选取草图平面。在系统 单击平的面或参考平面。 的提示下，选取图 19.3.11 所示的模型表面作为草图平面。

图 19.3.10　除料特征 1　　　　　　　　图 19.3.11　定义草图平面

② 绘制图 19.3.12 所示的截面草图。

③ 单击"主页"功能选项卡中的"关闭草图"按钮![]，退出草绘环境。

（3）定义拉伸属性。在"除料"命令条中单击 ![]按钮定义拉伸深度，在该命令条中单击"有限范围"按钮![]，在 距离：文本框中输入值 5，并按 Enter 键，定义除料方向如图 19.3.13 所示。

（4）单击 完成 按钮，完成特征的创建。

Step5. 在 主页 功能选项卡 关闭 区域中单击"关闭并返回"按钮![]，完成机箱骨架的创建。

Step6. 保存装配模型文件。

图 19.3.12　截面草图

图 19.3.13　定义除料方向

19.4　机箱各零件的初步设计

初步设计是通过骨架文件创建出每个零件的第一钣金壁，设计出机箱的大致结构，经过验证数据传递无误后，再对每个零件进行具体细节的设计。

Task1.　创建图 19.4.1 所示的机箱的顶盖初步模型

Step1. 新建钣金件模型。

在 主页 功能选项卡 装配 区域中单击"原位创建零件"按钮，系统弹出的"原位创建零件"对话框，在 模板(T): 下拉列表中选择 gb sheet metal.psm 选项；在 新文件名(N): 文本框中输入 TOP_COVER；在 新文件位置 区域中选中 与当前装配相同(S) 单选项；然后单击 创建和编辑 按钮。

Step2. 将骨架中的设计意图传递给刚创建的机箱的顶盖钣金件（TOP_COVER）。

（1）选择命令。在 主页 功能选项卡 剪贴板 区域中单击 按钮，选择 零件间复制 命令；系统弹出"零件间复制"命令条。

（2）定义要复制的零件。在系统的提示下，在模型树中选择 COMPUTER_CASE_SKEL 零件。

（3）定义要复制的面。选取图 19.4.2 所示的模型表面，单击右键。

（4）单击 完成 按钮，所选的特征平面便复制到 TOP_COVER 中，这样就把骨架模型中的设计意图传递到钣金件 TOP_COVER 中。

图 19.4.1　创建机箱的顶盖

图 19.4.2　零件间副本 1

Step3. 创建图 19.4.1 所示的平板特征。

（1）选择命令。在 主页 功能选项卡单击"钣金"按钮 ，选择"平板"按钮 。

（2）定义特征的截面草图。

① 选取草图平面。在系统 单击平的面或参考平面 的提示下，选取图 19.4.3 所示的模型表面作为草图平面。

② 绘制图 19.4.4 所示的截面草图。

图 19.4.3　定义草图平面

图 19.4.4　截面草图

③ 单击"主页"功能选项卡中的"关闭草图"按钮 ，退出草绘环境。

（3）定义材料厚度及方向。在"平板"命令条中单击"厚度步骤"按钮 定义材料厚度，在 厚度: 文本框中输入值 0.5，并将材料加厚方向调整至图 19.4.5 所示的方向。

（4）单击命令条中的 完成 按钮，完成特征的创建。

图 19.4.5　定义材料方向

Step4. 在 主页 功能选项卡 关闭 区域中单击"关闭并返回"按钮 ，返回到 COMPUTER_CASE 装配环境中。

Task2. 创建图 19.4.6 所示的机箱的后盖初步模型

Step1. 在 主页 功能选项卡 装配 区域中单击"原位创建零件"按钮 ，系统弹出的"原位创建零件"对话框，在 模板(T) 下拉列表中选择 gb sheet metal.psm 选项；在 新文件名(N): 文本框中输入 BACK_COVER；在 新文件位置 区域中选中 ⊙ 与当前装配相同(S): 单选项；然后单击 创建和编辑 按钮。

注意：为了方便选取参考面，可在模型树中将 TOP_COVER 暂时隐藏。

Step2. 将骨架中的设计意图传递给刚创建的机箱的后盖钣金件（BACK_COVER）。

（1）选择命令。在 主页 功能选项卡 剪贴板 区域中单击 🖳 按钮，选择 🖳 零件间复制 命令；系统弹出"零件间复制"命令条。

（2）定义要复制的零件。在系统的提示下，在模型树中选择 COMPUTER_CASE_SKEL 零件。

（3）定义要复制的面。选取图 19.4.7 所示的模型表面，单击右键。

（4）单击 完成 按钮，所选的特征平面便复制到 BACK_COVER 中，这样就把骨架模型中的设计意图传递到钣金件 BACK_COVER 中。

图 19.4.6　创建机箱的后盖

图 19.4.7　零件间副本 1

Step3. 创建图 19.4.6 所示的平板特征。

（1）选择命令。在 主页 功能选项卡单击"钣金"按钮 🔲，选择"平板"按钮 🔲。

（2）定义特征的截面草图。

① 选取草图平面。在系统 单击平的面或参考平面。 的提示下，选取图 19.4.8 所示的模型表面作为草图平面。

② 绘制图 19.4.9 所示的截面草图。

图 19.4.8　定义草图平面

图 19.4.9　截面草图

③ 单击"主页"功能选项卡中的"关闭草图"按钮 ✅，退出草绘环境。

（3）定义材料厚度及方向。在"平板"命令条中单击"厚度步骤"按钮 🔁 定义材料厚度，在 厚度：文本框中输入值 0.5，并将材料加厚方向调整至图 19.4.10 所示的方向。

（4）单击命令条中的 完成 按钮，完成特征的创建。

Step4. 在 主页 功能选项卡 关闭 区域中单击"关闭并返回"按钮 ❌，返回到 COMPUTER_CASE 装配环境中。

图 19.4.10　定义材料方向

Task3．创建图 19.4.11 所示的机箱的前盖初步模型

Step1．详细操作过程参见 Task2 的 Step1，创建机箱的前盖钣金件模型，文件名为 FRONT_COVER。

注意：为了方便选取参考面，可在模型树中将 BACK_COVER.暂时隐藏。

Step2．将骨架中的设计意图传递给刚创建的机箱的前盖钣金件（FRONT_COVER）。

（1）选择命令。在 主页 功能选项卡 剪贴板 区域中单击 按钮，选择 零件间复制 命令；系统弹出"零件间复制"命令条。

（2）定义要复制的零件。在系统的提示下，在模型树中选择 COMPUTER_CASE_SKEL 零件。

（3）定义要复制的面。然后选取图 19.4.12 所示的模型表面，单击右键。

（4）单击 完成 按钮，所选的特征平面便复制到 FRONT_COVER 中，这样就把骨架模型中的设计意图传递到钣金件 FRONT_COVER 中。

创建机箱的前盖
（平板特征）

图 19.4.11　创建机箱的前盖

选取该模型五个表面

图 19.4.12　零件间副本 1

Step3．创建图 19.4.11 所示的平板特征。

（1）选择命令。在 主页 功能选项卡单击"钣金"按钮，选择"平板"按钮。

（2）定义特征的截面草图。

① 选取草图平面。在系统 单击平的面或参考平面。 的提示下，选取图 19.4.13 所示的模型表面作为草图平面。

② 绘制图 19.4.14 所示的截面草图。

③ 单击"主页"功能选项卡中的"关闭草图"按钮，退出草绘环境。

图 19.4.13　定义草图平面

图 19.4.14　截面草图

（3）定义材料厚度及方向。在"平板"命令条中单击"厚度步骤"按钮 定义材料厚度，在 厚度: 文本框中输入值 0.5，并将材料加厚方向调整至图 19.4.15 所示的方向。

（4）单击命令条中的 完成 按钮，完成特征的创建。

图 19.4.15　定义材料方向

Step4. 在 主页 功能选项卡 关闭 区域中单击"关闭并返回"按钮 ✕ ，返回到 COMPUTER_CASE 装配环境中。

Task4. 创建图 19.4.16 所示的机箱的底盖初步模型

Step1. 详细操作过程参见 Task2 的 Step1，创建机箱的底盖钣金件模型，文件名为 BOTTOM_COVER。

注意： 为了方便选取参考面，可在模型树中将 FRONT_COVER. 暂时隐藏。

Step2. 将骨架中的设计意图传递给刚创建的机箱的底盖钣金件（BOTTOM_COVER）。

（1）选择命令。在 主页 功能选项卡 剪贴板 区域中单击 按钮，选择 零件间复制 命令；系统弹出"零件间复制"命令条。

（2）定义要复制的零件。在系统的提示下，在模型树中选择 COMPUTER_CASE_SKEL 零件。

（3）定义要复制的面。选取图 19.4.17 所示的模型表面，单击右键。

（4）单击 完成 按钮，所选的特征平面便复制到 BOTTOM_COVER 中，这样就把骨架模型中的设计意图传递到钣金件 BOTTOM_COVER 中。

图 19.4.16　创建机箱的底盖

选取该模型五个表面

图 19.4.17　零件间副本 1

Step3. 创建图 19.4.16 所示的平板特征——机箱的底盖。

（1）选择命令。在 主页 功能选项卡单击"钣金"按钮，选择"平板"按钮。

（2）定义特征的截面草图。

① 选取草图平面。在系统 单击平的面或参考平面。 的提示下，选取图 19.4.18 所示的模型表面作为草图平面。

② 绘制图 19.4.19 所示的截面草图。

草图平面

图 19.4.18　定义草图平面

图 19.4.19　截面草图

③ 单击"主页"功能选项卡中的"关闭草图"按钮，退出草绘环境。

（3）定义材料厚度及方向。在"平板"命令条中单击"厚度步骤"按钮定义材料厚度，在 厚度: 文本框中输入值 0.5，并将材料加厚方向调整至图 19.4.20 所示的方向。

（4）单击命令条中的 完成 按钮，完成特征的创建。

图 19.4.20　定义材料方向

Step4. 在 主页 功能选项卡 关闭 区域中单击"关闭并返回"按钮，返回到 COMPUTER_CASE 装配环境中。

Task5. 创建图 19.4.21 所示的机箱的主板支撑架初步模型

Step1. 详细操作过程参见 Task2 的 Step1，创建机箱的主板支撑架钣金件模型，文件名为 MOTHERBOARD_SUPPORT。

注意： 为了方便选取参考面，可在模型树中将 BOTTOM_COVER.暂时隐藏。

Step2. 将骨架中的设计意图传递给刚创建的机箱的主板支撑架钣金件（MOTHERBOARD_SUPPORT）。

（1）选择命令。在 主页 功能选项卡 剪贴板 区域中单击 按钮，选择 零件间复制 命令；系统弹出"零件间复制"命令条。

（2）定义要复制的零件。在系统的提示下，在模型树中选择 COMPUTER_CASE_SKEL 零件。

（3）定义要复制的面。选取图 19.4.22 所示的五个模型表面和六个定位孔的曲面，单击右键。

（4）单击 完成 按钮，所选的特征平面便复制到 MOTHERBOARD_SUPPORT 中，这样就把骨架模型中的设计意图传递到钣金件 MOTHERBOARD_SUPPORT 中。

图 19.4.21　创建机箱的主板支撑架　　　　图 19.4.22　零件间副本 1

Step3. 创建图 19.4.21 所示的平板特征——机箱的主板支撑架。

（1）选择命令。在 主页 功能选项卡单击"钣金"按钮，选择"平板"按钮。

（2）定义特征的截面草图。

① 选取草图平面。在系统 单击平的面或参考平面。 的提示下，在"平板"命令条中的"创建起源"选项下拉列表中选择 平行平面 选项，选取图 19.4.23 所示的模型表面作为参考平面，在 距离:文本框中输入值 9，定义其特征方向向内，如图 19.4.24 所示，并单击。

② 绘制图 19.4.25 所示的截面草图。

③ 单击"主页"功能选项卡中的"关闭草图"按钮，退出草绘环境。

（3）定义材料厚度及方向。在"平板"命令条中单击"厚度步骤"按钮 定义材料厚度，在 厚度:文本框中输入值 0.5，并将材料加厚方向调整至图 19.4.26 所示的方向。

（4）单击命令条中的 完成 按钮，完成特征的创建。

Step4. 在 主页 功能选项卡 关闭 区域中单击"关闭并返回"按钮 [×]，返回到
COMPUTER_CASE 装配环境中。

图 19.4.23　定义参考平面

图 19.4.24　定义草图平面

图 19.4.25　截面草图

图 19.4.26　定义材料方向

Task6. 创建图 19.4.27 所示的机箱的左盖初步模型

Step1. 详细操作过程参见 Task2 的 Step1，创建机箱的左盖钣金件模型，文件名为
LEFT_COVER。

注意： 为了方便选取参考面，可在模型树中将 MOTHERBOARD_SUPPORT 暂时隐藏。

Step2. 将骨架中的设计意图传递给刚创建的机箱的左盖钣金件（LEFT_COVER）。

（1）选择命令。在 主页 功能选项卡 剪贴板 区域中单击 [¼] ▾ 按钮，选择 [¼] 零件间复制 命
令；系统弹出"零件间复制"命令条。

（2）定义要复制的零件。在系统的提示下，在模型树中选择 COMPUTER_CASE_SKEL
零件。

（3）定义要复制的面。选取图 19.4.28 所示的模型表面，单击右键。

图 19.4.27　创建机箱的左盖

图 19.4.28　零件间副本 1

（4）单击 完成 按钮，所选的特征平面便复制到 LEFT_COVER 中，这样就把骨架模型中的设计意图传递到钣金件 LEFT_COVER 中。

Step3. 创建图 19.4.27 所示的平板特征——机箱的左盖。

（1）选择命令。在 主页 功能选项卡单击"钣金"按钮 ，选择"平板"按钮 。

（2）定义特征的截面草图。

① 选取草图平面。在系统 单击平的面或参考平面。 的提示下，在系统 单击平的面或参考平面。 的提示下，选取图 19.4.29 所示的模型表面作为草图平面。

② 绘制图 19.4.30 所示的截面草图。

③ 单击"主页"功能选项卡中的"关闭草图"按钮 ，退出草绘环境。

图 19.4.29 定义草图平面

图 19.4.30 截面草图

（3）定义材料厚度及方向。在"平板"命令条中单击"厚度步骤"按钮 定义材料厚度，在 厚度: 文本框中输入值 0.5，并将材料加厚方向调整至图 19.4.31 所示的方向。

（4）单击命令条中的 完成 按钮，完成特征的创建。

图 19.4.31 定义材料方向

Step4. 在 主页 功能选项卡 关闭 区域中单击"关闭并返回"按钮 ，返回到 COMPUTER_CASE 装配环境中。

Task7. 创建图 19.4.32 所示的机箱的右盖初步模型

Step1. 详细操作过程参见 Task2 的 Step1，创建机箱的右盖钣金件模型，文件名为 RIGHT_COVER。

注意：为了方便选取参考面，可在模型树中将 LEFT_COVER 暂时隐藏。

从 A 向查看

a）创建前

b）创建后

图 19.4.32　创建机箱的右盖

Step2. 将骨架中的设计意图传递给刚创建的机箱的右盖钣金件（RIGHT_COVER）。

（1）选择命令。在 主页 功能选项卡 剪贴板 区域中单击 按钮，选择 零件间复制 命令；系统弹出"零件间复制"命令条。

（2）定义要复制的零件。在系统的提示下，在模型树中选择 COMPUTER_CASE_SKEL 零件。

（3）定义要复制的面。选取图 19.4.33 所示的模型表面，单击右键。

（4）单击 完成 按钮，所选的特征平面便复制到 RIGHT_COVER 中，这样就把骨架模型中的设计意图传递到钣金件 RIGHT_COVER 中。

Step3. 创建图 19.4.32 所示的平板特征——机箱的右盖。

（1）选择命令。在 主页 功能选项卡单击"钣金"按钮，选择"平板"按钮。

（2）定义特征的截面草图。

① 选取草图平面。在系统 单击平的面或参考平面。 的提示下，在系统 单击平的面或参考平面。 的提示下，选取图 19.4.34 所示的模型表面作为草图平面。

图 19.4.33　零件间副本 1

图 19.4.34　定义草图平面

② 绘制图 19.4.35 所示的截面草图。

③ 单击"主页"功能选项卡中的"关闭草图"按钮，退出草绘环境。

（3）定义材料厚度及方向。在"平板"命令条中单击"厚度步骤"按钮 定义材料厚度，在 厚度: 文本框中输入值 0.5，并将材料加厚方向调整至图 19.4.36 所示的方向。

（4）单击命令条中的 完成 按钮，完成特征的创建。

图 19.4.35　截面草图

图 19.4.36　定义材料方向

Step4. 在 主页 功能选项卡 关闭 区域中单击"关闭并返回"按钮 ✖，返回到 COMPUTER_CASE 装配环境中。

Step5. 保存装配模型文件。

19.5　初　步　验　证

完成以上设计后，机箱的大致结构已经确定，下面将检验机箱与原始数据文件之间的数据传递是否通畅，分别改变原始文件的三个数据，来验证机箱的长、宽、高是否随之变化。

Task1. 验证机箱长度的变化

在装配体中修改主板的长度值，以验证机箱的长度是否会改变（图 19.5.1）。

a）修改前　　　　　　　　　　b）修改后

图 19.5.1　修改机箱的长度

Step1. 在模型树中，先单击 ⊞ ☑ 🗗 orign.asm:1 前面的 ⊞ 号，然后选择 ☑ 🗗 MOTHERBOARD.par:1 并右击，在系统弹出的快捷菜单中选择 🔲 编辑 命令。

Step2. 在模型树中，右击要修改的特征 🔩 拉伸 1 ，在系统弹出的快捷菜单中选择 🖋 动态编辑 命令，系统即显示图 19.5.2a 所示的尺寸。

Step3. 单击要修改的尺寸 230，输入新尺寸 350（图 19.5.2b），然后按 Enter 键。

Step4. 在 主页 功能选项卡 关闭 区域中单击"关闭并返回"按钮 ✖，系统更新，此时在装配体中可以观察到主板的长度值被修改了，机箱的长度也会随之改变（图 19.5.1b）。

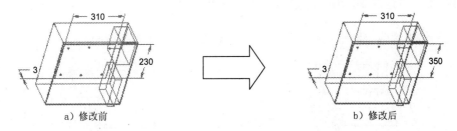

图 19.5.2　修改主板的长度尺寸

说明：若没有更新可以单击 工具 选项卡中的 更新所有链接 按钮。

Step5. 参照以上步骤操作，再次将模型尺寸恢复到原始模型。

Task2. 验证机箱宽度的变化

在装配体中修改光驱中的宽度值，以验证机箱的宽度是否会改变（图 19.5.3）。

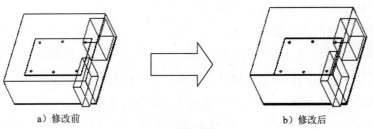

图 19.5.3　修改机箱的宽度

Step1. 在模型树中选择☑ CD_DRIVER.par:1，然后右击，在系统弹出的快捷菜单中选择 编辑 命令。

Step2. 在模型树中，右击要修改的特征 拉伸 1，在系统弹出的快捷菜单中选择 动态编辑 命令，系统即显示图 19.5.4a 所示的尺寸。

Step3. 双击要修改的宽度值尺寸 150，输入新尺寸 200（图 19.5.4），然后按 Enter 键。

Step4. 在 主页 功能选项卡 关闭 区域中单击"关闭并返回"按钮✖，系统更新，此时在装配体中可以观察到主板的长度值被修改了，机箱的宽度也会随之改变（图 19.5.3b）。

Step5. 参照以上步骤操作，再次将模型尺寸恢复到原始模型。

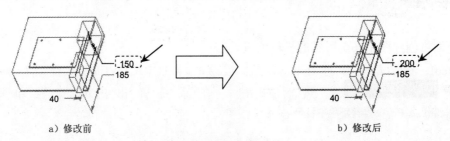

图 19.5.4　修改光驱的宽度尺寸

Task3. 验证机箱高度的变化（图 19.5.5）

在装配体中修改电源中的高度值，以验证机箱的高度是否会改变。

a）修改前　　　　　　　　　b）修改后

图 19.5.5　修改机箱的高度

Step1. 在模型树中选择 ☑ 🗐 `POWER_SUPPLY.par:1`，然后右击，在系统弹出的快捷菜单中选择 🖱️ 编辑 命令。

Step2. 在模型树中，右击要修改的特征 🖱️ `拉伸 1`，在系统弹出的快捷菜单中选择 🖱️ 动态编辑 命令，系统即显示图 19.5.6a 所示的尺寸。

Step3. 双击要修改的高度值尺寸 85，输入新尺寸 135（图 19.5.6b），然后按 Enter 键。

Step4. 在 主页 功能选项卡 关闭 区域中单击"关闭并返回"按钮 ❌，系统更新，此时在装配体中可以观察到主板的长度值被修改了，机箱的高度也会随之改变（图 19.5.5b）。

Step5. 参照以上步骤操作，再次将模型尺寸恢复到原始模型。

a）修改前　　　　　　　　　　　　　b）修改后

图 19.5.6　修改电源的高度尺寸

Step6. 保存装配模型文件。

19.6　机箱顶盖的细节设计

下面将创建图 19.6.1 所示的机箱顶盖。

Step1. 在装配件中打开机箱顶盖钣金件（TOP_COVER）。在模型树中选择 ☑ 📄 🗐 `TOP_COVER.psm:1`，然后右击，在系统弹出的快捷菜单中选择 🗐 在 Solid Edge 零件环境中打开 命令。

图 19.6.1　机箱顶盖模型及模型树

Step2. 创建图 19.6.2 所示的弯边特征 1（左侧）。

（1）选择命令。单击 主页 功能选项卡 钣金 工具栏中的"弯边"按钮 。

（2）定义附着边。选取图 19.6.3 所示的模型边线为附着边。

（3）定义弯边类型。在"弯边"命令条中单击"完全宽度"按钮 ；在 距离: 文本框中输入值 15，在 角度: 文本框中输入值 90.0；单击"外部尺寸标注"按钮 和"材料外侧"按钮 ；调整弯边侧方向向下，如图 19.6.2 所示。

（4）定义弯边属性及参数。单击"弯边选项"按钮 ，取消选中 □ 使用默认值* 复选框，在 折弯半径(B): 文本框中输入数值 0.2，单击 确定 按钮。

（5）单击 完成 按钮，完成特征的创建。

图 19.6.2　弯边特征 1（左侧）　　　　　图 19.6.3　定义附着边

Step3. 创建图 19.6.4 所示的弯边特征 2（右侧），详细操作过程参见 Step2。

图 19.6.4　弯边特征 2（右侧）

Step4. 创建图 19.6.5 所示的弯边特征 3（后侧）。

（1）选择命令。单击 主页 功能选项卡 钣金 工具栏中的"弯边"按钮 。

（2）定义附着边。选取图 19.6.6 所示的模型边线为附着边。

图 19.6.5 弯边特征 3（后侧）　　图 19.6.6 定义附着边

（3）定义弯边类型。在"弯边"命令条中单击"从两端"按钮 ⌶，在 **距离:** 文本框中输入值 15，在 **角度:** 文本框中输入值 90，单击"外部尺寸标注"按钮 和"材料外侧"按钮；调整弯边侧方向向上并单击左键，如图 19.6.5 所示。

（4）定义弯边尺寸。单击"轮廓步骤"按钮，编辑草图尺寸如图 19.6.7 所示，单击 按钮，退出草绘环境。

图 19.6.7 编辑草图

（5）定义折弯半径及止裂槽参数。单击"弯边选项"按钮，取消选中 □ 使用默认值* 复选框，在 **折弯半径 (B):** 文本框中输入数值 0.2；选中 ☑ 折弯止裂口 (E) 复选框，并中选中 ⊙ 正方形 (S) 单选项，取消选中 □ 使用默认值 (L)* 复选框，在 **宽度 (W):** 文本框中输入值 0.5；单击 确定 按钮。

（6）单击 完成 按钮，完成特征的创建。

Step5. 创建图 19.6.8 所示的弯边特征 4。

（1）选择命令。单击 主页 功能选项卡 钣金 工具栏中的"弯边"按钮。

（2）定义附着边。选取图 19.6.9 所示的模型边线为附着边。

图 19.6.8 弯边特征 4　　图 19.6.9 定义附着边

（3）定义弯边类型。在"弯边"命令条中单击"从两端"按钮 ⌶，在 **距离:** 文本框中输入值 9，在 **角度:** 文本框中输入值 90，单击"外部尺寸标注"按钮 和"材料内侧"按钮；调整弯边侧方向向内并单击左键，如图 19.6.8 所示。

（4）定义弯边尺寸。单击"轮廓步骤"按钮，编辑草图尺寸如图 19.6.10 所示，单击 按钮，退出草绘环境。

图 19.6.10　编辑草图

（5）定义折弯半径及止裂槽参数。单击"弯边选项"按钮，取消选中 □ 使用默认值* 复选框，在 折弯半径(B): 文本框中输入数值 0.2；选中 ☑ 折弯止裂口(R) 复选框，并选中 ◉ 正方形(S) 单选项，取消选中 □ 使用默认值(L)* 复选框，在 宽度(W): 文本框中输入值 0.5；单击 确定 按钮。

（6）单击 完成 按钮，完成特征的创建。

Step6. 创建图 19.6.11 所示的弯边特征 5。

（1）选择命令。单击 主页 功能选项卡 钣金 工具栏中的"弯边"按钮。

（2）定义附着边。选取图 19.6.12 所示的模型边线为附着边。

（3）定义弯边类型。在"弯边"命令条中单击"完全宽度"按钮；在 距离: 文本框中输入值 15，在 角度: 文本框中输入值 90，单击"外部尺寸标注"按钮和"材料内侧"按钮；调整弯边侧方向向上，如图 19.6.11 所示。

（4）定义弯边属性及参数。单击"弯边选项"按钮，取消选中 □ 使用默认值* 复选框，在 折弯半径(B): 文本框中输入数值 0.2，单击 确定 按钮。

（5）单击 完成 按钮，完成特征的创建。

图 19.6.11　弯边特征 5　　　　图 19.6.12　定义附着边

Step7. 创建图 19.6.13 所示的弯边特征 6。

（1）选择命令。单击 主页 功能选项卡 钣金 工具栏中的"弯边"按钮。

（2）定义附着边。选取图 19.6.14 所示的模型边线为附着边。

（3）定义弯边类型。在"弯边"命令条中单击"完全宽度"按钮；在 距离: 文本框中输入值 9，在 角度: 文本框中输入值 90，单击"外部尺寸标注"按钮和"材料内侧"按钮；调整弯边侧方向向外，如图 19.6.13 所示。

（4）定义弯边属性及参数。单击"弯边选项"按钮，取消选中 □ 使用默认值* 复选框，在 折弯半径(B): 文本框中输入数值 0.2，单击 确定 按钮。

（5）单击 完成 按钮，完成特征的创建。

图 19.6.13　弯边特征 6　　　　　图 19.6.14　定义附着边

Step8. 创建图 19.6.15 所示的卷边特征 1。

（1）选择命令。在 主页 功能选项卡 钣金 工具栏中单击 轮廓弯边 按钮，选择 卷边 命令。

（2）选取附着边。选取图 19.6.16 所示的模型边线为折弯的附着边。

图 19.6.15　卷边特征 1　　　　　图 19.6.16　定义附着边

（3）定义卷边类型及属性。在"卷边"命令条中的单击"材料内侧"按钮，单击"卷边选项"按钮，在 卷边轮廓 区域中的 卷边类型 (T): 下拉列表中选择 闭环 选项；在 (1) 折弯半径 1: 文本框中输入值 0.1，在 (2) 弯边长度 1: 文本框中输入值 0.6；单击 确定 按钮，并单击右键。

（4）单击 完成 按钮，完成特征的创建。

Step9. 创建图 19.6.17 所示的镜像特征 1。

（1）选取要镜像的特征。选取 Step5 至 Step8 所创建的特征为镜像源。

（2）选择命令。单击 主页 功能选项卡 阵列 工具栏中的 镜像 按钮。

（3）定义镜像平面。在"镜像"命令条中的"创建起源"选项下拉列表中选择 垂直于曲线的平面 选项，选取图 19.6.18 所示的边线；并在 位置: 文本框中输入值 0.5，并按 Enter 键。

（4）单击 完成 按钮，完成特征的创建。

图 19.6.17　镜像特征 1　　　　　图 19.6.18　定义曲线对象

Step10. 创建图 19.6.19 所示的弯边特征 10。

（1）选择命令。单击 主页 功能选项卡 钣金 工具栏中的"弯边"按钮。

（2）定义附着边。选取图 19.6.20 所示的模型边线为附着边。

图 19.6.19　弯边特征 10

图 19.6.20　定义附着边

（3）定义弯边类型。在"弯边"命令条中单击"完全宽度"按钮 ⬜，在 距离: 文本框中输入值 9，在 角度: 文本框中输入值 90，单击"外部尺寸标注"按钮 和"材料外侧"按钮；调整弯边侧方向向内并单击左键，如图 19.6.19 所示。

（4）定义弯边尺寸。单击"轮廓步骤"按钮 ，编辑草图尺寸如图 19.6.21 所示，单击 按钮，退出草绘环境。

图 19.6.21　截面草图

（5）定义折弯半径及止裂槽参数。单击"弯边选项"按钮 ，取消选中 ☐ 使用默认值* 复选框，在 折弯半径(B): 文本框中输入数值 0.2，并取消选中 ☐ 折弯止裂口(E) 复选框，单击 确定 按钮。

（6）单击 完成 按钮，完成特征的创建。

Step11. 创建图 19.6.22 所示的镜像特征 2。

（1）选取要镜像的特征。选取 Step10 所创建的弯边特征 10 为镜像源。

（2）选择命令。单击 主页 功能选项卡 阵列 工具栏中的 镜像 按钮。

（3）定义镜像平面。在"镜像"命令条中的"创建起源"选项下拉列表中选择 垂直于曲线的平面 选项，选取图 19.6.23 所示的边线；并在 位置: 文本框中输入值 0.5，并按 Enter 键。

（4）单击 完成 按钮，完成特征的创建。

图 19.6.22　镜像特征 2

图 19.6.23　定义曲线对象

Step12. 创建图 19.6.24 所示的镜像特征 3。

（1）选取要镜像的特征。选取 Step4（弯边特征 3）和 Step10 至 Step11 所创建的特征为镜像源。

（2）选择命令。单击 主页 功能选项卡 阵列 工具栏中的 镜像 按钮。

（3）定义镜像平面。在"镜像"命令条中的"创建起源"选项下拉列表中选择 垂直于曲线的平面 选项，选取图 19.6.25 所示的边线；并在 位置: 文本框中输入值 0.5，并按 Enter 键。

（4）单击 完成 按钮，完成特征的创建。

图 19.6.24　镜像特征 3　　　　　　图 19.6.25　定义曲线对象

Step13. 创建图 19.6.26 所示的法向除料特征 1。

（1）选择命令。在 主页 功能选项卡 钣金 工具栏中单击 打孔 按钮，选择 法向除料 命令。

（2）定义特征的截面草图。

① 选取草图平面。在系统 单击平的面或参考平面。 的提示下，选取图 19.6.26 所示的模型表面为草图平面。

② 绘制图 19.6.27 所示的截面草图。

③ 单击"主页"功能选项卡中的"关闭草图"按钮，退出草绘环境。

（3）定义法向除料特征属性。在"法向除料"命令条中单击"厚度剪切"按钮 和"全部穿透"按钮，并将移除方向调整至图 19.6.28 所示的方向。

（4）单击 完成 按钮，完成特征的创建。

图 19.6.26　法向除料特征 1

图 19.6.27　截面草图

Step14. 创建图 19.6.29 所示的阵列特征 1。

图 19.6.28　定义移除方向

图 19.6.29　阵列特征 1

（1）选取要阵列的特征。选取 Step13 创建的法向除料特征 1 为阵列特征。

（2）选择命令。单击 主页 功能选项卡 阵列 工具栏中的 阵列 按钮。

（3）定义要阵列草图平面。选取图 19.6.26 所示的模型表面为阵列草图平面。

（4）绘制矩形阵列轮廓。单击 特征 区域中的 按钮，绘制图 19.6.30 所示的矩形。

图 19.6.30　绘制矩形阵列轮廓

① 定义阵列类型。在"阵列"命令条的 翻转 下拉列表中选择 固定 选项。

② 定义阵列参数。在"阵列"命令条的 X: 文本框中输入阵列个数为 5，输入间距值为 80。在"阵列"命令条的 Y: 文本框中输入阵列个数为 1，单击右键确定。

③ 单击 按钮，退出草绘环境。

（5）单击 完成 按钮，完成特征的创建。

Step15. 创建图 19.6.31 所示的法向除料特征 6。

放大图

图 19.6.31　法向除料特征 6

（1）选择命令。在 主页 功能选项卡 钣金 工具栏中单击 打孔 按钮，选择 法向除料 命令。

（2）定义特征的截面草图。

① 选取草图平面。在系统 单击平的面或参考平面。 的提示下，选取图 19.6.32 所示的模型表面为草图平面。

② 绘制图 19.6.33 所示的截面草图。

选取此模型表面为草图平面

图 19.6.32　定义草图平面

图 19.6.33　截面草图

③ 单击"主页"功能选项卡中的"关闭草图"按钮 ✓，退出草绘环境。

（3）定义法向除料特征属性。在"法向除料"命令条中单击"厚度剪切"按钮 🗗 和"全部穿透"按钮 ▣，并将移除方向调整至图 19.6.34 所示的方向。

（4）单击 完成 按钮，完成特征的创建。

Step16　创建图 19.6.35 所示的阵列特征 2。

图 19.6.34　定义移除方向　　　　　　图 19.6.35　阵列特征 2

（1）选取要阵列的特征。选取 Step15 创建的法向除料特征 6 为阵列特征。

（2）选择命令。单击 主页 功能选项卡 阵列 工具栏中的 🔲 阵列 按钮。

（3）定义要阵列草图平面。选取图 19.6.36 所示的模型表面为阵列草图平面。

（4）绘制矩形阵列轮廓。单击 特征 区域中的 🔲 按钮，绘制图 19.6.37 所示的矩形。

图 19.6.36　定义草图平面

图 19.6.37　绘制矩形阵列轮廓

① 定义阵列类型。在"阵列"命令条的 翻转 下拉列表中选择 固定 选项。

② 定义阵列参数。在"阵列"命令条的 X: 文本框中输入阵列个数为 4，输入间距值为 80。在"阵列"命令条的 Y: 文本框中输入阵列个数为 1，单击右键确定。

③ 单击 ✓ 按钮，退出草绘环境。

（5）单击 完成 按钮，完成特征的创建。

Step17. 创建图 19.6.38 所示的轮廓弯边特征 1。

（1）选择命令。单击 主页 功能选项卡 钣金 工具栏中的"轮廓弯边"按钮 🗇 。

（2）定义特征的截面草图。在系统的提示下，选取图 19.6.39 所示的模型边线为路径，在"轮廓弯边"命令条中的 位置: 文本框中输入值 0，并按 Enter 键，绘制图 19.6.40 所示的截面草图。

图 19.6.38　轮廓弯边特征 1　　　图 19.6.39　选取路径

图 19.6.40　截面草图

（3）定义轮廓弯边的延伸量及方向。在"轮廓弯边"命令条中单击"延伸步骤"按钮 🗇；单击"到末端"按钮 🗇，并定义其延伸方向如图 19.6.41 所示，单击鼠标左键。

（4）单击 完成 按钮，完成特征的创建。

图 19.6.41　定义延伸方向

Step18. 创建图 19.6.42 所示的镜像特征 4。

（1）选取要镜像的特征。选取 Step17 所创建的轮廓弯边特征 1 为镜像源。

（2）选择命令。单击 主页 功能选项卡 阵列 工具栏中的 镜像 按钮。

（3）定义镜像平面。在"镜像"命令条中的"创建起源"选项下拉列表中选择 垂直于曲线的平面 选项，选取图 19.6.43 所示的边线；并在 位置: 文本框中输入值 0.5，并按 Enter 键。

（4）单击 完成 按钮，完成特征的创建。

图 19.6.42　镜像特征 4

图 19.6.43　定义曲线对象

Step19. 创建图 19.6.44 所示的镜像特征 5。

（1）选取要镜像的特征。选取 Step17 和 Step18 所创建的特征为镜像源。

（2）选择命令。单击 主页 功能选项卡 阵列 工具栏中的 ◫ 镜像 按钮。

（3）定义镜像平面。在"镜像"命令条中的"创建起源"选项下拉列表中选择 ▶️ 垂直于曲线的平面 选项，选取图 19.6.45 所示的边线；并在 位置 文本框中输入值 0.5，并按 Enter 键。

（4）单击 完成 按钮，完成特征的创建。

图 19.6.44　镜像特征 5

图 19.6.45　定义曲线对象

Step20. 创建图 19.6.46 所示的法向除料特征 10。

（1）选择命令。在 主页 功能选项卡 钣金 工具栏中单击 打孔 按钮，选择 ⬒ 法向除料 命令。

（2）定义特征的截面草图。

图 19.6.46　法向除料特征 10

① 选取草图平面。在系统 单击平的面或参考平面。的提示下，选取图 19.6.47 所示的模型表面为草图平面。

② 绘制图 19.6.48 所示的截面草图。

图 19.6.47　定义草图平面

图 19.6.48　截面草图

③ 单击"主页"功能选项卡中的"关闭草图"按钮，退出草绘环境。

（3）定义法向除料特征属性。在"法向除料"命令条中单击"厚度剪切"按钮和"全部穿透"按钮，并将移除方向调整至图 19.6.49 所示的方向。

（4）单击 完成 按钮，完成特征的创建。

Step21. 创建图 19.6.50 所示的镜像特征 6。

图 19.6.49　定义移除方向　　　　　　图 19.6.50　镜像特征 6

（1）选取要镜像的特征。选取 Step18 所创建的法向除料特征 10 为镜像源。

（2）选择命令。单击 主页 功能选项卡 阵列 工具栏中的 镜像 按钮。

（3）定义镜像平面。在"镜像"命令条中的"创建起源"选项下拉列表中选择 垂直于曲线的平面 选项，选取图 19.6.51 所示的边线；并在 位置 文本框中输入值 0.5，并按 Enter 键。

（4）单击 完成 按钮，完成特征的创建。

图 19.6.51　定义曲线对象

Step22. 保存钣金件模型文件。

19.7　机箱后盖的细节设计

下面将创建图 19.7.1 所示的机箱后盖。

图 19.7.1　机箱后盖模型及模型树

Step1. 在装配件中打开创建的机箱后盖钣金件（BACK_COVER.PRT）。在模型树中选择 ☑ ⓖ ⓓ `BACK_COVER.psm:1`，然后右击，在系统弹出的快捷菜单中选择 ⊡ 在 Solid Edge 零件环境中打开 命令。

Step2. 创建图 19.7.2 所示的弯边特征 1。

（1）选择命令。单击 主页 功能选项卡 钣金 工具栏中的"弯边"按钮 🕮。

（2）定义附着边。选取图 19.7.3 所示的模型边线为附着边。

（3）定义弯边类型。在"弯边"命令条中单击"完全宽度"按钮 □；在 距离: 文本框中输入值 15，在 角度: 文本框中输入值 90.0；单击"外部尺寸标注"按钮 🔟 和"材料内侧"按钮 🖫；调整弯边侧方向向下，如图 19.7.2 所示。

（4）定义弯边属性及参数。单击"弯边选项"按钮 🖫，取消选中 □ 使用默认值* 复选框，在 折弯半径(B): 文本框中输入数值 0.2，单击 确定 按钮。

（5）单击 完成 按钮，完成特征的创建。

图 19.7.2　弯边特征 1

图 19.7.3　定义附着边

Step3. 创建图 19.7.4 所示的弯边特征 2，详细操作过程参见 Step2。

图 19.7.4 弯边特征 2

Step4. 创建图 19.7.5 所示的弯边特征 3。

（1）选择命令。单击 主页 功能选项卡 钣金 工具栏中的"弯边"按钮 。

（2）定义附着边。选取图 19.7.6 所示的模型边线为附着边。

图 19.7.5 弯边特征 3   图 19.7.6 定义附着边

（3）定义弯边类型。在"弯边"命令条中单击"从两端"按钮 ，在 距离 文本框中输入值 15，在 角度 文本框中输入值 90，单击"外部尺寸标注"按钮 和"材料内侧"按钮 ；调整弯边侧方向向上并单击左键，如图 19.7.5 所示。

（4）定义弯边尺寸。单击"轮廓步骤"按钮 ，编辑草图尺寸如图 19.7.7 所示，单击 按钮，退出草绘环境。

图 19.7.7 编辑草图

（5）定义折弯半径及止裂槽参数。单击"弯边选项"按钮 ，取消选中 使用默认值* 复选框，在其 折弯半径(B): 文本框中输入数值 0.2；并取消选中 折弯止裂口(E) 复选框，单击 确定 按钮。

（6）单击 完成 按钮，完成特征的创建。

Step5. 参考上一步的方法创建图 19.7.8 所示的弯边特征 4（另一侧）。

图 19.7.8 弯边特征 4

Step6. 创建图 19.7.9 所示的法向除料特征 1。

（1）选择命令。在 主页 功能选项卡 钣金 工具栏中单击 打孔 按钮，选择 法向除料 命令。

（2）定义特征的截面草图。

① 选取草图平面。在系统 单击平的面或参考平面。 的提示下，选取图 19.7.10 所示的模型表面为草图平面。

② 绘制图 19.7.11 所示的截面草图。

③ 单击"主页"功能选项卡中的"关闭草图"按钮 ，退出草绘环境。

（3）定义法向除料特征属性。在"法向除料"命令条中单击"厚度剪切"按钮 和"全部穿透"按钮 ，并将移除方向调整至图 19.7.12 所示的方向。

（4）单击 完成 按钮，完成特征的创建。

图 19.7.9　法向除料特征 1

图 19.7.10　定义草图平面

图 19.7.11　截面草图

图 19.7.12　定义移除方向

Step7. 创建图 19.7.13 所示的弯边特征 5。

（1）选择命令。单击 主页 功能选项卡 钣金 工具栏中的"弯边"按钮 。

（2）定义附着边。选取图 19.7.14 所示的模型边线为附着边。

（3）定义弯边类型。在"弯边"命令条中单击"完全宽度"按钮 ；在 距离: 文本框中输入值 15，在 角度: 文本框中输入值 90，单击"外部尺寸标注"按钮 和"材料内侧"按钮 ；调整弯边侧方向向内，如图 19.7.13 所示。

（4）定义弯边属性及参数。单击"弯边选项"按钮 ，取消选中 使用默认值* 复选框，在 折弯半径(B): 文本框中输入数值 0.2，并取消选中 折弯止裂口 (E) 复选框，单击 确定 按钮。

（5）单击 完成 按钮，完成特征的创建。

图 19.7.13　弯边特征 5　　　　　　　图 19.7.14　定义附着边

Step8. 创建图 19.7.15 所示的凹坑特征 1。

（1）选择命令。单击 主页 功能选项卡 钣金 工具栏中的"凹坑"按钮 ▢。

（2）绘制截面草图。选取图 19.7.16 所示的模型表面为草图平面，绘制图 19.7.17 所示的截面草图。

（3）定义凹坑属性。在"凹坑"命令条中单击 ⬚ 按钮，单击"偏置尺寸"按钮 ⬚，在 距离: 文本框中输入值 15，单击 ⬚ 按钮，在 倒圆 区域中选中 ☑包括倒圆(I) 复选框，在 凸模半径 文本框中输入值 0.5；在 凹模半径 文本框中输入值 0；并选中 ☑包含凸模侧拐角半径(A) 复选框，在 半径(R): 文本框中输入值 1.0，单击 确定 按钮；定义其冲压方向为模型内部，单击"轮廓代表凸模"按钮 ⬚。

（4）单击命令条中的 完成 按钮，完成特征的创建。

图 19.7.15　凹坑特征 1

图 19.7.16　定义草图平面

Step9. 创建图 19.7.18 所示的加强筋特征 1。

图 19.7.17　截面草图

图 19.7.18　加强筋特征 1

（1）选择命令。在 主页 功能选项卡 钣金 工具栏中单击 凹坑 ▾ 按钮，选择 ⬚ 加强筋 命令。

（2）绘制加强筋截面草图。选取图 19.7.18 所示的模型表面为草图平面，绘制图 19.7.19 所示的截面草图。

（3）定义筋属性。在"加强筋"命令条中单击"侧步骤"按钮 ⬚，定义冲压方向如图 19.7.20 所示，单击鼠标左键；单击 ⬚ 按钮，在 横截面 区域中选中 ⊙ 圆形(C) 单选项，在 高度(E): 文本框中输入值 2.0，在 半径(R): 文本框中输入值 3.0；在 倒圆 区域中选中 ☑包括倒圆(I) 复选框，在 凹模半径(D): 文本框中输入值 0.5；在 端点条件 区域中选中 ⊙ 成形的(F) 单选项；单击 确定 按钮。

（4）单击 完成 按钮，完成特征的创建。

图 19.7.19　截面草图

图 19.7.20　定义冲压方向

Step10. 创建图 19.7.21b 所示的阵列特征 1。

a）阵列前

b）阵列后

图 19.7.21　阵列特征 1

（1）选取要阵列的特征。选取 Step9 所创建的加强筋特征 1 为阵列特征。

（2）选择命令。单击 主页 功能选项卡 阵列 工具栏中的 阵列 按钮。

（3）定义要阵列草图平面。选取图 19.7.21 所示的模型表面为阵列草图平面。

（4）绘制矩形阵列轮廓。单击 特征 区域中的 按钮，绘制图 19.7.22 所示的矩形。

图 19.7.22　绘制矩形阵列轮廓

① 定义阵列类型。在"阵列"命令条的 翻转 下拉列表中选择 固定 选项。

② 定义阵列参数。在"阵列"命令条的 X: 文本框中输入阵列个数为 6，输入间距值为 20。在"阵列"命令条的 Y: 文本框中输入阵列个数为 1，单击右键确定。

③ 单击 按钮，退出草绘环境。

（5）单击 完成 按钮，完成特征的创建。

Step11. 创建图 19.7.23 所示的加强筋特征 7。

（1）选择命令。在 主页 功能选项卡 钣金 工具栏中单击 凹坑 按钮，选择 加强筋 命令。

（2）绘制加强筋截面草图。选取图 19.7.23 所示的模型表面为草图平面，绘制图 19.7.24 所示的截面草图。

图 19.7.23　加强筋特征 7

（3）定义筋属性。在"加强筋"命令条中单击"侧步骤"按钮 ⬚，定义冲压方向如图 19.7.25 所示，单击鼠标左键；单击 ⬚ 按钮，在 横截面 区域中选中 ⊙ 圆形(C) 单选项，在 高度(E)： 文本框中输入值 2.0，在 半径(R)： 文本框中输入值 2.0；在 倒圆 区域中选中 ☑ 包括倒圆(I) 复选框，在 凹模半径(D)： 文本框中输入值 0.5；在 端点条件 区域中选中 ⊙ 成形的(F) 单选项；单击 确定 按钮。

（4）单击 完成 按钮，完成特征的创建。

图 19.7.24　截面草图

图 19.7.25　定义冲压方向

Step12. 创建图 19.7.26 所示的法向除料特征 2。

（1）选择命令。在 主页 功能选项卡 钣金 工具栏中单击 打孔 按钮，选择 ⬚ 法向除料 命令。

（2）定义特征的截面草图。

① 选取草图平面。在系统 单击平的面或参考平面。 的提示下，选取图 19.7.27 所示的模型表面为草图平面。

图 19.7.26　法向除料特征 2

图 19.7.27　定义草图平面

② 绘制图 19.7.28 所示的截面草图。

③ 单击"主页"功能选项卡中的"关闭草图"按钮 ☑，退出草绘环境。

（3）定义法向除料特征属性。在"法向除料"命令条中单击"厚度剪切"按钮 ⬚ 和"全部穿透"按钮 ⬚，并将移除方向调整至图 19.7.29 所示的方向。

（4）单击 完成 按钮，完成特征的创建。

图 19.7.28　截面草图

图 19.7.29　定义移除方向

Step13. 创建图 19.7.30 所示的凹坑特征 2。

图 19.7.30　凹坑特征 2

（1）选择命令。单击 主页 功能选项卡 钣金 工具栏中的"凹坑"按钮 ▢。

（2）绘制截面草图。选取图 19.7.30 所示的模型表面为草图平面，绘制图 19.7.31 所示的截面草图。

图 19.7.31　截面草图

（3）定义凹坑属性。在"凹坑"命令条中单击 按钮，单击"偏置尺寸"按钮 ，在 距离:文本框中输入值 2.0，单击 按钮，在 拔模角(T): 文本框中输入值 60，在 倒圆 区域中选中 ☑ 包括倒圆(I) 复选框，在 凸模半径 文本框中输入值 2.0；在 凹模半径 文本框中输入值 1.5；并取消选中 □ 包含凸模侧拐角半径(A) 复选框，单击 确定 按钮；定义其冲压方向为模型外部，单击"轮廓代表凸模"按钮 。

（4）单击命令条中的 完成 按钮，完成特征的创建。

Step14. 创建图 19.7.32 所示的法向除料特征 3。

（1）选择命令。在 主页 功能选项卡 钣金 工具栏中单击 打孔 ▾ 按钮，选择 法向除料 命令。

（2）定义特征的截面草图。

① 选取草图平面。在系统 单击平的面或参考平面. 的提示下，选取图 19.7.33 所示的模型表面为草图平面。

图 19.7.32 法向除料特征 3   图 19.7.33 定义草图平面

② 绘制图 19.7.34 所示的截面草图。

③ 单击"主页"功能选项卡中的"关闭草图"按钮，退出草绘环境。

（3）定义法向除料特征属性。在"法向除料"命令条中单击"厚度剪切"按钮和"全部穿透"按钮，并将移除方向调整至图 19.7.35 所示的方向。

（4）单击按钮，完成特征的创建。

图 19.7.34 截面草图   图 19.7.35 定义移除方向

Step15. 创建图 19.7.36 所示的法向除料特征 4。

图 19.7.36 法向除料特征 4

（1）选择命令。在 主页 功能选项卡 钣金 工具栏中单击 · 按钮，选择 法向除料 命令。

（2）定义特征的截面草图。

① 选取草图平面。在系统 单击平的面或参考平面。 的提示下，选取图 19.7.36 所示的模型表面为草图平面。

② 绘制图 19.7.37 所示的截面草图。

③ 单击"主页"功能选项卡中的"关闭草图"按钮，退出草绘环境。

（3）定义法向除料特征属性。在"法向除料"命令条中单击"厚度剪切"按钮和"全部穿透"按钮，并将移除方向调整至图 19.7.38 所示的方向。

图 19.7.37 截面草图   图 19.7.38 定义移除方向

（4）单击 完成 按钮，完成特征的创建。

Step16. 创建图 19.7.39 所示的阵列特征 2。

（1）选取要阵列的特征。选取 Step15 所创建的法向除料特征 4 为阵列特征。

（2）选择命令。单击 主页 功能选项卡 阵列 工具栏中的 阵列 按钮。

（3）定义要阵列草图平面。选取图 19.7.39 所示的模型表面为阵列草图平面。

图 19.7.39 阵列特征 2

（4）绘制圆形阵列轮廓。单击 特征 区域中的 按钮，绘制图 19.7.40 所示的圆并确定阵列方向，单击左键确定（注：在图 19.7.40 所示的绘制的圆轮廓中心与圆 1 同心，起点与圆 2 圆心重合）。

图 19.7.40 绘制环形阵列轮廓

① 定义阵列类型。在"阵列"命令条的 翻转 下拉列表中选择 适合 选项。

② 定义阵列参数。在"阵列"命令条中单击"整圆"按钮 ，在 计数（C）:文本框中输入阵列个数为 6，单击右键。

③ 单击 按钮，退出草绘环境。

（5）单击 完成 按钮，完成特征的创建。

Step17. 创建图 19.7.41 所示的法向除料特征 10。

图 19.7.41 法向除料特征 10

（1）选择命令。在 主页 功能选项卡 钣金 工具栏中单击 打孔 按钮，选择 法向除料 命令。

（2）定义特征的截面草图。

① 选取草图平面。在系统 单击平的面或参考平面。 的提示下，选取图 19.7.41 所示的模型表面为草图平面。

② 绘制图 19.7.42 所示的截面草图。

③ 单击"主页"功能选项卡中的"关闭草图"按钮 ✔，退出草绘环境。

（3）定义法向除料特征属性。在"法向除料"命令条中单击"厚度剪切"按钮 ✄ 和"全部穿透"按钮 ▣，并将移除方向调整至图 19.7.43 所示的方向。

（4）单击 完成 按钮，完成特征的创建。

图 19.7.42　截面草图　　　　　　　　图 19.7.43　定义移除方向

Step18. 创建图 19.7.44 所示的阵列特征 3。

（1）选取要阵列的特征。选取 Step17 所创建的法向除料特征 10 为阵列特征。

（2）选择命令。单击 主页 功能选项卡 阵列 工具栏中的 ⚙ 阵列 按钮。

（3）定义要阵列草图平面。选取图 19.7.44 所示的模型表面为阵列草图平面。

图 19.7.44　阵列特征 3

（4）绘制圆形阵列轮廓。单击 特征 区域中的 ⚙ 按钮，绘制图 19.7.45 所示的圆并确定阵列方向，单击左键确定（注：在图 19.7.45 所示的绘制的圆轮廓中心与圆 1 同心，起点与圆 2 圆心重合）。

图 19.7.45　绘制环形阵列轮廓

① 定义阵列类型。在"阵列"命令条 翻转 下拉列表中选择 适合 选项。

② 定义阵列参数。在"阵列"命令条中单击"整圆"按钮 ⊙，在 计数© 文本框中输

入阵列个数为 12，单击右键。

③ 单击 按钮，退出草绘环境。

（5）单击 完成 按钮，完成特征的创建。

Step19. 创建图 19.7.46 所示的法向除料特征 22。

图 19.7.46　法向除料特征 22

（1）选择命令。在 主页 功能选项卡 钣金 工具栏中单击 打孔 按钮，选择 法向除料 命令。

（2）定义特征的截面草图。

① 选取草图平面。在系统 单击平的面或参考平面。 的提示下，选取图 19.7.46 所示的模型表面为草图平面。

② 绘制图 19.7.47 所示的截面草图。

③ 单击"主页"功能选项卡中的"关闭草图"按钮 ，退出草绘环境。

（3）定义法向除料特征属性。在"法向除料"命令条中单击"厚度剪切"按钮 和"全部穿透"按钮 ，并将移除方向调整至图 19.7.48 所示的方向。

（4）单击 完成 按钮，完成特征的创建。

图 19.7.47　截面草图　　　　　　　　图 19.7.48　定义移除方向

Step20. 创建图 19.7.49 所示的阵列特征 4。

（1）选取要阵列的特征。选取 Step19 所创建的法向除料特征 22 为阵列特征。

（2）选择命令。单击 主页 功能选项卡 阵列 工具栏中的 阵列 按钮。

（3）定义要阵列草图平面。选取图 19.7.49 所示的模型表面为阵列草图平面。

图 19.7.49　阵列特征 4

（4）绘制圆形阵列轮廓。单击 特征 区域中的 ⚙ 按钮，绘制图 19.7.50 所示的圆并确定阵列方向，单击左键确定（注：在图 19.7.50 所示的绘制的圆轮廓中心与圆 1 同心，起点与圆 2 圆心重合）。

图 19.7.50　绘制环形阵列轮廓

① 定义阵列类型。在"阵列"命令条 翻转 下拉列表中选择 适合 选项。

② 定义阵列参数。在"阵列"命令条中单击"整圆"按钮 ⊕ ，在 计数(C): 文本框中输入阵列个数为 18，单击右键。

③ 单击 ✓ 按钮，退出草绘环境。

（5）单击 完成 按钮，完成特征的创建。

Step21. 创建图 19.7.51 所示的阵列特征 5。

（1）选取要阵列的特征。选取 Step13 至 Step20 所创建的特征为阵列特征。

（3）定义要阵列草图平面。选取图 19.7.51 所示的模型表面为阵列草图平面。

图 19.7.51　阵列特征 5

（4）绘制矩形阵列轮廓。单击 特征 区域中的 🔲 按钮，绘制图 19.7.52 所示的矩形。

图 19.7.52　绘制矩形阵列轮廓

① 定义阵列类型。在"阵列"命令条 翻转 下拉列表中选择 固定 选项。

② 定义阵列参数。在"阵列"命令条 X: 文本框中输入阵列个数为 2，输入间距值为 80；在"阵列"命令条的 Y: 文本框中输入阵列个数为 1，单击右键确定。

③ 单击 ▣ 按钮，退出草绘环境。

（5）单击 完成 按钮，完成特征的创建。

Step22. 创建图 19.7.53 所示的孔特征 1。

（1）选择命令。单击 主页 功能选项卡 钣金 工具栏中的"打孔"按钮 ▷ 。

（2）定义孔的参数。单击 ▤ 按钮，在 类型(Y): 下拉列表中选择 简单孔 选项，在 单位(U): 下拉列表中选择 毫米 选项，在 直径(I): 下拉列表中输入值 3.5，在 延伸 区域中选择延伸类型为 ▣■ （全部穿透），单击 确定 按钮，完成孔参数的设置。

（3）定义孔的放置面。选取图 19.7.53 所示的模型表面为孔的放置面，在模型表面单击完成孔的放置。

图 19.7.53　孔特征 1

（4）编辑孔的定位。在草图环境中对其添加尺寸约束，如图 19.7.54 所示。

图 19.7.54　添加尺寸约束

（5）定义孔的延伸方向。定义孔延伸方向如图 19.7.55 所示并单击。

图 19.7.55　定义延伸方向

（6）单击 完成 按钮，完成特征的创建。

Step23. 创建图 19.7.56 所示的阵列特征 6。

图 19.7.56　阵列特征 6

（1）选取要阵列的特征。选取 Step22 所创建的孔特征 1 为阵列特征。

（2）选择命令。单击 主页 功能选项卡 阵列 工具栏中的 阵列 按钮。

（3）定义要阵列草图平面。选取图 19.7.56 所示的模型表面为阵列草图平面。

（4）绘制矩形阵列轮廓。单击 特征 区域中的 按钮，绘制图 19.7.57 所示的矩形。

放大图

图 19.7.57 绘制矩形阵列轮廓

① 定义阵列类型。在"阵列"命令条的 翻转 下拉列表中选择 固定 选项。

② 定义阵列参数。在"阵列"命令条的 X: 文本框中输入阵列个数为 28，输入间距值为 5；在"阵列"命令条的 Y: 文本框中输入阵列个数为 6，输入间距值为 5，单击右键确定。

③ 单击 按钮，退出草绘环境。

（5）单击 完成 按钮，完成特征的创建。

Step24. 创建图 19.7.58 所示的法向除料特征 76。

草图平面

放大图

图 19.7.58 法向除料特征 76

（1）选择命令。在 主页 功能选项卡 钣金 工具栏中单击 打孔 按钮，选择 法向除料 命令。

（2）定义特征的截面草图。

① 选取草图平面。在系统 单击平的面或参考平面。 的提示下，选取图 19.7.58 所示的模型表面为草图平面。

② 绘制图 19.7.59 所示的截面草图。

图 19.7.59 截面草图

③ 单击"主页"功能选项卡中的"关闭草图"按钮 ✓，退出草绘环境。

（3）定义法向除料特征属性。在"法向除料"命令条中单击"厚度剪切"按钮 📝 和"全部穿透"按钮 ⬛，并将移除方向调整至图 19.7.60 所示的方向。

（4）单击 完成 按钮，完成特征的创建。

图 19.7.60　定义移除方向

Step25. 创建图 19.7.61 所示的法向除料特征 77。

图 19.7.61　法向除料特征 77

（1）选择命令。在 主页 功能选项卡 钣金 工具栏中单击 打孔 按钮，选择 🔲 法向除料 命令。

（2）定义特征的截面草图。

① 选取草图平面。在系统 单击平的面或参考平面。 的提示下，选取图 19.7.61 所示的模型表面为草图平面。

② 绘制图 19.7.62 所示的截面草图。

图 19.7.62　截面草图

③ 单击"主页"功能选项卡中的"关闭草图"按钮 ✓，退出草绘环境。

（3）定义法向除料特征属性。在"法向除料"命令条中单击"厚度剪切"按钮 📝 和"全部穿透"按钮 ⬛，并将移除方向调整至图 19.7.63 所示的方向。

（4）单击 完成 按钮，完成特征的创建。

Step26. 创建图 19.7.64 所示的法向除料特征 78。

图 19.7.63　定义移除方向

图 19.7.64　法向除料特征 78

（1）选择命令。在 主页 功能选项卡 板金 工具栏中单击 打孔 ▾ 按钮，选择 🔲 法向除料 命令。

（2）定义特征的截面草图。

① 选取草图平面。在系统 单击平的面或参考平面。 的提示下，选取图 19.7.64 所示的模型表面为草图平面。

② 绘制图 19.7.65 所示的截面草图。

图 19.7.65　截面草图

③ 单击"主页"功能选项卡中的"关闭草图"按钮 ✔ ，退出草绘环境。

（3）定义法向除料特征属性。在"法向除料"命令条中单击"厚度剪切"按钮 ⬚ 和"全部穿透"按钮 ⬚ ，并将移除方向调整至图 19.7.66 所示的方向。

图 19.7.66　定义移除方向

（4）单击 完成 按钮，完成特征的创建。

Step27. 创建图 19.7.67 所示的阵列特征 7。

图 19.7.67 阵列特征 7

（1）选取要阵列的特征。选取 Step26 所创建的法向除料特征 78 为阵列特征。

（3）定义要阵列草图平面。选取图 19.7.67 所示的模型表面为阵列草图平面。

（4）绘制矩形阵列轮廓。单击 特征 区域中的 按钮，绘制图 19.7.68 所示的矩形。

图 19.7.68 绘制矩形阵列轮廓

① 定义阵列类型。在"阵列"命令条的 翻转 下拉列表中选择 固定 选项。

② 定义阵列参数。在"阵列"命令条的 X: 文本框中输入阵列个数为 7，输入间距值为 20；在"阵列"命令条的 Y: 文本框中输入阵列个数为 1，单击右键确定。

③ 单击 按钮，退出草绘环境。

（5）单击 完成 按钮，完成特征的创建。

Step28. 创建图 19.7.69 所示的法向除料特征 85。

图 19.7.69 法向除料特征 85

（1）选择命令。在 主页 功能选项卡 钣金 工具栏中单击 打孔 按钮，选择 法向除料 命令。

（2）定义特征的截面草图。

① 选取草图平面。在系统 单击平的面或参考平面。 的提示下，选取图 19.7.69 所示的模型表面为草图平面。

② 绘制图 19.7.70 所示的截面草图。

③ 单击"主页"功能选项卡中的"关闭草图"按钮 ，退出草绘环境。

（3）定义法向除料特征属性。在"法向除料"命令条中单击"厚度剪切"按钮 和"穿透下一个"按钮 ，并将移除方向调整至图 19.7.71 所示的方向。

图 19.7.70　截面草图

图 19.7.71　定义移除方向

（4）单击 完成 按钮，完成特征的创建。

Step29. 创建图 19.7.72 所示的法向除料特征 86。

图 19.7.72　法向除料特征 86

（1）选择命令。在 主页 功能选项卡 钣金 工具栏中单击 打孔 按钮，选择 法向除料 命令。

（2）定义特征的截面草图。

① 选取草图平面。在系统 单击平的面或参考平面。 的提示下，选取图 19.7.72 所示的模型表面为草图平面。

② 绘制图 19.7.73 所示的截面草图（通过"包含"命令对上一特征曲线投影获得）。

图 19.7.73 截面草图

③ 单击"主页"功能选项卡中的"关闭草图"按钮 ，退出草绘环境。

（3）定义法向除料特征属性。在"法向除料"命令条中单击"厚度剪切"按钮 和"穿透下一个"按钮 ，并将移除方向调整至图 19.7.74 所示的方向。

（4）单击 完成 按钮，完成特征的创建。

Step30. 创建图 19.7.75 所示的法向除料特征 87。

（1）选择命令。在 主页 功能选项卡 钣金 工具栏中单击 打孔 按钮，选择 法向除料 命令。

（2）定义特征的截面草图。

① 选取草图平面。在系统 单击平的面或参考平面。 的提示下，选取图 19.7.75 所示的模型表面为草图平面。

② 绘制图 19.7.76 所示的截面草图。

图 19.7.74　定义移除方向

图 19.7.75　法向除料特征 85

图 19.7.76　截面草图

③ 单击"主页"功能选项卡中的"关闭草图"按钮，退出草绘环境。

（3）定义法向除料特征属性。在"法向除料"命令条中单击"厚度剪切"按钮和"全部穿透"按钮，并将移除方向调整至图 19.7.77 所示的方向。

（4）单击 完成 按钮，完成特征的创建。

图 19.7.77　定义移除方向

Step31. 保存钣金件模型文件。

19.8　机箱前盖的细节设计

机箱前盖钣金件模型及模型树如图 19.8.1 所示。

图 19.8.1　钣金件模型及模型树

Step1. 在装配件中打开创建的机箱前盖钣金件（FORNT_COVER）。在模型树中选择 ☑️ 🐾 📄 FRONT_COVER.psm:1 ，然后右击，在系统弹出的快捷菜单中选择 🔩 在 Solid Edge 零件环境中打开命令。

Step2. 创建图 19.8.2 所示的弯边特征 1。

（1）选择命令。单击主页功能选项卡钣金工具栏中的"弯边"按钮 📐。

（2）定义附着边。选取图 19.8.3 所示的模型边线为附着边。

（3）定义弯边类型。在"弯边"命令条中单击"从两端"按钮 🔲，在距离:文本框中输入值 15，在角度:文本框中输入值 90，单击"外部尺寸标注"按钮 🔲 和"材料内侧"按钮 📐；调整弯边侧方向向上并单击左键，如图 19.8.2 所示。

图 19.8.2　弯边特征 1　　　　　　　　图 19.8.3　定义附着边

（4）定义弯边尺寸。单击"轮廓步骤"按钮 📐，编辑草图尺寸如图 19.8.4 所示，单击 ✅ 按钮，退出草绘环境。

（5）定义弯边属性及参数。单击"弯边选项"按钮 📐，取消选中 ☐ 使用默认值*复选框，在其折弯半径 (B):文本框中输入数值 0.2，单击 确定 按钮。

（6）单击 完成 按钮，完成特征的创建。

Step3. 创建图 19.8.5 所示的弯边特征 2，详细操作过程参见 Step2。

图 19.8.4　编辑草图

图 19.8.5　弯边特征 2

Step4. 创建图 19.8.6 所示的法向除料特征 1。

（1）选择命令。在 主页 功能选项卡 钣金 工具栏中单击 打孔 按钮，选择 法向除料 命令。

（2）定义特征的截面草图。

① 选取草图平面。在系统 单击平的面或参考平面。 的提示下，选取图 19.8.6 所示的模型表面为草图平面。

② 绘制图 19.8.7 所示的截面草图。

③ 单击"主页"功能选项卡中的"关闭草图"按钮，退出草绘环境。

（3）定义法向除料特征属性。在"法向除料"命令条中单击"厚度剪切"按钮 和"全部穿透"按钮，并将移除方向调整至图 19.7.12 所示的方向。

（4）单击 完成 按钮，完成特征的创建。

图 19.8.6　法向除料特征 1

图 19.8.7　截面草图

Step5. 创建图 19.8.9 所示的弯边特征 3。

图 19.8.8　定义移除方向

图 19.8.9　弯边特征 3

（1）选择命令。单击 主页 功能选项卡 钣金 工具栏中的"弯边"按钮 。

（2）定义附着边。选取图 19.8.10 所示的模型边线为附着边。

图 19.8.10　定义附着边

（3）定义弯边类型。在"弯边"命令条中单击"从两端"按钮⬚，在 距离 文本框中输入值 10，在 角度 文本框中输入值 90，单击"外部尺寸标注"按钮⬚和"材料内侧"按钮⬚；调整弯边侧方向向上并单击左键，如图 19.8.9 所示。

（4）定义弯边尺寸。单击"轮廓步骤"按钮⬚，编辑草图尺寸如图 19.8.11 所示，单击⬚按钮，退出草绘环境。

图 19.8.11　编辑草图

（5）定义弯边属性及参数。单击"弯边选项"按钮⬚，取消选中 ☐ 使用默认值* 复选框，在 折弯半径(R): 文本框中输入数值 0.2，并取消选中 ☐ 折弯止裂口(E) 复选框，单击 确定 按钮。

（6）单击 完成 按钮，完成特征的创建。

Step6. 创建图 19.8.12 所示的弯边特征 4，详细操作过程参见 Step5。

Step7. 创建图 19.8.13 所示的法向除料特征 2。

（1）选择命令。在 主页 功能选项卡 钣金 工具栏中单击 打孔 按钮，选择 ⬚ 法向除料 命令。

（2）定义特征的截面草图。

① 选取草图平面。在系统 单击平的面或参考平面。 的提示下，选取图 19.8.13 所示的模型表面为草图平面。

图 19.8.12　弯边特征 4

图 19.8.13　法向除料特征 2

② 绘制图 19.8.14 所示的截面草图。

③ 单击"主页"功能选项卡中的"关闭草图"按钮⬚，退出草绘环境。

（3）定义法向除料特征属性。在"法向除料"命令条中单击"厚度剪切"按钮⬚和"全部穿透"按钮⬚，并将移除方向调整至图 19.8.15 所示的方向。

（4）单击 完成 按钮，完成特征的创建。

图 19.8.14　截面草图

图 19.8.15　定义移除方向

Step8. 创建图 19.8.16 所示的弯边特征 5。

（1）选择命令。单击 主页 功能选项卡 钣金 工具栏中的"弯边"按钮。

（2）定义附着边。选取图 19.8.17 所示的模型边线为附着边。

图 19.8.16　弯边特征 5　　　　　　　图 19.8.17　定义附着边

（3）定义弯边类型。在"弯边"命令条中单击"从两端"按钮，在 距离: 文本框中输入值 10，在 角度: 文本框中输入值 90，单击"外部尺寸标注"按钮和"材料内侧"按钮；调整弯边侧方向向上并单击左键，如图 19.8.16 所示。

（4）定义弯边尺寸。单击"轮廓步骤"按钮，编辑草图尺寸如图 19.8.18 所示，单击 按钮，退出草绘环境。

（5）定义弯边属性及参数。单击"弯边选项"按钮，取消选中 □ 使用默认值* 复选框，在 折弯半径(B): 文本框中输入数值 0.2，并取消选中 □ 折弯止裂口(R) 复选框，单击 确定 按钮。

（6）单击 完成 按钮，完成特征的创建。

Step9. 创建图 19.8.19 所示的弯边特征 6，详细操作过程参见 Step8。

图 19.8.18　编辑草图　　　　　　　图 19.8.19　弯边特征 6

Step10. 创建图 19.8.20 所示的凹坑特征 1。

图 19.8.20　凹坑特征 1

（1）选择命令。单击 主页 功能选项卡 钣金 工具栏中的"凹坑"按钮。

（2）绘制截面草图。选取图 19.8.20 所示的模型表面为草图平面，绘制图 19.8.21 所示的截面草图。

图 19.8.21　截面草图

（3）定义凹坑属性。在"凹坑"命令条中单击 ⚓ 按钮，单击"偏置尺寸"按钮 ⤵，在 距离 文本框中输入值 5，单击 ▤ 按钮，在 拔模角(T): 文本框中输入值 20，在 倒圆 区域中选中 ☑ 包括倒圆(I) 复选框，在 凸模半径 文本框中输入值 3.0；在 凹模半径 文本框中输入值 2.5；并选中 ☑ 包含凸模侧拐角半径(A) 复选框，在 半径(R): 文本框中输入值 5，单击 确定 按钮；定义其冲压方向为模型内部，单击"轮廓代表凸模"按钮 ⎊。

（4）单击命令条中的 完成 按钮，完成特征的创建。

Step11. 创建图 19.8.22 所示的凹坑特征 2。

图 19.8.22　凹坑特征 2

（1）选择命令。单击 主页 功能选项卡 钣金 工具栏中的"凹坑"按钮 ▢。

（2）绘制截面草图。选取图 19.8.23 所示的模型表面为草图平面，绘制图 19.8.24 所示的截面草图。

图 19.8.23　定义草图平面

图 19.8.24　截面草图

（3）定义凹坑属性。在"凹坑"命令条中单击 ⚓ 按钮，单击"偏置尺寸"按钮 ⤵，在 距离 文本框中输入值 3，单击 ▤ 按钮，在 拔模角(T): 文本框中输入值 20，在 倒圆 区域中选中 ☑ 包括倒圆(I) 复选框，在 凸模半径 文本框中输入值 2.0；在 凹模半径 文本框中输入值 1.5；并选中 ☑ 包含凸模侧拐角半径(A) 复选框，在 半径(R): 文本框中输入值 5，单击 确定 按钮；定义其冲压方向为模型内部，单击"轮廓代表凸模"按钮 ⎊。

（4）单击命令条中的 完成 按钮，完成特征的创建。

Step12. 创建图 19.8.25 所示的冲压除料特征 1。

（1）选择命令。在"主页"功能选项卡的"钣金"工具栏中单击 ⌷坑 按钮，选择 ▢ 冲压除料命令。

（2）绘制截面草图。选取图 19.8.26 所示的模型表面为草图平面，绘制图 19.8.27 所示的截面草图。

图 19.8.25 冲压除料特征 1   图 19.8.26 定义草图平面

（3）定义冲压除料属性。在"冲压除料"命令条中单击 ⌀ 按钮，在 距离: 文本框中输入值 5.0，并按 Enter 键；单击 ▤ 按钮，在 拔模角(T): 文本框中输入值 0，在 倒圆 区域中选中 ☑ 包括倒圆(I) 复选框，在 凹模半径 文本框中输入值 1.0；并取消选中 ☐ 包含凸模侧拐角半径(A) 复选框，单击 确定 按钮；定义其冲压方向为模型内部，如图 19.8.25 所示，单击鼠标左键，单击"轮廓代表凸模"按钮 ⊔ 。

（4）单击命令条中的 完成 按钮，完成特征的创建。

Step13. 创建图 19.8.28 所示的阵列特征 1。

（1）选取要阵列的特征。选取 Step12 所创建的冲压除料特征 1 为阵列特征。

（2）选择命令。单击 主页 功能选项卡 阵列 工具栏中的 ⌗ 阵列 按钮。

（3）定义要阵列草图平面。选取图 19.7.28 所示的模型表面为阵列草图平面。

（4）绘制矩形阵列轮廓。单击 特征 区域中的 ⊠ 按钮，绘制图 19.8.29 所示的矩形。

① 定义阵列类型。在"阵列"命令条的 翻转 下拉列表中选择 固定 选项。

② 定义阵列参数。在"阵列"命令条的 X: 文本框中输入阵列个数为 1；在"阵列"命令条的 Y: 文本框中输入阵列个数为 3，输入间距值为 25。

③ 单击 ✓ 按钮，退出草绘环境。

（5）单击 完成 按钮，完成特征的创建。

图 19.8.27 截面草图   图 19.8.28 阵列特征 1

图 19.8.29 绘制矩形阵列轮廓

Step14. 创建图 19.8.30 所示的法向除料特征 3。

（1）选择命令。在 主页 功能选项卡 钣金 工具栏中单击 打孔 按钮，选择 🔲 法向除料 命令。

（2）定义特征的截面草图。

① 选取草图平面。在系统 单击平的面或参考平面。 的提示下，选取图 19.8.31 所示的模型表面为草图平面。

② 绘制图 19.8.32 所示的截面草图。

图 19.8.30 法向除料特征 3   图 19.8.31   定义草图平面

图 19.8.32 截面草图

③ 单击"主页"功能选项卡中的"关闭草图"按钮✅，退出草绘环境。

（3）定义法向除料特征属性。在"法向除料"命令条中单击"厚度剪切"按钮✏和"全部穿透"按钮，并将移除方向调整至图 19.8.33 所示的方向。

图 19.8.33   定义移除方向

（4）单击 完成 按钮，完成特征的创建。

Step15. 创建图 19.8.34 所示的法向除料特征 4。

（1）选择命令。在 主页 功能选项卡 钣金 工具栏中单击 打孔 按钮，选择 🔲 法向除料 命令。

（2）定义特征的截面草图。

① 选取草图平面。在系统 单击平的面或参考平面。 的提示下，选取图 19.8.34 所示的模型表面为草图平面。

② 绘制图 19.8.35 所示的截面草图。

图 19.8.34　法向除料特征 4

图 19.8.35　截面草图

③ 单击"主页"功能选项卡中的"关闭草图"按钮，退出草绘环境。

（3）定义法向除料特征属性。在"法向除料"命令条中单击"厚度剪切"按钮 和"全部穿透"按钮，并将移除方向调整至图 19.8.36 所示的方向。

（4）单击 完成 按钮，完成特征的创建。

Step16. 创建图 19.8.37 所示的法向除料特征 5。

图 19.8.36　定义移除方向

图 19.8.37　法向除料特征 5

（1）选择命令。在 主页 功能选项卡 钣金 工具栏中单击 打孔 按钮，选择 法向除料 命令。

（2）定义特征的截面草图。

① 选取草图平面。在系统 单击平的面或参考平面。 的提示下，选取图 19.8.37 所示的模型表面为草图平面。

② 绘制图 19.8.38 所示的截面草图。

图 19.8.38　截面草图

③ 单击"主页"功能选项卡中的"关闭草图"按钮，退出草绘环境。

（3）定义法向除料特征属性。在"法向除料"命令条中单击"厚度剪切"按钮 和"全部穿透"按钮 ，并将移除方向调整至图 19.8.39 所示的方向。

图 19.8.39　定义移除方向

（4）单击 完成 按钮，完成特征的创建。

Step17. 创建图 19.8.40 所示的阵列特征 2。

（1）选取要阵列的特征。选取 Step16 所创建的法向除料特征 5 为阵列特征。

（3）定义要阵列草图平面。选取图 19.8.40 所示的模型表面为阵列草图平面。

草图平面

图 19.8.40　阵列特征 2

（4）绘制矩形阵列轮廓。单击 特征 区域中的 按钮，绘制图 19.8.41 所示的矩形。

放大图

图 19.8.41　绘制矩形阵列轮廓

① 定义阵列类型。在"阵列"命令条的 翻转 下拉列表中选择 固定 选项。

② 定义阵列参数。在"阵列"命令条的 X: 文本框中输入阵列个数为 10，输入间距值为 7；在"阵列"命令条的 Y: 文本框中输入阵列个数为 16，输入间距值为 8，单击右键确定。

③ 单击 按钮，退出草绘环境。

（5）单击 完成 按钮，完成特征的创建。

Step18. 创建图 19.8.42 所示的法向除料特征 165。

（1）选择命令。在 主页 功能选项卡 钣金 工具栏中单击 打孔 按钮，选择 法向除料 命令。

（2）定义特征的截面草图。

① 选取草图平面。在系统 单击平的面或参考平面。 的提示下，选取图 19.8.43 所示的模型表面为草图平面。

② 绘制图 19.8.44 所示的截面草图。

③ 单击"主页"功能选项卡中的"关闭草图"按钮 ☑ ，退出草绘环境。

（3）定义法向除料特征属性。在"法向除料"命令条中单击"厚度剪切"按钮 ✎ 和"全部穿透"按钮 ▦ ，并将移除方向调整至图 19.8.45 所示的方向。

（4）单击 完成 按钮，完成特征的创建。

图 19.8.42　法向除料特征 165　　　　　图 19.8.43　定义草图平面

图 19.8.44　截面草图

图 19.8.45　定义移除方向

Step19. 创建图 19.8.46 所示的法向除料特征 166。

（1）选择命令。在 主页 功能选项卡 钣金 工具栏中单击 打孔 按钮，选择 ▦ 法向除料 命令。

（2）定义特征的截面草图。

① 选取草图平面。在系统 单击平的面或参考平面。 的提示下，选取图 19.8.47 所示的模型表面为草图平面。

② 绘制图 19.8.48 所示的截面草图。

③ 单击"主页"功能选项卡中的"关闭草图"按钮 ☑ ，退出草绘环境。

（3）定义法向除料特征属性。在"法向除料"命令条中单击"厚度剪切"按钮 ✎ 和"全部穿透"按钮 ▦ ，并将移除方向调整至图 19.8.49 所示的方向。

（4）单击 完成 按钮，完成特征的创建。

图 19.8.46 法向除料特征 166   图 19.8.47 定义草图平面

图 19.8.48 截面草图

图 19.8.49 定义移除方向

Step20. 保存钣金件模型文件。

19.9 机箱底盖的细节设计

机箱底盖钣金件模型及模型树如图 19.9.1 所示。

图 19.9.1 钣金件模型及模型树

Step1. 在装配件中打开创建的机箱底盖钣金件（BOTTOM_COVER）。在模型树中选择

☑ 🖹 🗗 `BOTTOM_COVER.psm:1` ， 然后右击， 在系统弹出的快捷菜单中选择 🔲 在 Solid Edge 零件环境中打开命令。

Step2. 创建图 19.9.2 所示的弯边特征 1。

（1）选择命令。单击 主页 功能选项卡 钣金 工具栏中的"弯边"按钮🗋。

（2）定义附着边。选取图 19.9.3 所示的模型边线为附着边。

（3）定义弯边类型。在"弯边"命令条中单击"完全宽度"按钮□；在 距离: 文本框中输入值 15，在 角度: 文本框中输入值 90.0；单击"外部尺寸标注"按钮🗀 和"材料外侧"按钮🗋；调整弯边侧方向向上，如图 19.9.2 所示。

（4）定义弯边属性及参数。单击"弯边选项"按钮🗎，取消选中 ☐ 使用默认值* 复选框，在 折弯半径 (B): 文本框中输入数值 0.2，单击 确定 按钮。

（5）单击 完成 按钮，完成特征的创建。

图 19.9.2 弯边特征 1   图 19.9.3   定义附着边

Step3. 创建图 19.9.4 所示的弯边特征 2，详细操作过程参见 Step2。

图 19.9.4   弯边特征 2

Step4. 创建图 19.9.5 所示的弯边特征 3。

（1）选择命令。单击 主页 功能选项卡 钣金 工具栏中的"弯边"按钮🗋。

（2）定义附着边。选取图 19.9.6 所示的模型边线为附着边。

图 19.9.5   弯边特征 3   图 19.9.6   定义附着边

（3）定义弯边类型。在"弯边"命令条中单击"从两端"按钮🗀，在 距离: 文本框中输入值 15，在 角度: 文本框中输入值 90，单击"外部尺寸标注"按钮🗀 和"材料外侧"按钮🗋；调整弯边侧方向向上并单击左键，如图 19.9.5 所示。

（4）定义弯边尺寸。单击"轮廓步骤"按钮，编辑草图尺寸如图 19.9.7 所示，单击 ✔ 按钮，退出草绘环境。

图 19.9.7　编辑草图

（5）定义折弯半径及止裂槽参数。单击"弯边选项"按钮，取消选中 □ 使用默认值* 复选框，在 折弯半径(B): 文本框中输入数值 0.2，单击 确定 按钮。

（6）单击 完成 按钮，完成特征的创建。

Step5. 创建图 19.9.8 所示的弯边特征 4，详细操作过程参见 Step4。

Step6. 创建图 19.9.9 所示的弯边特征 5。

图 19.9.8　弯边特征 4　　　　　　　图 19.9.9　弯边特征 5

（1）选择命令。单击 主页 功能选项卡 钣金 工具栏中的"弯边"按钮。

（2）定义附着边。选取图 19.9.10 所示的模型边线为附着边。

（3）定义弯边类型。在"弯边"命令条中单击"从两端"按钮，在 距离: 文本框中输入值 9，在 角度: 文本框中输入值 90，单击"外部尺寸标注"按钮和"材料内侧"按钮；调整弯边侧方向向内并单击左键，如图 19.9.9 所示。

（4）定义弯边尺寸。单击"轮廓步骤"按钮，编辑草图尺寸如图 19.9.11 所示，单击 ✔ 按钮，退出草绘环境。

图 19.9.10　定义附着边　　　　　　图 19.9.11　编辑草图

（5）定义折弯半径及止裂槽参数。单击"弯边选项"按钮，取消选中 □ 使用默认值* 复选框，在 折弯半径(B): 文本框中输入数值 0.2；选中 ☑ 折弯止裂口(R) 复选框，并选中 ⊙ 正方形(S) 单选项，取消选中 □ 使用默认值(L)* 复选框，在 宽度(W) 文本框中输入值 0.5；单击 确定 按钮。

（6）单击 完成 按钮，完成特征的创建。

Step7. 创建图 19.9.12 所示的弯边特征 6。

（1）选择命令。单击 主页 功能选项卡 钣金 工具栏中的"弯边"按钮 。

（2）定义附着边。选取图 19.9.13 所示的模型边线为附着边。

（3）定义弯边类型。在"弯边"命令条中单击"完全宽度"按钮 ；在 距离: 文本框中输入值 15，在 角度: 文本框中输入值 90，单击"外部尺寸标注"按钮 和"材料内侧"按钮 ；调整弯边侧方向向上，如图 19.9.12 所示。

（4）定义弯边属性及参数。单击"弯边选项"按钮 ，取消选中 使用默认值* 复选框，在 折弯半径(B): 文本框中输入数值 0.2，单击 确定 按钮。

（5）单击 完成 按钮，完成特征的创建。

创建此弯边特征 6

选取此边线为附着边

放大图

图 19.9.12　弯边特征 6　　　　　图 19.9.13　定义附着边

Step8. 创建图 19.9.14 所示的弯边特征 7。

（1）选择命令。单击 主页 功能选项卡 钣金 工具栏中的"弯边"按钮 。

（2）定义附着边。选取图 19.9.15 所示的模型边线为附着边。

（3）定义弯边类型。在"弯边"命令条中单击"完全宽度"按钮 ；在 距离: 文本框中输入值 9，在 角度: 文本框中输入值 90，单击"外部尺寸标注"按钮 和"材料内侧"按钮 ；调整弯边侧方向向外，如图 19.9.14 所示。

（4）定义弯边属性及参数。单击"弯边选项"按钮 ，取消选中 使用默认值* 复选框，在其 折弯半径(B): 文本框中输入数值 0.2，单击 确定 按钮。

（5）单击 完成 按钮，完成特征的创建。

放大图

选取此边线为附着边

放大图

图 19.9.14　弯边特征 7　　　　　图 19.9.15　定义附着边

Step9. 创建图 19.9.16 所示的卷边特征 1。

（1）选择命令。在 主页 功能选项卡 钣金 工具栏中单击 轮廓弯边 按钮，选择 卷边 命令。

（2）选取附着边。选取图 19.6.16 所示的模型边线为折弯的附着边。

（3）定义卷边类型及属性。在"卷边"命令条中的单击"材料内侧"按钮 ，单击"卷边选项"按钮 ，在 卷边轮廓 区域中的 卷边类型(T): 下拉列表中选择 闭环 选项；在 (1) 折弯半径 1: 文本框中输入值 0.1，在 ⑵ 弯边长度 1: 文本框中输入值 0.6；单击 确定 按钮，并单击鼠标右键。

图 19.9.16　卷边特征 1　　　　　　　　图 19.9.17　定义附着边

（4）单击 完成 按钮，完成特征的创建。

Step10. 创建图 19.9.18 所示的镜像特征 1。

图 19.9.18　镜像特征 1

（1）选取要镜像的特征。选取 Step6 至 Step9 所创建的特征为镜像源。

（2）选择命令。单击 主页 功能选项卡 阵列 工具栏中的 镜像 按钮。

（3）定义镜像平面。在"镜像"命令条中的"创建起源"选项下拉列表中选择 垂直于曲线的平面 选项，选取图 19.9.19 所示的边线；在 位置: 文本框中输入值 0.5，并按 Enter 键。

（4）单击 完成 按钮，完成特征的创建。

图 19.9.19　定义曲线对象

Step11. 创建图 19.9.20 所示的弯边特征 11。

（1）选择命令。单击 主页 功能选项卡 钣金 工具栏中的"弯边"按钮 。

（2）定义附着边。选取图 19.9.21 所示的模型边线为附着边。

图 19.9.20　弯边特征 11　　　　　　　图 19.9.21　定义附着边

（3）定义弯边类型。在"弯边"命令条中单击"完全宽度"按钮 ，在 距离: 文本框中输入值 9，在 角度: 文本框中输入值 90，单击"外部尺寸标注"按钮 □□ 和"材料外侧"按钮 □□ ；调整弯边侧方向向内并单击左键，如图 19.9.20 所示。

（4）定义弯边尺寸。单击"轮廓步骤"按钮 ☑，编辑草图尺寸如图 19.9.22 所示，单击 ☑ 按钮，退出草绘环境。

图 19.9.22　截面草图

（5）定义折弯半径及止裂槽参数。单击"弯边选项"按钮 □，取消选中 □ 使用默认值* 复选框，在 折弯半径(B): 文本框中输入数值 0.2，并取消选中 □ 折弯止裂口(E) 复选框，单击 确定 按钮。

（6）单击 完成 按钮，完成特征的创建。

Step12. 创建图 19.9.23 所示的镜像特征 2。

（1）选取要镜像的特征。选取 Step11 所创建的弯边特征 11 为镜像源。

（2）选择命令。单击 主页 功能选项卡 阵列 工具栏中的 ◁▷ 镜像 按钮。

（3）定义镜像平面。在"镜像"命令条中的"创建起源"选项下拉列表中选择 ▶ 垂直于曲线的平面 选项，选取图 19.9.24 所示的边线；在 位置: 文本框中输入值 0.5，并按 Enter 键。

（4）单击 完成 按钮，完成特征的创建。

图 19.9.23　镜像特征 2

图 19.9.24　定义曲线对象

Step13. 创建图 19.9.25 所示的镜像特征 3。

（1）选取要镜像的特征。选取选取 Step11 和 Step12 所创建的特征为镜像源。

（2）选择命令。单击 主页 功能选项卡 阵列 工具栏中的 ◁▷ 镜像 按钮。

（3）定义镜像平面。在"镜像"命令条中的"创建起源"选项下拉列表中选择 ▶ 垂直于曲线的平面 选项，选取图 19.9.26 所示的边线；并在 位置: 文本框中输入值 0.5，并按 Enter 键。

（4）单击 完成 按钮，完成特征的创建。

图 19.9.25　镜像特征 3

图 19.9.26　定义曲线对象

Step14. 创建图 19.9.27 所示的凹坑特征 1。

图 19.9.27　凹坑特征 1

（1）选择命令。单击 主页 功能选项卡 钣金 工具栏中的"凹坑"按钮 □ 。

（2）绘制截面草图。选取图 19.9.28 所示的模型表面为草图平面，绘制图 19.9.29 所示的截面草图。

图 19.9.28　定义草图平面

图 19.9.29　截面草图

（3）定义凹坑属性。在"凹坑"命令条中单击 按钮，单击"偏置尺寸"按钮 ，在 距离 文本框中输入值 2.0，单击 按钮，在 拔模角(T) 文本框中输入值 45，在 倒圆 区域选中 ✔ 包括倒圆(I) 复选框，在 凸模半径 文本框中输入值 1.0；在 凹模半径 文本框中输入值 1.5；并取消选中 □ 包含凸模侧拐角半径(A) 复选框，单击 确定 按钮；定义其冲压方向为模型内部，单击"轮廓代表凸模"按钮 。

（4）单击命令条中的 完成 按钮，完成特征的创建。

Step15. 创建图 19.9.30 所示的法向除料特征 1。

（1）选择命令。在 主页 功能选项卡 钣金 工具栏中单击 打孔 按钮，选择 法向除料 命令。

（2）定义特征的截面草图。

① 选取草图平面。在系统 单击平的面或参考平面。 的提示下，选取图 19.9.30 所示的模型表面为草图平面。

图 19.9.30　法向除料特征 1

② 绘制图 19.9.31 所示的截面草图。

③ 单击"主页"功能选项卡中的"关闭草图"按钮 ✅，退出草绘环境。

（3）定义法向除料特征属性。在"法向除料"命令条中单击"厚度剪切"按钮 🖉 和"全部穿透"按钮 ▣，并将移除方向调整至图 19.9.32 所示的方向。

（4）单击 完成 按钮，完成特征的创建。

图 19.9.31　截面草图

图 19.9.32　定义移除方向

Step16. 创建图 19.9.33 所示的镜像特征 4。

（1）选取要镜像的特征。选取选取 Step14 和 Step15 所创建的特征为镜像源。

（2）选择命令。单击 主页 功能选项卡 阵列 工具栏中的 ◔◔ 镜像 按钮。

（3）定义镜像平面。在"镜像"命令条中的"创建起源"选项下拉列表中选择 📐 垂直于曲线的平面 选项，选取图 19.9.34 所示的边线；并在 位置: 文本框中输入值 0.5，并按 Enter 键。

（4）单击 完成 按钮，完成特征的创建。

图 19.9.33　镜像特征 4

图 19.9.34　定义曲线对象

Step17. 创建图 19.9.35 所示的镜像特征 5。

（1）选取要镜像的特征。选取选取 Step14 至 Step16 所创建的特征为镜像源。

（2）选择命令。单击 主页 功能选项卡 阵列 工具栏中的 ◔◔ 镜像 按钮。

（3）定义镜像平面。在"镜像"命令条中的"创建起源"选项下拉列表中选择 📐 垂直于曲线的平面 选项，选取图 19.9.36 所示的边线；并在 位置: 文本框中输入值 0.5，并按 Enter 键。

（4）单击 完成 按钮，完成特征的创建。

图 19.9.35　镜像特征 5

图 19.9.36　定义曲线对象

Step18. 创建图 19.9.37 所示的法向除料特征 5。

（1）选择命令。在 主页 功能选项卡 钣金 工具栏中单击 打孔 按钮，选择 法向除料 命令。

（2）定义特征的截面草图。

① 选取草图平面。在系统 单击平的面或参考平面。 的提示下，选取图 19.9.38 所示的模型表面为草图平面。

图 19.9.37　法向除料特征 5

图 19.9.38　定义草图平面

② 绘制图 19.9.39 所示的截面草图。

图 19.9.39　截面草图

③ 单击"主页"功能选项卡中的"关闭草图"按钮 ，退出草绘环境。

（3）定义法向除料特征属性。在"法向除料"命令条中单击"厚度剪切"按钮 和"全部穿透"按钮 ，并将移除方向调整至图 19.9.40 所示的方向。

（4）单击 完成 按钮，完成特征的创建。

图 19.9.40　定义移除方向

Step19. 创建图 19.9.41b 所示的阵列特征 1。

a）阵列前　　　　　　　　　　　　　　　　　　b）阵列后

图 19.9.41　阵列特征 1

（1）选取要阵列的特征。选取 Step18 创建的法向除料特征 5 为阵列特征。

（2）选择命令。单击 主页 功能选项卡 阵列 工具栏中的 ⬡ 阵列 按钮。

（3）定义要阵列草图平面。选取图 19.9.41 所示的模型表面为阵列草图平面。

（4）绘制阵列轮廓。

① 定义阵列类型。单击 特征 区域中的 🔲 按钮，在"阵列"命令条的 翻转 下拉列表中选择 填充 选项。

② 定义阵列参数。在"阵列"命令条的 X: 文本框中输入间距值为 8.5；在 Y: 文本框中输入间距值为 9.0；绘制图 19.9.42 所示的轮廓。

③ 定义参考点。在"阵列"命令条中单击"参考点"按钮 ⊞，选取图 19.9.42 所示的事例（右起第 6 列、倒数第 2 排）为参考点。

④ 定义抑制区域。在"阵列"命令条中单击"抑制区域"按钮 ⊞，选取图 19.9.42 所示的轮廓 1 和轮廓 2 为抑制区域。

⑤ 单击 ✔ 按钮，退出草绘环境。

（5）单击 完成 按钮，完成特征的创建。

图 19.9.42　绘制矩形阵列轮廓

Step20. 创建图 19.9.43 所示的法向除料特征 245。

（1）选择命令。在 主页 功能选项卡 钣金 工具栏中单击 打孔 ⌄ 按钮，选择 ▣ 法向除料 命令。

（2）定义特征的截面草图。

① 选取草图平面。在系统 单击平的面或参考平面。 的提示下，选取图 19.9.43 所示的模型表面为草图平面。

② 绘制图 19.9.44 所示的截面草图。

③ 单击"主页"功能选项卡中的"关闭草图"按钮 ✓ ，退出草绘环境。

（3）定义法向除料特征属性。在"法向除料"命令条中单击"厚度剪切"按钮 ✎ 和"全部穿透"按钮 ▦ ，并将移除方向调整至图 19.9.45 所示的方向。

（4）单击 完成 按钮，完成特征的创建。

图 19.9.43　法向除料特征 245

图 19.9.44　截面草图

Step21. 创建图 19.9.46 所示的阵列特征 2。

图 19.9.45　定义移除方向　　　　图 19.9.46　阵列特征 2

（1）选取要阵列的特征。选取 Step20 创建的法向除料特征 245 为阵列特征。

（2）选择命令。单击 主页 功能选项卡 阵列 工具栏中的 阵列 按钮。

（3）定义要阵列草图平面。选取图 19.9.43 所示的模型表面为阵列草图平面。

（4）绘制矩形阵列轮廓。单击 特征 区域中的 按钮，绘制图 19.9.47 所示的矩形。

图 19.9.47　绘制矩形阵列轮廓

① 定义阵列类型。在"阵列"命令条的 翻转 下拉列表中选择 固定 选项。

② 定义阵列参数。在"阵列"命令条的 ^{X}: 文本框中输入阵列个数为5，输入间距值为80。在"阵列"命令条的 ^{Y}: 文本框中输入阵列个数为1，单击右键确定。

③ 单击 按钮，退出草绘环境。

（5）单击 完成 按钮，完成特征的创建。

Step22. 创建图19.9.48所示的法向除料特征250。

（1）选择命令。在 主页 功能选项卡 钣金 工具栏中单击 打孔 按钮，选择 法向除料 命令。

（2）定义特征的截面草图。

① 选取草图平面。在系统 单击平的面或参考平面。 的提示下，选取图19.9.48所示的模型表面为草图平面。

② 绘制图19.9.49所示的截面草图。

③ 单击"主页"功能选项卡中的"关闭草图"按钮 ，退出草绘环境。

（3）定义法向除料特征属性。在"法向除料"命令条中单击"厚度剪切"按钮 和"全部穿透"按钮 ，并将移除方向调整至图19.9.50所示的方向。

（4）单击 完成 按钮，完成特征的创建。

选取此模型表面为草图平面

图 19.9.48　法向除料特征 250

图 19.9.49　截面草图

Step23. 创建图19.9.51所示的阵列特征3。

（1）选取要阵列的特征。选取Step22创建的法向除料特征250为阵列特征。

（2）选择命令。单击 主页 功能选项卡 阵列 工具栏中的 阵列 按钮。

（3）定义要阵列草图平面。选取图19.9.48所示的模型表面为阵列草图平面。

（4）绘制矩形阵列轮廓。单击 特征 区域中的 按钮，绘制图19.9.52所示的矩形。

① 定义阵列类型。在"阵列"命令条的 翻转 下拉列表中选择 固定 选项。

② 定义阵列参数。在"阵列"命令条的 ^{X}: 文本框中输入阵列个数为4，输入间距值为80。在"阵列"命令条的 ^{Y}: 文本框中输入阵列个数为1，单击右键确定。

③ 单击 ✓ 按钮，退出草绘环境。

（5）单击 完成 按钮，完成特征的创建。

图 19.9.50　定义移除方向　　　　　　　图 19.9.51　阵列特征 3

图 19.9.52　绘制矩形阵列轮廓

Step24. 创建图 19.9.53 所示的轮廓弯边特征 1。

（1）选择命令。单击 主页 功能选项卡 钣金 工具栏中的"轮廓弯边"按钮 ⤳。

（2）定义特征的截面草图。在系统的提示下，选取图 19.9.54 所示的模型边线为路径，在"轮廓弯边"命令条中的 位置 文本框中输入值 0，并按 Enter 键，绘制图 19.9.55 所示的截面草图。

创建此轮廓弯边特征 1
放大图

图 19.9.53　轮廓弯边特征 1　　　　　　图 19.9.54　选取路径

图 19.9.55　截面草图

（3）定义轮廓弯边的延伸量及方向。在"轮廓弯边"命令条中单击"延伸步骤"按钮 ；单击"到末端"按钮 ▭，并定义其延伸方向如图 19.9.56 所示，单击鼠标左键。

（4）单击 完成 按钮，完成特征的创建。

图 19.9.56　定义延伸方向

Step25. 创建图 19.9.57 所示的镜像特征 6。

（1）选取要镜像的特征。选取 Step24 所创建的轮廓弯边特征 1 为镜像源。

（2）选择命令。单击 主页 功能选项卡 阵列 工具栏中的 镜像 按钮。

（3）定义镜像平面。在"镜像"命令条中的"创建起源"选项下拉列表中选择 垂直于曲线的平面 选项，选取图 19.9.58 所示的边线；并在 位置: 文本框中输入值 0.5，并按 Enter 键。

（4）单击 完成 按钮，完成特征的创建。

图 19.9.57　镜像特征 6　　　　　　　图 19.6.58　定义曲线对象

Step26. 创建图 19.9.59 所示的镜像特征 7。

（1）选取要镜像的特征。选取 Step24 和 Step25 所创建的特征为镜像源。

（2）选择命令。单击 主页 功能选项卡 阵列 工具栏中的 镜像 按钮。

（3）定义镜像平面。在"镜像"命令条中的"创建起源"选项下拉列表中选择 垂直于曲线的平面 选项，选取图 19.9.60 所示的边线；并在 位置: 文本框中输入值 0.5，并按 Enter 键。

（4）单击 完成 按钮，完成特征的创建。

图 19.9.59　镜像特征 7　　　　　　　图 19.9.60　定义曲线对象

Step27. 创建图 19.9.61 所示的法向除料特征 254。

（1）选择命令。在 主页 功能选项卡 钣金 工具栏中单击 打孔 按钮，选择 法向除料 命令。

（2）定义特征的截面草图。

图 19.9.61　法向除料特征 254

① 选取草图平面。在系统 单击平的面或参考平面。 的提示下，选取图 19.9.62 所示的模型表面为草图平面。

② 绘制图 19.9.63 所示的截面草图。

图 19.9.62 定义草图平面

图 19.9.63 截面草图

③ 单击"主页"功能选项卡中的"关闭草图"按钮 ✔，退出草绘环境。

（3）定义法向除料特征属性。在"法向除料"命令条中单击"厚度剪切"按钮 和"全部穿透"按钮 ，并将移除方向调整至图 19.9.64 所示的方向。

图 19.9.64 定义移除方向

（4）单击 完成 按钮，完成特征的创建。

Step28. 创建图 19.9.65 所示的镜像特征 8。

图 19.9.65 镜像特征 8

（1）选取要镜像的特征。选取 Step27 所创建的法向除料特征 254 为镜像源。

（2）选择命令。单击 主页 功能选项卡 阵列 工具栏中的 镜像 按钮。

（3）定义镜像平面。在"镜像"命令条中的"创建起源"选项下拉列表中选择 垂直于曲线的平面 选项，选取图 19.9.66 所示的边线；并在 位置: 文本框中输入值 0.5，并按 Enter 键。

选取此边线

图 19.9.66　定义曲线对象

（4）单击 完成 按钮，完成特征的创建。

Step29. 保存钣金件模型文件。

19.10　机箱主板支撑架的细节设计

钣金件模型和模型树如图 19.10.1 所示。

图 19.10.1　钣金件模型及模型树

Step1. 在装配件中打开创建的机箱主板支撑架钣金件（MAINBOARD_SUPPORT）。在模型树中选择 ☑ MOTHERBOARD_SUPPORT.psm:1，然后右击，在系统弹出的快捷菜单中选择 在 Solid Edge 零件环境中打开 命令。

Step2. 创建图 19.10.2 所示的弯边特征 1。

（1）选择命令。单击 主页 功能选项卡 钣金 工具栏中的"弯边"按钮 。

（2）定义附着边。选取图 19.10.3 所示的模型边线为附着边。

图 19.10.2　弯边特征 1

图 19.10.3　定义附着边

（3）定义弯边类型。在"弯边"命令条中单击"完全宽度"按钮 ▢；在 距离 文本框中输入值 5，在 角度 文本框中输入值 90，单击"外部尺寸标注"按钮 ⫼ 和"材料内侧"按钮 ⌐ ；调整弯边侧方向向下并单击左键，如图 19.10.2 所示。

（4）定义弯边尺寸。单击"轮廓步骤"按钮 ◪ ，编辑草图尺寸如图 19.10.4 所示，单击 ✓ 按钮，退出草绘环境。

图 19.10.4　编辑草图

（5）定义折弯半径及止裂槽参数。单击"弯边选项"按钮 ▤ ，取消选中 ☐ 使用默认值* 复选框，在 折弯半径(B): 文本框中输入数值 0.2。

（6）单击 完成 按钮，完成特征的创建。

Step3. 创建另一侧的弯边特征 2（图 19.10.5），详细操作过程参见 Step2。

Step4. 创建图 19.10.6 所示的法向除料特征 1。

图 19.10.5　弯边特征 2

图 19.10.6　法向除料特征 1

（1）选择命令。在 主页 功能选项卡 钣金 工具栏中单击 打孔 按钮，选择 ▣ 法向除料 命令。

（2）定义特征的截面草图。

① 选取草图平面。在系统 单击平的面或参考平面。 的提示下，选取图 19.10.6 所示的模型表面为草图平面。

② 绘制图 19.10.7 所示的截面草图。

③ 单击"主页"功能选项卡中的"关闭草图"按钮 ✓ ，退出草绘环境。

（3）定义法向除料特征属性。在"法向除料"命令条中单击"厚度剪切"按钮 ◪ 和"全部穿透"按钮 ▦ ，并将移除方向调整至图 19.10.8 所示的方向。

（4）单击 完成 按钮，完成特征的创建。

图 19.10.7　截面草图

图 19.10.8　定义移除方向

Step5. 创建图 19.10.9 所示的孔特征 1。

（1）选择命令。单击 主页 功能选项卡 钣金 工具栏中的"打孔"按钮 。

（2）定义孔的参数。单击 按钮，在 类型(Y): 下拉列表中选择 简单孔 选项，在 单位(U): 下拉列表中选择 毫米 选项，在 直径(I): 下拉列表中输入值 10，在 延伸 区域选择延伸类型为 （全部穿透），单击 确定 按钮，完成孔参数的设置。

（3）定义孔的放置面。选取图 19.10.9 所示的模型表面为孔的放置面，在模型表面单击完成孔的放置。

图 19.10.9　孔特征 1

（4）编辑孔的定位。在草图环境中对其添加几何约束（定义孔的中心与零件间副本中的定位孔曲面同心），如图 19.10.10 所示。

（5）定义孔的延伸方向。定义孔延伸方向如图 19.10.11 所示并单击。

（6）单击 完成 按钮，完成特征的创建。

图 19.10.10　添加几何约束

图 19.10.11　定义延伸方向

Step6. 创建图 19.10.12 所示的孔特征 2。详细操作过程参见 Step5。

Step7. 创建图 19.10.13 所示的孔特征 3。详细操作过程参见 Step5。

图 19.10.12　孔特征 2　　　　　　　　图 19.10.13　孔特征 3

Step8. 创建图 19.10.14 所示的孔特征 4。详细操作过程参见 Step5。

Step9. 创建图 19.10.15 所示的孔特征 5。详细操作过程参见 Step5。

图 19.10.14　孔特征 4　　　　　　　　图 19.10.15　孔特征 5

Step10. 创建图 19.10.16 所示的孔特征 6。详细操作过程参见 Step5。

Step11. 创建图 19.10.17 所示的加强筋特征 1。

（1）选择命令。在 主页 功能选项卡 钣金 工具栏中单击 凹坑 按钮，选择 加强筋 命令。

（2）绘制加强筋截面草图。选取图 19.10.17 所示的模型表面为草图平面，绘制图 19.10.18 所示的截面草图。

（3）定义筋属性。在"加强筋"命令条中单击"侧步骤"按钮，定义冲压方向如图 19.10.19 所示，单击鼠标左键；单击 按钮，在 横截面 区域中选中 圆形(C) 单选项，在 高度(E): 文本框中输入值 1.5，在 半径(R): 文本框中输入值 2.0；在 倒圆 区域中选中 包括倒圆(I) 复选框，在 凹模半径(D): 文本框中输入值 0.5；在 端点条件 区域中选中 成形的(F) 单选项；单击 确定 按钮。

（4）单击 完成 按钮，完成特征的创建。

图 19.10.16　孔特征 6　　　　　　　图 19.10.17　加强筋特征 1

图 19.10.18　截面草图　　　　　　　图 19.10.19　定义冲压方向

Step12. 创建图 19.10.20 所示的加强筋特征 2，详细操作过程参见 Step11。

图 19.10.20　加强筋特征 2

Step13. 创建图 19.10.21 所示的加强筋特征 3，详细操作过程参见 Step11。

Step14. 创建图 19.10.22 所示的加强筋特征 4，详细操作过程参见 Step11。

图 19.10.21　加强筋特征 3　　　　　　图 19.10.22　加强筋特征 4

Step15. 创建图 19.10.23 所示的加强筋特征 5，详细操作过程参见 Step11。

Step16. 创建图 19.10.24 所示的加强筋特征 6，详细操作过程参见 Step11。

图 19.10.23　加强筋特征 5　　　　　　图 19.10.24　加强筋特征 6

Step17. 创建图 19.10.25 所示的加强筋特征 7。

图 19.10.25　加强筋特征 7

（1）选择命令。在 主页 功能选项卡 钣金 工具栏中单击 凹坑 按钮，选择 加强筋 命令。

（2）绘制加强筋截面草图。选取图 19.10.25 所示的模型表面为草图平面，绘制图 19.10.26 所示的截面草图。

（3）定义筋属性。在"加强筋"命令条中单击"侧步骤"按钮，定义冲压方向如图 19.10.27 所示，单击鼠标左键；单击 按钮，在 横截面 区域中选中 U 型 单选项，在 高度(E) 文本框中输入值 4，在 宽度(W): 文本框中输入值 16，在 角度(A): 文本框中输入值 72；在 倒圆 区

域中选中 ☑ 包括倒圆(I) 复选框，在 凸模半径(F): 文本框中输入值 10，在 凹模半径(D): 文本框中输入值 4.5；在 端点条件 区域中选中 ⊙ 成形的(F) 单选项；单击 确定 按钮。

（4）单击 完成 按钮，完成特征的创建。

图 19.10.26　截面草图

图 19.10.27　定义冲压方向

Step18. 创建图 19.10.28 所示的加强筋特征 8。

图 19.10.28　加强筋特征 8

（1）选择命令。在 主页 功能选项卡 钣金 工具栏中单击 凹坑 按钮，选择 加强筋 命令。

（2）绘制加强筋截面草图。选取图 19.10.28 所示的模型表面为草图平面，绘制图 19.10.29 所示的截面草图。

（3）定义筋属性。在"加强筋"命令条中单击"侧步骤"按钮，定义冲压方向如图 19.10.30 所示，单击鼠标左键；单击 按钮，在 横截面 区域中选中 ⊙ U 型 单选项，在 高度(E): 文本框中输入值 4.5，在 宽度(W): 文本框中输入值 16，在 角度(A): 文本框中输入值 70；在 倒圆 区域中选中 ☑ 包括倒圆(I) 复选框，在 凸模半径(F): 文本框中输入值 10，在 凹模半径(D): 文本框中输入值 4.5；在 端点条件 区域中选中 ⊙ 成形的(F) 单选项；单击 确定 按钮。

（4）单击 完成 按钮，完成特征的创建。

图 19.10.29　截面草图

图 19.10.30　定义冲压方向

Step19. 创建图 19.10.31 所示的加强筋特征 9。

（1）选择命令。在 主页 功能选项卡 钣金 工具栏中单击 凹坑 按钮，选择 加强筋 命令。

（2）绘制加强筋截面草图。选取图 19.10.31 所示的模型表面为草图平面，绘制图 19.10.32 所示的截面草图。

图 19.10.31　加强筋特征 9

（3）定义筋属性。在"加强筋"命令条中单击"侧步骤"按钮，定义冲压方向如图 19.10.32 所示，单击鼠标左键；单击 按钮，在 横截面 区域中选中 U 型 单选项，在 高度(E) 文本框中输入值 2.5，在 宽度(W) 文本框中输入值 10，在 角度(A) 文本框中输入值 64；在 倒圆 区域中选中 包括倒圆(I) 复选框，在 凸模半径(P) 文本框中输入值 1.0，在 凹模半径(D) 文本框中输入值 0.5；在 端点条件 区域中选中 成形的(F) 单选项；单击 确定 按钮。

（4）单击 完成 按钮，完成特征的创建。

图 19.10.32　截面草图　　　　　　　　图 19.10.33　定义冲压方向

Step20. 创建图 19.10.34b 所示的阵列特征 1。

a）阵列前　　　　　　　　　　　　　　　b）阵列后

图 19.10.34　阵列特征 1

（1）选取要阵列的特征。选取 Step19 所创建的加强筋特征 9 为阵列特征。

（2）选择命令。单击 主页 功能选项卡 阵列 工具栏中的 阵列 按钮。

（3）定义阵列草图平面。选取图 19.10.34 所示的模型表面为阵列草图平面。

（4）绘制矩形阵列轮廓。单击 特征 区域中的 按钮，绘制图 19.10.35 所示的矩形。

① 定义阵列类型。在"阵列"命令条的 翻转 下拉列表中选择 固定 选项。

② 定义阵列参数。在"阵列"命令条的 ^{X:} 文本框中输入阵列个数为 3，输入间距值为 50，在"阵列"命令条的 ^{Y:} 文本框中输入阵列个数为 1，单击右键确定。

③ 单击 按钮，退出草绘环境。

（5）单击 完成 按钮，完成特征的创建。

Step21. 创建图 19.10.36 所示的法向除料特征 2。

图 19.10.35　绘制矩形阵列轮廓

图 19.10.36　法向除料特征 2

（1）选择命令。在 主页 功能选项卡 钣金 工具栏中单击 打孔 按钮，选择 法向除料 命令。

（2）定义特征的截面草图。

① 选取草图平面。在系统 单击平的面或参考平面。 的提示下，选取图 19.10.36 所示的模型表面为草图平面。

② 绘制图 19.10.37 所示的截面草图。

③ 单击"主页"功能选项卡中的"关闭草图"按钮 ，退出草绘环境。

（3）定义法向除料特征属性。在"法向除料"命令条中单击"厚度剪切"按钮 和"全部穿透"按钮 ，并将移除方向调整至图 19.10.38 所示的方向。

（4）单击 完成 按钮，完成特征的创建。

图 19.10.37　截面草图

图 19.10.38　定义移除方向

Step22. 创建图 19.10.39 所示的弯边特征 3。

（1）选择命令。单击 主页 功能选项卡 钣金 工具栏中的"弯边"按钮 。

（2）定义附着边。选取图 19.10.40 所示的模型边线为附着边。

（3）定义弯边类型。在"弯边"命令条中单击"完全宽度"按钮 ；在 距离: 文本框中输入值 10，在 角度 文本框中输入值 90，单击"外部尺寸标注"按钮 和"材料内侧"按钮 ；调整弯边侧方向向上并单击左键，如图 19.10.39 所示。

图 19.10.39　弯边特征 3　　　　　　　　图 19.10.40　定义附着边

（4）定义弯边尺寸。单击"轮廓步骤"按钮，编辑草图尺寸如图 19.10.41 所示，单击 按钮，退出草绘环境。

图 19.10.41　编辑草图

（5）定义折弯半径及止裂槽参数。单击"弯边选项"按钮，取消选中 使用默认值* 复选框，在 折弯半径(B): 文本框中输入数值 0.2；选中 折弯止裂口(E) 复选框，并选中 正方形(S) 单选项，取消选中 使用默认值(L)* 复选框，在 宽度(W): 文本框中输入值 0.5；单击 确定 按钮。

（6）单击 完成 按钮，完成特征的创建。

Step23. 创建图 19.10.42 所示的弯边特征 4。

（1）选择命令。单击 主页 功能选项卡 钣金 工具栏中的"弯边"按钮。

（2）定义附着边。选取图 19.10.43 所示的模型边线为附着边。

图 19.10.42　弯边特征 4　　　　　　　　图 19.10.43　定义附着边

（3）定义弯边类型。在"弯边"命令条中单击"完全宽度"按钮；在 距离: 文本框中输入值 10，在 角度: 文本框中输入值 90，单击"外部尺寸标注"按钮和"材料内侧"按钮；调整弯边侧方向向上并单击左键，如图 19.10.42 所示。

（4）定义弯边尺寸。单击"轮廓步骤"按钮，编辑草图尺寸如图 19.10.44 所示，单击 按钮，退出草绘环境。

图 19.10.44　编辑草图

（5）定义折弯半径及止裂槽参数。单击"弯边选项"按钮，取消选中 □ 使用默认值* 复选框，在 折弯半径(B): 文本框中输入数值 0.2；选中 ☑ 折弯止裂口(E) 复选框，并选中 ⊙ 正方形(S) 单选项，取消选中 □ 使用默认值(L)* 复选框，在 宽度(W): 文本框中输入值 0.5；单击 确定 按钮。

（6）单击 完成 按钮，完成特征的创建。

Step24. 创建图 19.10.45 所示的法向除料特征 1。

（1）选择命令。在 主页 功能选项卡 钣金 工具栏中单击 打孔 按钮，选择 法向除料 命令。

（2）定义特征的截面草图。

① 选取草图平面。在系统 单击平的面或参考平面。 的提示下，选取图 19.10.46 所示的模型表面为草图平面。

图 19.10.45　法向除料特征 3　　　　　图 19.10.46　定义草图平面

② 绘制图 19.10.47 所示的截面草图。

图 19.10.47　截面草图

③ 单击"主页"功能选项卡中的"关闭草图"按钮，退出草绘环境。

（3）定义法向除料特征属性。在"法向除料"命令条中单击"厚度剪切"按钮 和"全部穿透"按钮，并将移除方向调整至图 19.10.48 所示的方向。

（4）单击 完成 按钮，完成特征的创建。

图 19.10.48　定义移除方向

Step25. 创建图 19.10.49 所示的弯边特征 5。

（1）选择命令。单击 主页 功能选项卡 钣金 工具栏中的"弯边"按钮 🗗 。

（2）定义附着边。选取图 19.10.50 所示的模型边线为附着边。

（3）定义弯边类型。在"弯边"命令条中单击"从两端"按钮 Ⅱ ，在 距离: 文本框中输入值 12，在 角度: 文本框中输入值 90，单击"外部尺寸标注"按钮 Ⅱ 和"材料内侧"按钮 ▯ ，调整弯边侧方向向上并单击左键，如图 19.10.49 所示。

（4）定义弯边尺寸。单击"轮廓步骤"按钮 ☑ ，编辑草图尺寸如图 19.10.51 所示，单击 ✅ 按钮，退出草绘环境。

（5）定义折弯半径及止裂槽参数。单击"弯边选项"按钮 🗐 ，取消选中 ☐ 使用默认值* 复选框，在 折弯半径(B): 文本框中输入数值 0.2；选中 ☑ 折弯止裂口(E) 复选框，并选中 ⊙ 圆形(R) 单选项，取消选中 ☐ 使用默认值(L)* 复选框，在 深度(D): 文本框中输入值 1.0；单击 确定 按钮。

（6）单击 完成 按钮，完成特征的创建。

图 19.10.49　弯边特征 5　　　　　　　图 19.10.50　定义附着边

图 19.10.51　编辑草图

Step26. 创建图 19.10.52 所示的弯边特征 6，详细操作过程参见 Step25。

图 19.10.52　弯边特征 6

Step27. 创建图 19.10.53 所示的法向除料特征 4。

（1）选择命令。在 主页 功能选项卡 钣金 工具栏中单击 打孔 按钮，选择 🖾 法向除料 命令。

（2）定义特征的截面草图。

① 选取草图平面。在系统 单击平的面或参考平面。 的提示下，选取图 19.10.54 所示的模型表面为草图平面。

图 19.10.53　法向除料特征 4　　　　　　　图 19.10.54　定义草图平面

② 绘制图 19.10.55 所示的截面草图。

图 19.10.55　截面草图

③ 单击"主页"功能选项卡中的"关闭草图"按钮，退出草绘环境。

（3）定义法向除料特征属性。在"法向除料"命令条中单击"厚度剪切"按钮和"全部穿透"按钮，并将移除方向调整至图 19.10.56 所示的方向。

（4）单击 完成 按钮，完成特征的创建。

Step28. 创建图 19.10.57 所示的弯边特征 7，详细操作过程参见 Step25。

图 19.10.56　定义移除方向　　　　　　图 19.10.57　弯边特征 7

Step29. 创建图 19.10.58b 所示的阵列特征 2。

a）阵列前　　　　　　　　　　　　　　b）阵列后

图 19.10.58　阵列特征 2

（1）选取要阵列的特征。选取 Step27 和 Step28 所创建的特征为阵列特征。

（2）选择命令。单击 主页 功能选项卡 阵列 工具栏中的 阵列 按钮。

（3）定义要阵列草图平面。选取图 19.10.58 所示的模型表面为阵列草图平面。

（4）绘制矩形阵列轮廓。单击 特征 区域中的 按钮，绘制图 19.10.59 所示的矩形。

① 定义阵列类型。在"阵列"命令条的 翻转 下拉列表中选择 固定 选项。

图 19.10.59　绘制矩形阵列轮廓

② 定义阵列参数。在"阵列"命令条的 X: 文本框中输入阵列个数为 4，输入间距值为 40；在"阵列"命令条的 Y: 文本框中输入阵列个数为 1，单击右键确定。

③ 单击 按钮，退出草绘环境。

（5）单击 完成 按钮，完成特征的创建。

Step30. 创建图 19.10.60 所示的法向除料特征 8。

（1）选择命令。在 主页 功能选项卡 钣金 工具栏中单击 打孔 按钮，选择 法向除料 命令。

（2）定义特征的截面草图。

① 选取草图平面。在系统 单击平的面或参考平面。 的提示下，选取图 19.10.61 所示的模型表面为草图平面。

图 19.10.60　法向除料特征 8 　　　　图 19.10.61　定义草图平面

② 绘制图 19.10.62 所示的截面草图。

③ 单击"主页"功能选项卡中的"关闭草图"按钮，退出草绘环境。

（3）定义法向除料特征属性。在"法向除料"命令条中单击"厚度剪切"按钮 和"全部穿透"按钮，并将移除方向调整至图 19.10.63 所示的方向。

（4）单击 完成 按钮，完成特征的创建。

图 19.10.62　截面草图　　　　　图 19.10.63　定义移除方向

Step31. 创建图 19.10.64 所示的阵列特征 3。

（1）选取要阵列的特征。选取 Step30 所创建的法向除料特征 8 为阵列特征。

（2）选择命令。单击 主页 功能选项卡 阵列 工具栏中的 阵列 按钮。

（3）定义要阵列草图平面。选取图 19.10.64 所示的模型表面为阵列草图平面。

（4）绘制矩形阵列轮廓。单击 特征 区域中的 按钮，绘制图 19.10.65 所示的矩形。

① 定义阵列类型。在"阵列"命令条的 翻转 下拉列表中选择 固定 选项。

② 定义阵列参数。在"阵列"命令条的 X: 文本框中输入阵列个数为 5，输入间距值为 80；在"阵列"命令条的 Y: 文本框中输入阵列个数为 1，单击右键确定。

③ 单击 按钮，退出草绘环境。

（5）单击 完成 按钮，完成特征的创建。

图 19.10.64　阵列特征 3　　　　　图 19.10.65　绘制矩形阵列轮廓

Step32. 创建图 19.10.66 所示的法向除料特征 13。

（1）选择命令。在 主页 功能选项卡 钣金 工具栏中单击 打孔 按钮，选择 法向除料 命令。

（2）定义特征的截面草图。

① 选取草图平面。在系统 单击平的面或参考平面。 的提示下，选取图 19.10.67 所示的模型表面为草图平面。

图 19.10.66　法向除料特征 13　　　　　图 19.10.67　定义草图平面

② 绘制图 19.10.68 所示的截面草图。

③ 单击 "主页" 功能选项卡中的 "关闭草图" 按钮 ，退出草绘环境。

（3）定义法向除料特征属性。在 "法向除料" 命令条中单击 "厚度剪切" 按钮 和 "全部穿透" 按钮 ，并将移除方向调整至图 19.10.69 所示的方向。

（4）单击 完成 按钮，完成特征的创建。

图 19.10.68　截面草图　　　　　　　　　　图 19.10.69　定义移除方向

Step33. 创建图 19.10.70 所示的阵列特征 4。

（1）选取要阵列的特征。选取 Step32 所创建的法向除料特征 13 为阵列特征。

（2）选择命令。单击 主页 功能选项卡 阵列 工具栏中的 阵列 按钮。

（3）定义要阵列草图平面。选取图 19.10.70 所示的模型表面为阵列草图平面。

（4）绘制矩形阵列轮廓。单击 特征 区域中的 按钮，绘制图 19.10.71 所示的矩形。

① 定义阵列类型。在 "阵列" 命令条的 翻转 下拉列表中选择 固定 选项。

② 定义阵列参数。在 "阵列" 命令条的 X: 文本框中输入阵列个数为 4，输入间距值为 80；在 "阵列" 命令条的 Y: 文本框中输入阵列个数为 1，单击右键确定。

③ 单击 按钮，退出草绘环境。

（5）单击 完成 按钮，完成特征的创建。

Step34. 保存钣金件模型文件。

图 19.10.70　阵列特征 4　　　　　　　　　图 19.10.71　绘制矩形阵列轮廓

19.11　机箱左盖的细节设计

钣金件模型和模型树如图 19.11.1 所示。

图 19.11.1　钣金件模型及模型树

Step1. 在装配件中打开创建的机箱前盖钣金件（LEFT_COVER）。在模型树中选择 ☑ 🔗 ▱ `LEFT_COVER.psm:1` ，然后右击，在系统弹出的快捷菜单中选择 🔲 `在 Solid Edge 零件环境中打开` 命令。

Step2. 创建图 19.11.2b 所示的法向除料特征 1。

a）切削前　　　　　　　　　b）切削后

图 19.11.2　法向除料特征 1

（1）选择命令。在 `主页` 功能选项卡 `钣金` 工具栏中单击 `打孔`▾ 按钮，选择 🔳 `法向除料` 命令。

（2）定义特征的截面草图。

① 选取草图平面。在系统 `单击平的面或参考平面。` 的提示下，选取图 19.11.3 所示的模型表面为草图平面。

② 绘制图 19.11.4 所示的截面草图。

图 19.11.3　定义草图平面　　　　　图 19.11.4　截面草图

③ 单击"主页"功能选项卡中的"关闭草图"按钮☑，退出草绘环境。

（3）定义法向除料特征属性。在"法向除料"命令条中单击"厚度剪切"按钮 and "全部穿透"按钮▣，并将移除方向调整至图 19.11.5 所示的方向。

（4）单击 完成 按钮，完成特征的创建。

Step3. 创建图 19.11.6 所示的法向除料特征 2，具体操作过程参见 Step2。

图 19.11.5　定义移除方向

创建此特征

图 19.11.6　法向除料特征 2

Step4. 创建图 19.11.7 所示的卷边特征 1。

（1）选择命令。在 主页 功能选项卡 钣金 工具栏中单击 轮廓弯边 按钮，选择 卷边 命令。

（2）选取附着边。选取图 19.11.8 所示的模型边线为折弯的附着边。

放大图

图 19.11.7　卷边特征 1

选取此边线为附着边

放大图

图 19.11.8　定义附着边

（3）定义卷边类型及属性。在"卷边"命令条中的单击"材料外侧"按钮，单击"卷边选项"按钮，在 卷边轮廓 区域中的 卷边类型 (T)：下拉列表中选择 开环 选项；在 (1) 折弯半径 1：文本框中输入值 6.0，在 (5) 扫掠角：文本框中输入值 180，单击 确定 按钮，并按 Enter 键。

（4）单击 完成 按钮，完成特征的创建。

Step5. 创建图 19.11.9 所示的折弯特征 1。

（1）选择命令。单击 主页 功能选项卡 钣金 工具栏中的 折弯 按钮。

（2）绘制折弯线。选取图 19.11.9 所示的模型表面为草图平面，绘制图 19.11.10 所示的折弯线。

草图平面

放大图

放大图

图 19.11.9　折弯特征 1

图 19.11.10　绘制折弯线

（3）定义折弯属性及参数。在"折弯"命令条中单击"折弯位置"按钮，在 折弯半径：

文本框中输入值 0.1，在 角度: 文本框中输入值 90，并单击"材料内部"按钮 ⫯；单击"移动侧"按钮 ⫯，并将方向调整至图 19.11.11 所示的方向；单击"折弯方向"按钮 ⊬，并将方向调整至图 19.11.12 所示的方向。

（4）单击 完成 按钮，完成特征的创建。

图 19.11.11　定义移动侧方向

图 19.11.12　定义折弯方向

Step6. 创建图 19.11.13 所示的卷边特征 2，详细操作过程参见 Step4。

Step7. 创建图 19.11.14 所示的折弯特征 2，详细操作过程参见 Step5。

图 19.11.13　卷边特征 2

创建此卷边特征 2

放大图

创建此折弯特征 2

放大图

图 19.11.14　折弯特征 2

Step8. 创建图 19.11.15 所示的弯边特征 1。

（1）选择命令。单击 主页 功能选项卡 钣金 工具栏中的"弯边"按钮 ⫯。

（2）定义附着边。选取图 19.11.16 所示的模型边线为附着边。

图 19.11.15　弯边特征 1

放大图

图 19.11.16　定义附着边

放大图

选取此边线为附着边

（3）定义弯边类型。在"弯边"命令条中单击"完全宽度"按钮 ▢；在 距离: 文本框中输入值 12，在 角度: 文本框中输入值 90，单击"外部尺寸标注"按钮 ⫯和"材料外侧"按钮 ⫯；调整弯边侧方向向上，如图 19.11.15 所示。

（4）定义弯边属性及参数。单击"弯边选项"按钮 ⫐，取消选中 ☐ 使用默认值* 复选框，在 折弯半径(B): 文本框中输入数值 0.2，单击 确定 按钮。

（5）单击 完成 按钮，完成特征的创建。

Step9. 创建图 19.11.17 所示的平板特征 3。

（1）选择命令。单击 主页 功能选项卡 钣金 工具栏中的"平板"按钮 ▢。

（2）定义特征的截面草图。

① 选取草图平面。在系统 单击平的面或参考平面. 的提示下，选取图 19.11.17 所示的模型

表面为草图平面。

② 绘制图 19.11.18 所示的截面草图。

③ 单击"主页"功能选项卡中的"关闭草图"按钮 ✔，退出草绘环境。

（3）单击命令条中的 完成 按钮，完成特征的创建。

图 19.11.17　平板特征 3　　　　　　　　图 19.11.18　截面草图

Step10. 创建图 19.11.19 所示的折弯特征 3。

（1）选择命令。单击 主页 功能选项卡 钣金 工具栏中的 ❋ 折弯 按钮。

（2）绘制折弯线。选取图 19.11.19 所示的模型表面为草图平面，绘制图 19.11.20 所示的折弯线。

（3）定义折弯属性及参数。在"折弯"命令条中单击"折弯位置"按钮 ⊞ ，在 折弯半径: 文本框中输入值 0，在 角度: 文本框中输入值 0；单击"从轮廓起"按钮 ⟆ ，并定义折弯的位置如图 19.11.21 所示的位置后单击；单击"移动侧"按钮 ⅁ ，并将方向调整至图 19.11.22 所示的方向；单击"折弯方向"按钮 ⊞ ，并将方向调整至图 19.11.23 所示的方向。

（4）单击 完成 按钮，完成特征的创建。

图 19.11.19　折弯特征 3　　　　　　　　图 19.11.20　绘制折弯线

图 19.11.21　定义折弯方向　　　图 19.11.22　定义移动侧方向　　　图 19.11.23　定义折弯方向

Step11. 创建图 19.11.24 所示的卷边特征 3。

（1）选择命令。在 主页 功能选项卡 钣金 工具栏中单击 轮廓弯边 ▾ 按钮，选择 ❡ 卷边 命令。

（2）选取附着边。选取图 19.11.25 所示的模型边线为折弯的附着边。

图 19.11.24　卷边特征 3　　　　　　　　图 19.11.25　定义附着边

（3）定义卷边类型及属性。在"卷边"命令条中的单击"材料内侧"按钮 ，单击"卷边选项"按钮 ，在 卷边轮廓 区域中的 卷边类型(T) 下拉列表中选择 开环 选项；在 ① 折弯半径 1: 文本框中输入值 4.0，在 ⑤ 扫掠角: 文本框中输入值 180，单击 确定 按钮，并按 Enter 键。

（4）单击 完成 按钮，完成特征的创建。

Step12. 创建倒角特征 1。

（1）选择命令。单击 主页 功能选项卡 钣金 工具栏中的 倒角 按钮。

（2）定义倒角边线。选取图 19.11.26 所示的四条边线为倒角的边线。

（3）定义倒角属性。在"倒角"命令条中单击 按钮，在 折线: 文本框中输入值 2，单击鼠标右键。

（4）单击 完成 按钮，完成特征的创建。

图 19.11.26　选取倒角边线

Step13　创建图 19.11.27 所示的凹坑特征 1。

（1）选择命令。单击 主页 功能选项卡 钣金 工具栏中的"凹坑"按钮 。

（2）绘制截面草图。选取图 19.11.28 所示的模型表面为草图平面，绘制图 19.11.29 所示的截面草图。

图 19.11.27　凹坑特征 1

图 19.11.28　定义草图平面

（3）定义凹坑属性。在"凹坑"命令条中单击 按钮，单击"偏置尺寸"按钮 ，在 距离: 文本框中输入值 5.0，单击 按钮，在 拔模角(T): 文本框中输入值 60，在 倒圆 区域中选中 ☑包括倒圆(I) 复选框，在 凸模半径 文本框中输入值 10；在 凹模半径 文本框中输入值 9.5；并

选中 ☑ 包含凸模侧拐角半径(A) 复选框，在 半径(R): 文本框中输入值 5.0，单击 确定 按钮；定义其冲压方向为模型内部，单击"轮廓代表凸模"按钮 ⬇。

（4）单击命令条中的 完成 按钮，完成特征的创建。

图 19.11.29　截面草图

Step14. 创建图 19.11.30 所示的法向除料特征 3。

（1）选择命令。在 主页 功能选项卡 钣金 工具栏中单击 打孔 ▾ 按钮，选择 ▣ 法向除料 命令。

（2）定义特征的截面草图。

① 选取草图平面。在系统 单击平的面或参考平面。 的提示下，选取图 19.11.31 所示的模型表面为草图平面。

图 19.11.30　法向除料特征 3

图 19.11.31　定义草图平面

② 绘制图 19.11.32 所示的截面草图。

③ 单击"主页"功能选项卡中的"关闭草图"按钮 ✅，退出草绘环境。

（3）定义法向除料特征属性。在"法向除料"命令条中单击"厚度剪切"按钮 ✏ 和"全部穿透"按钮 ⊟，并将移除方向调整至图 19.11.33 所示的方向。

（4）单击 完成 按钮，完成特征的创建。

图 19.11.32　截面草图

图 19.11.33　定义移除方向

Step15. 创建图 19.11.34 所示的阵列特征 1。

（1）选取要阵列的特征。选取 Step14 创建的法向除料特征 3 为阵列特征。

图 19.11.34　阵列特征 1

（2）选择命令。单击 主页 功能选项卡 阵列 工具栏中的 阵列 按钮。

（3）定义要阵列草图平面。选取图 19.11.34 所示的模型表面为阵列草图平面。

（4）绘制阵列轮廓。

① 定义阵列类型。单击 特征 区域中的 按钮，在"阵列"命令条的 翻转 下拉列表中选择 填充 选项。

② 定义阵列参数。在"阵列"命令条的 X: 文本框中输入间距值为 12.0；在"阵列"命令条的 Y: 文本框中输入间距为 7.0；绘制图 19.11.35 所示的轮廓。

③ 定义参考点。在"阵列"命令条中单击"参考点"按钮，选取图 19.11.35 所示的事例（图形中心位置）为参考点。

④ 定义抑制区域。在"阵列"命令条中单击"抑制区域"按钮，选取图 19.11.35 所示的轮廓 1 和轮廓 2 为抑制区域。

⑤ 单击 按钮，退出草绘环境。

（5）单击 完成 按钮，完成特征的创建。

图 19.11.35　绘制矩形阵列轮廓

Step16. 创建图 19.11.36 所示的法向除料特征 4。

（1）选择命令。在 主页 功能选项卡 钣金 工具栏中单击 打孔 按钮，选择 法向除料 命令。

（2）定义特征的截面草图。

① 选取草图平面。在系统 单击平的面或参考平面。 的提示下，选取图 19.11.36 所示的模型表面为草图平面。

图 19.11.36   法向除料特征 4

② 绘制图 19.11.37 所示的截面草图。

图 19.11.37   截面草图

③ 单击"主页"功能选项卡中的"关闭草图"按钮 ☑ ，退出草绘环境。

（3）定义法向除料特征属性。在"法向除料"命令条中单击"厚度剪切"按钮 🖉 和"全部穿透"按钮 ▣ ，并将移除方向调整至图 19.11.38 所示的方向。

（4）单击 完成 按钮，完成特征的创建。

图 19.11.38   定义移除方向

Step17. 创建图 19.11.39 所示的阵列特征 2。

图 19.11.39   阵列特征 2

（1）选取要阵列的特征。选取 Step16 创建的法向除料特征 4 为阵列特征。

（2）选择命令。单击 主页 功能选项卡 阵列 工具栏中的 🔁 阵列 按钮。

（3）定义要阵列草图平面。选取图 19.11.39 所示的模型表面为阵列草图平面。

（4）绘制阵列轮廓。

① 定义阵列类型。单击 特征 区域中的 ⊞ 按钮，在"阵列"命令条的 翻转 下拉列表中选择 填充 选项。

② 定义阵列参数。在"阵列"命令条的 X: 文本框中输入间距值为 12.0；在"陈列"命令条的 Y: 文本框中输入间距值为 7.0；绘制图 19.11.40 所示的轮廓。

③ 定义参考点。在"阵列"命令条单击"参考点"按钮 ⊞，选取图 19.11.40 所示的事例（左起第 5 列，第 6 排）为参考点。

④ 定义抑制区域。在"阵列"命令条中单击"抑制区域"按钮 ⊞，选取图 19.11.40 所示的轮廓 1、轮廓 2、轮廓 3、轮廓 4 为抑制区域。

⑤ 单击 ✓ 按钮，退出草绘环境。

（5）单击 完成 按钮，完成特征的创建。

图 19.11.40　绘制矩形阵列轮廓

Step18　创建图 19.11.41 所示的法向除料特征 4。

（1）选择命令。在 主页 功能选项卡 钣金 工具栏中单击 打孔 按钮，选择 ▭ 法向除料 命令。

（2）定义特征的截面草图。

① 选取草图平面。在系统 单击平的面或参考平面。 的提示下，选取图 19.11.41 所示的模型表面为草图平面。

图 19.11.41　法向除料特征 4

② 绘制图 19.11.42 所示的截面草图。

③ 单击"主页"功能选项卡中的"关闭草图"按钮 ✓，退出草绘环境。

（3）定义法向除料特征属性。在"法向除料"命令条中单击"厚度剪切"按钮 ✎ 和"全部穿透"按钮 ，并将移除方向调整至图 19.11.43 所示的方向。

图 19.11.42　截面草图　　　　　　　　　　图 19.11.43　定义移除方向

（4）单击 完成 按钮，完成特征的创建。

Step19. 创建图 19.11.44 所示的阵列特征 3。

图 19.11.44　阵列特征 3

（1）选取要阵列的特征。选取 Step18 创建的法向除料特征 4 为阵列特征。

（2）选择命令。单击 主页 功能选项卡 阵列 工具栏中的 阵列 按钮。

（3）定义要阵列草图平面。选取图 19.11.44 所示的模型表面为阵列草图平面。

（4）绘制阵列轮廓。

① 定义阵列类型。单击 特征 区域中的 按钮，在"阵列"命令条的 翻转 下拉列表中选择 填充 选项。

② 定义交错选项。在"阵列"命令条中单击"交错选项"按钮，在 交错 下拉列表中选择 行 选项，并选中 交错 = 1/2 偏置 (O) 单选项；单击 确定 按钮。

③ 定义阵列参数。在"阵列"命令条的 X: 文本框中输入间距值为 8.0；在 Y: 文本框中输入间距值为 7.0；绘制图 19.11.45 所示的轮廓。

图 19.11.45　绘制矩形阵列轮廓

④ 定义参考点。在"阵列"命令条中单击"参考点"按钮 ⊞，选取图 19.11.45 所示的事例（第 3 排，左起第 7 个）为参考点。

⑤ 单击 ✔ 按钮，退出草绘环境。

（5）单击 完成 按钮，完成特征的创建。

Step20. 保存钣金件模型文件。

19.12 机箱右盖的细节设计

钣金件模型和模型树如图 19.12.1 所示。

图 19.12.1 钣金件模型及模型树

Step1. 在装配件中打开刚创建的机箱右盖钣金件（RIGHT_COVER）。在模型树中选择 ☑ ⑤ ☐ RIGHT_COVER.psm:1 ，然后右击，在系统弹出的快捷菜单中选择 ⊞ 在 Solid Edge 零件环境中打开 命令。

Step2. 创建图 19.12.2b 所示的法向除料特征 1。

图 19.12.2 法向除料特征 1

（1）选择命令。在 主页 功能选项卡 钣金 工具栏中单击 打孔 ▾ 按钮，选择 ☐ 法向除料 命令。

（2）定义特征的截面草图。

① 选取草图平面。在系统 单击平的面或参考平面。 的提示下，选取图 19.12.3 所示的模型表面为草图平面。

② 绘制图 19.12.4 所示的截面草图。

③ 单击"主页"功能选项卡中的"关闭草图"按钮 ✔ ，退出草绘环境。

图 19.12.3 定义草图平面　　图 19.12.4 截面草图

（3）定义法向除料特征属性。在"法向除料"命令条中单击"厚度剪切"按钮 ✎ 和"全部穿透"按钮 ⊟ ，并将移除方向调整至图 19.12.5 所示的方向。

（4）单击 完成 按钮，完成特征的创建。

Step3. 创建图 19.11.6 所示的法向除料特征 2，具体操作过程参见 Step2。

图 19.11.5 定义移除方向　　图 19.11.6 法向除料特征 2

Step4. 创建图 19.12.7 所示的卷边特征 1。

（1）选择命令。在 主页 功能选项卡 钣金 工具栏中单击 轮廓弯边 按钮，选择 ▋ 卷边 命令。

（2）选取附着边。选取图 19.12.8 所示的模型边线为折弯的附着边。

图 19.12.7 卷边特征 1　　图 19.12.8 定义附着边

（3）定义卷边类型及属性。在"卷边"命令条中的单击"材料外侧"按钮 ⟳ ，单击"卷边选项"按钮 ▤ ，在 卷边轮廓 区域中的 卷边类型(T): 下拉列表中选择 开环 选项；在 ① 折弯半径 1: 文本框中输入值 6.0，在 ⑤ 扫掠角 文本框中输入值 180，单击 确定 按钮，并按 Enter 键。

（4）单击 完成 按钮，完成特征的创建。

Step5. 创建图 19.12.9 所示的折弯特征 1。

（1）选择命令。单击 主页 功能选项卡 钣金 工具栏中的 ✛ 折弯 按钮。

（2）绘制折弯线。选取图 19.12.9 所示的模型表面为草图平面，绘制图 19.12.10 所示的折弯线。

（3）定义折弯属性及参数。在"折弯"命令条中单击"折弯位置"按钮 ⊞ ，在 折弯半径: 文本框中输入值 0.1，在 角度: 文本框中输入值 90，并单击"材料内部"按钮 ⅂ ；单击"移动侧"按钮 叧，并将方向调整至图 19.12.11 所示的方向；单击"折弯方向"按钮 ↳↑，并将方向调整至图 19.12.12 所示的方向。

（4）单击 完成 按钮，完成特征的创建。

图 19.12.9　折弯特征 1　　　　　图 19.12.10　绘制折弯线

图 19.12.11　定义移动侧方向　　　　图 19.12.12　定义折弯方向

Step6. 创建图 19.12.13 所示的卷边特征 2，详细操作过程参见 Step4。

Step7. 创建图 19.12.14 所示的折弯特征 2，详细操作过程参见 Step5。

图 19.12.13　卷边特征 2　　　　　图 19.12.14　折弯特征 2

Step8. 创建图 19.12.15 所示的弯边特征 1。

（1）选择命令。单击 主页 功能选项卡 钣金 工具栏中的"弯边"按钮 ↂ。

（2）定义附着边。选取图 19.12.16 所示的模型边线为附着边。

图 19.12.15　弯边特征 1　　　　　图 19.12.16　定义附着边

（3）定义弯边类型。在"弯边"命令条中单击"完全宽度"按钮 ▢；在 距离: 文本框中输入值 12，在 角度: 文本框中输入值 90，单击"外部尺寸标注"按钮 ▯ 和"材料外侧"按钮 ▮；调整弯边侧方向向上，如图 19.12.15 所示。

（4）定义弯边属性及参数。单击"弯边选项"按钮 ▤，取消选中 □ 使用默认值* 复选框，在其 折弯半径 (B): 文本框中输入数值 0.2，单击 确定 按钮。

（5）单击 完成 按钮，完成特征的创建。

Step9. 创建图 19.12.17 所示的平板特征 3。

（1）选择命令。单击 主页 功能选项卡 钣金 工具栏中的"平板"按钮 。

（2）定义特征的截面草图。

① 选取草图平面。在系统 单击平的面或参考平面。 的提示下，选取图 19.12.17 所示的模型表面为草图平面。

② 绘制图 19.12.18 所示的截面草图。

图 19.12.17　平板特征 3　　　　　图 19.12.18　截面草图

③ 单击"主页"功能选项卡中的"关闭草图"按钮 ，退出草绘环境。

（3）单击命令条中的 完成 按钮，完成特征的创建。

Step10. 创建图 19.12.19 所示的折弯特征 3。

（1）选择命令。单击 主页 功能选项卡 钣金 工具栏中的 折弯 按钮。

（2）绘制折弯线。选取图 19.12.19 所示的模型表面为草图平面，绘制图 19.12.20 所示的折弯线。

（3）定义折弯属性及参数。在"折弯"命令条中单击"折弯位置"按钮 ，在 折弯半径: 文本框中输入值 0，在 角度: 文本框中输入值 0；单击"从轮廓起"按钮 ，并定义折弯的位置如图 19.12.21 所示的位置后单击；单击"移动侧"按钮 ，并将方向调整至图 19.12.22 所示的方向；单击"折弯方向"按钮 ，并将方向调整至图 19.12.23 所示的方向。

（4）单击 完成 按钮，完成特征的创建。

图 19.12.19　折弯特征 3　　　　　图 19.12.20　绘制折弯线

图 19.12.21　定义折弯位置　　　图 19.12.22　定义移动侧方向　　　图 19.12.23　定义折弯方向

Step11. 创建图 19.12.24 所示的卷边特征 3。

（1）选择命令。在 主页 功能选项卡 钣金 工具栏中单击 轮廓弯边 · 按钮，选择 ¶│ 卷边 命令。

（2）选取附着边。选取图 19.12.25 所示的模型边线为折弯的附着边。

图 19.12.24　卷边特征 3　　　　　　　　图 19.12.25　定义附着边

（3）定义卷边类型及属性。在"卷边"命令条中的单击"材料内侧"按钮 ⌐， 单击"卷边选项"按钮 ▤，在 卷边轮廓 区域中的 卷边类型(T): 下拉列表中选择 开环 选项；在 (1) 折弯半径 1: 文本框中输入值 4.0，在 (5) 扫掠角: 文本框中输入值 180，单击 确定 按钮，并按 Enter 键。

（4）单击 完成 按钮，完成特征的创建。

Step12. 创建倒角特征 1。

（1）选择命令。单击 主页 功能选项卡 钣金 工具栏中的 ◻ 倒角 按钮。

（2）定义倒角边线。选取图 19.12.26 所示的四条边线为倒角的边线。

（3）定义倒角属性。在"倒角"命令条中单击 ◰ 按钮，在 折线: 文本框中输入值 2，单击鼠标右键。

（4）单击 完成 按钮，完成特征的创建。

图 19.12.26　选取倒角边线

Step13　创建图 19.12.27 所示的凹坑特征 1。

（1）选择命令。单击 主页 功能选项卡 钣金 工具栏中的"凹坑"按钮 ◻。

（2）绘制截面草图。选取图 19.12.28 所示的模型表面为草图平面，绘制图 19.12.29 所示的截面草图。

（3）定义凹坑属性。在"凹坑"命令条中单击 ◲ 按钮，单击"偏置尺寸"按钮 ↰，在 距离: 文本框输入值 5.0，单击 ▤ 按钮，在 拔模角(T): 文本框中输入值 60，在 倒圆 区域中选中 ☑ 包括倒圆(I) 复选框，在 凸模半径 文本框中输入值 10；在 凹模半径 文本框中输入值 9.5；并选中 ☑ 包含凸模侧拐角半径(A) 复选框，在 半径(R): 文本框中输入值 5.0，单击 确定 按钮；定义其冲压方向为模型内部，单击"轮廓代表凸模"按钮 ↰。

（4）单击命令条中的 完成 按钮，完成特征的创建。

图 19.12.27　凹坑特征 1　　　　　　　图 19.12.28　定义草图平面

图 19.12.29　截面草图

Step14. 创建图 19.12.30 所示的加强筋特征 1。

（1）选择命令。在 主页 功能选项卡 钣金 工具栏中单击 凹坑 按钮，选择 加强筋 命令。

（2）绘制加强筋截面草图。选取图 19.12.31 所示的模型表面为草图平面，绘制图 19.12.32 所示的截面草图。

（3）定义加强筋属性。在"加强筋"命令条中单击"侧步骤"按钮 ，定义冲压方向如图 19.12.33 所示，单击鼠标左键；单击 按钮，在 横截面 区域中选中 V 型 单选项，在 高度(E): 文本框中输入值 2.0，在 宽度(W): 文本框中输入值 7.0，在 角度(A): 文本框中输入值 50；在 倒圆 区域中选中 ☑ 包括倒圆(I) 复选框，在 凸模半径(P): 文本框中输入值 1.5，在 凹模半径(D): 文本框中输入值 0.5；在 端点条件 区域中选中 开口的(L) 单选项；单击 确定 按钮。

（4）单击 完成 按钮，完成特征的创建。

图 19.12.30　加强筋特征 1　　　　　　图 19.12.31　定义草图平面

图 19.12.32　截面草图　　　　　　　　图 19.12.33　定义冲压方向

Step15. 创建图 19.12.34 所示的阵列特征 1。

图 19.12.34　阵列特征 1

（1）选取要阵列的特征。选取 Step14 创建的加强筋特征 1 为阵列特征。

（2）选择命令。单击 主页 功能选项卡 阵列 工具栏中的 阵列 按钮。

（3）定义要阵列草图平面。选取图 19.12.34 所示的模型表面为阵列草图平面。

（4）绘制阵列轮廓。

① 定义阵列类型。单击 特征 区域中的 按钮，在"阵列"命令条 翻转 后的下拉列表中选择 填充 选项。

② 定义交错选项。在"阵列"命令条中单击"交错选项"按钮 ，在 交错 下拉列表中选择 行 选项，并选中 交错 = 1/2 偏置(0) 单选项；单击 确定 按钮。

③ 定义阵列参数。在"阵列"命令条的 X: 文本框中输入间距值为 21.0；在 Y: 后的文本框中输入间距值为 11.0；绘制图 19.12.35 所示的轮廓。

④ 定义参考点。在"阵列"命令条中单击"参考点"按钮 ，选取图 19.12.35 所示的事例（第 8 排，左起第 6 个）为参考点。

⑤ 定义抑制区域。在"阵列"命令条中单击"抑制区域"按钮 ，选取图 19.12.35 所示的轮廓 1 为抑制区域。

⑥ 单击 按钮，退出草绘环境。

（5）单击 完成 按钮，完成特征的创建。

图 19.12.35　绘制矩形阵列轮廓

Step16. 创建图 19.12.36 所示的镜像特征 1。

（1）选取要镜像的特征。选取 Step14 至 Step15 所创建的特征为镜像源。

（2）选择命令。单击 主页 功能选项卡 阵列 工具栏中的 镜像 按钮。

（3）定义镜像平面。在"镜像"命令条中的"创建起源"选项下拉列表中选择 选项，选取图 19.12.37 所示的边线；并在 位置 文本框中输入值 0.5，并按 Enter 键。

（4）单击 完成 按钮，完成特征的创建。

图 19.12.36　镜像特征 1

图 19.12.37　定义曲线对象

Step17. 保存钣金件模型文件。

19.13　最　终　验　证

Task1．设置各元件的外观

为了便于区别各个元件，建议将各元件设置为不同的外观颜色，并具有一定的透明度。每个元件的设置方法基本相同，下面仅以设置机箱的左盖钣金件模型 left_cover、右盖钣金件模型 right_cover 和后盖钣金件模型 back_cover 的外观为例，说明其一般操作过程。

Step1．设置机箱的左盖钣金件模型 left_cover、右盖钣金件模型 right_cover 外观。

（1）在模型树中选择 LEFT_COVER.psm:1 和 RIGHT_COVER.psm:1，然后单击 视图 功能选项卡；在 样式 工具栏中单击"颜色管理器"按钮，系统弹出 19.13.1 所示的"颜色管理器"对话框，选中 使用个别零件样式(S) 单选项，单击 确定 按钮。

（2）在 样式 工具栏中单击"面样式"下拉列表(无) 中的，此时系统弹出图 19.13.2 所示的"面样式"下拉菜单，选择 Green (clear) 选项，完成外观颜色的设置。

图 19.13.1　"颜色管理器"对话框

图 19.13.2　"面样式"下拉菜单

Step2. 参考 Step1 设置机箱的后盖钣金件模型 back_cover 外观为 `Green` 选项。

Step3. 参考 Step1，设置其他各元件的外观。

Step4. 保存装配体模型文件。

Task2．进行验证

可参照 19.5 节所述的初步验证方法进行最终验证。

说明：若由于修改尺寸并再生之后，机箱底盖（BACK_COVER）和机箱左盖（FRONT_COVER）的某些特征会发生的变化，要对其重新约束和编辑。按照 Task2 中的操作方法再次修改原始尺寸，验证整个机箱的数据传递。通过以上对模型的修改，再次验证的整个过程将不会出现严重变化。

读者意见反馈卡

尊敬的读者:

感谢您购买机械工业出版社出版的图书!

我们一直致力于 CAD、CAPP、PDM、CAM 和 CAE 等相关技术的跟踪,希望能将更多优秀作者的宝贵经验与技巧介绍给您。当然,我们的工作离不开您的支持。如果您在看完本书之后,有什么好的意见和建议,或是有一些感兴趣的技术话题,都可以直接与我联系。

策划编辑:管晓伟

注:本书的随书光盘中含有该"读者意见反馈卡"的电子文档,您可将填写后的文件采用电子邮件的方式发给本书的策划编辑或主编。

E-mail: 展迪优 zhanygjames@163.com;管晓伟 guancmp@163.com。

请认真填写本卡,并通过邮寄或 *E-mail* 传给我们,我们将奉送精美礼品或购书优惠卡。

书名:《Solid Edge ST4 钣金设计实例精解》

1. 读者个人资料:

姓名: _____ 性别: ____ 年龄: ____ 职业: _____ 职务: _____ 学历: ____

专业: _____ 单位名称: _____ 电话: _____ 手机: _____

邮寄地址 _____ 邮编: _____ E-mail: _____

2. 影响您购买本书的因素(可以选择多项):

☐内容　　　　　　　　　　☐作者　　　　　　　　　　☐价格

☐朋友推荐　　　　　　　　☐出版社品牌　　　　　　　☐书评广告

☐工作单位(就读学校)指定　☐内容提要、前言或目录　　☐封面封底

☐购买了本书所属丛书中的其他图书　　　　　　　　　　☐其他_____

3. 您对本书的总体感觉:

☐很好　　　　　　　　　　☐一般　　　　　　　　　　☐不好

4. 您认为本书的语言文字水平:

☐很好　　　　　　　　　　☐一般　　　　　　　　　　☐不好

5. 您认为本书的版式编排:

☐很好　　　　　　　　　　☐一般　　　　　　　　　　☐不好

6. 您认为 Solid Edge 其他哪些方面的内容是您所迫切需要的?

_____

7. 其他哪些 CAD/CAM/CAE 方面的图书是您所需要的?

_____

8. 您认为我们的图书在叙述方式、内容选择等方面还有哪些需要改进?

_____

如若邮寄,请填好本卡后寄至:

北京市百万庄大街 22 号机械工业出版社汽车分社　管晓伟(收)

邮编:100037　　联系电话:(010)88379949　　传真:(010)68329090

如需本书或其他图书,可与机械工业出版社网站联系邮购:

http://www.golden-book.com　咨询电话:(010)88379639,88379641,88379643。